面向 21 世纪高等学校规划教材

计算机网络教程

（第 2 版）

杨凤暴　主编

国防工业出版社
·北京·

图书在版编目(CIP)数据

计算机网络教程/杨风暴主编.—2 版.—北京:国防工业
出版社,2009.1
ISBN 978-7-118-05951-9

Ⅰ.计… Ⅱ.杨… Ⅲ.计算机网络－教材 Ⅳ.
TP393

中国版本图书馆 CIP 数据核字(2008)第 140677 号

※

*国防工业出版社*出版发行

(北京市海淀区紫竹院南路 23 号 邮政编码 100048)
北京奥鑫印刷厂印刷
新华书店经售

*

开本 787×1092 1/16 印张 16½ 字数 403 千字
2009 年 1 月第 2 版第 1 次印刷 印数 1—4000 册 定价 29.00 元

(本书如有印装错误,我社负责调换)

国防书店:(010)68428422　　　发行邮购:(010)68414474
发行传真:(010)68411535　　　发行业务:(010)68472764

第2版前言

当今,计算机网络技术发展迅猛,计算机网络相关的产品日新月异,因而作为高等学校的计算机网络教材也应该根据实际情况及时修订,以满足技术发展的需求和教学工作的需要。

本书第1版承蒙不少同行的青睐,被选作多所院校的计算机网络课的教材,这是对本书的厚爱和支持。同时在使用过程当中,许多专家不吝赐教,指出了本书的一些不足和宝贵的意见及建议,在这里对使用本书第1版的专家、老师和学生表示诚挚的谢意。

正是基于上述两方面的考虑,在第1版基础上进行了修订。具体来说,主要包括以下几个方面:

(1) 继续保持原来的章节安排的整体结构,遵循从基础到应用、从技术到协议、从局域网到广域网、从低层协议到高层协议等原则。

(2) 在保证计算机网络技术基本内容的基础上,增加搜索引擎、互联网协议电视(IPTV)、多点共享下载(BT)、无线网络安全等内容,删除了Gopher信息检索一节,使本书继续保持与现代网络新技术相结合的特点。

(3) 重新编写了每章的习题,增加了题量,便于根据教学需要进行选择。题型增加了名词解释、填空、画图和上网查阅等,尤其使上网查阅,利用学生将课堂教学内容和课外的知识结合起来,调动学生的参与热情。

(4) 增加了一些网络产品的实物照片,以增强学生的感性认识。

(5) 对部分章节的内容进行调整,将VLAN调整到第7章、VPN调整到第10章,使内容之间的衔接更合理,更利于组织教学。

(6) 重新编写了部分内容,对原书中一些错误的语句、表格、图进行了纠正,对部分细节内容也进行了增删。

本书可作为电子类、通信类、信息类、计算机类相关本科专业计算机网络课程的教材,也可供从事网络工程和技术的技术人员参考使用。

本书由杨风暴主编,康苏明老师参与编写了第5章、第7章和第8章,第3、4、9、10章及附录由王建萍编写,第1、2、6章由杨风暴编写。北京大学万明高教授、中北大学韩慧莲教授、太原科技大学卓东风教授、天津理工大学王元全博士、福州大学姚剑敏博士、北京联合大学陈建斌副教授等审阅了书稿,朱友量、韩慧研、张敏娟、张清爽、杨晓敏等老师在修订编写过程中给予了鼓励、指导和支持,在此对他们表示衷心的感谢。

由于水平有限,本书难免存在错误,请大家继续指正。

编 者

第 1 版前言

信息的传输在当今的信息时代处于非常重要的地位,计算机技术和通信技术的迅猛发展与相互结合,促进了计算机网络的产生与发展,计算机网络已经成为信息传输具有良好发展前景的一种手段,在政治、经济、军事、教育、娱乐等各行各业的作用愈来愈突出。

随之,计算机网络课程在许多高校开设,并成为广大学生欢迎的一门课程,因此编写合适的网络教材,对促进网络技术的应用和培养合格的网络人才具有重要作用。

本书的编写有如下特点:

(1) 章节安排顺序从基础到应用、从技术到协议、从局域网到广域网,从低层协议到高层协议等原则,突破了 OSI 模型的限制,便于学生学习和组织教学;

(2) 内容选取上在保证传统网络课程基本内容的基础上,将 OSI 七层协议压缩为一章,加大了无线局域网、快速局域网、交换机、IPv6、VPN、VLAN 等具有发展势头和广泛应用的新技术。

本书的内容具体安排:第 1 章介绍网络的基本概念,包括网络的定义、结构、功能、分类和发展;第 2 章主要介绍与网络技术相关的数据通信技术,包括数据编码、传输介质、同步、多路复用、数据交换、差错控制等,为以后的网络协议的学习打下了基础;第 3 章介绍计算机网络体系结构的内容,主要是 OSI 参考模型,对每一层的功能、协议等进行了详细的分析,该章是计算机网络协议及技术的基础;第 4 章介绍应用最广泛、最能体现网络技术精髓的局域网,对局域网的协议、介质访问控制方法、以太网及快速以太网、虚拟局域网、FDDI 光纤网、100VG - AnyLAN 等进行了分析;第 5 章介绍了具有良好发展势头的无线局域网,内容有无线局域网的通信技术、无线局域网协议、宽带无线、蓝牙技术等;第 6 章介绍了网络互连技术,从主要互连设备的角度分析了中继器、网桥、路由器、网关、交换机等的功能和工作原理;第 7 章介绍了目前广泛使用的 TCP/IP 协议,包括 TCP/IP 协议模型、IP 协议的具体内容、TCP 协议的具体内容、IPv6 基本内容、VPN 技术等;第 8 章介绍广域网技术,包括 X.25 技术、ATM 网络、帧中继技术、SONET/SDH 等;第 9 章介绍网络应用,主要是因特网上的一些应用协议与技术;第 10 章介绍对网络运行很重要的技术——网络安全技术,包括网络安全的基本概念、数据加密技术、报文鉴别、防火墙技术、入侵检测技术以及常用的一些安全协议。

本书可作为电子类、通信类、信息类、计算机类相关本科专业计算机网络课程的教材,也可供从事网络工程和技术的技术人员参考使用。

本书由杨凤暴主编,其中第 1~6、9、10 章由杨凤暴编写,第 7、8 章由金永编写;卓东风教授、韩慧莲教授审阅了书稿,杨晓敏同志在编写过程中给予了指导和支持,在此表示感谢。

由于水平和经验的限制,本书定有不少错误或不妥之处,欢迎大家指正,联系的电子邮件地址为:yangfb@nuc.edu.cn。

编 者

目　录

第1章 概 述

本章首先介绍计算机网络的定义、功能和计算机网络的发展；分析网络的组成，包括网络拓扑结构，讨论网络的分类。重点内容是计算机网络的定义、功能、结构和分类。

1.1 计算机网络的基本概念

信息传输在当今的信息时代处于非常重要的地位，计算机技术和通信技术的迅猛发展与相互结合，促进了计算机网络(Computer Network)的产生与发展。计算机网络是20世纪下半叶最引人注目的科学技术成果之一，20世纪90年代以来，以因特网(Internet)为代表的计算机网络技术得到了前所未有的飞速发展，形成了全球最大、使用最广的网络。目前，计算机网络已经成为信息传输具有良好发展前景的一种手段，是一种最具活力的信息技术，在政治、经济、军事、教育、娱乐等各行各业的作用越来越突出。

计算机网络的概念有各种各样的描述，用的比较多的是：凡将地理位置不同且具有独立功能的多个计算机系统用通信设备和线路连接起来，由功能完善的网络软件(包括网络协议、信息交换方式、控制程序、网络操作系统等)实现信息的相互传递，以达到共享系统资源的系统。

简单地说，计算机网络是一个互连的、自治的计算机系统的集合。自治的计算机就如现在的个人计算机(Personal Computer,PC)一样，本身具有独立的处理、存储、输入、输出等功能，可独立运行的计算机。集合意味着有两台以上的计算机互连，以及软件和硬件的集成。

计算机之间进行有效的通信，彼此之间要遵循一定的规则或约定，这些规则、约定就是网络协议，网络协议是网络运行的基本保障。网络的信息传输是通过通信设备和线路进行的。通信设备是计算机与通信线路之间按照相应的通信协议工作的设备；通信线路指的是物理传输介质，可以是有线的(如双绞线、同轴电缆、光纤等)，也可以是无线的(如微波、红外等)。

共享系统资源是计算机网络的根本目的，共享系统资源包括网络中所有的硬件资源、软件资源、数据资源等。用户通过网络可以共享与之相连的各种各样的资源。

分布式计算机系统在形式上与计算机网络具有相似之处，也是有许多计算机连接起来的系统，二者不能混淆。分布式计算机系统对用户而言就像只有一台计算机一样，系统中的计算机间的功能分配更紧密一些，结点数目不太多；计算机网络对用户而言需要先登录运行程序的计算机，再按照地址将程序通过网络传送到该计算机上运行，除了一些关键结点，网络中的计算机间的关系相对松散，增删更方便一些。当然，一些分布式计算机系统可以作为计算机网络的特例来看待。

1.2 计算机网络的发展

和其他技术的发展一样，计算机网络的发展也经历了从简单到复杂、从低级到高级、从单机到多机的过程。在这一过程中，计算机技术和通信技术紧密结合，相互促进，共同发展，最终产生和发展了计算机网络技术。计算机网络的发展大体上可以分为面向终端的通信网络阶段、计算机网络阶段、网络互连阶段和网络应用技术迅猛发展与高速网络阶段四个阶段。

1. 面向终端的通信网络阶段

世界上第一台数字计算机 ENIAC 于 1946 年问世,成为计算机历史上划时代的里程碑。但最初的计算机数量稀少,且非常昂贵。当时的计算机大都采用批处理方式,用户使用计算机首先要将程序和数据制成纸带或卡片,再送到中心计算机进行处理。1954 年,出现了一种称作收发器(Transceiver)的终端设备,通过它首次实现了将穿孔卡片上的数据沿电话线路发送到远地的计算机。此后,电传打字机也作为远程终端和计算机相连,用户可以在远地电传打字机上输入自己的程序,而计算机算出来的结果也可以传送到远地的电传打字机上并打印出来,这样出现了具有远程通信功能的计算机系统。

由于当初的计算机是为批处理而设计的, 因此, 当计算机和远程终端相连时, 必须在计算机上增加一个称为线路控制器 (Line Controller) 的接口。随着远程终端数量的增加, 为了避免一台计算机使用多个线路控制器, 20 世纪 60 年代初期, 出现了多重线路控制器 (Multiple Line Controller), 它可以和多个远程终端相连接, 这样就构成面向终端的第一代计算机网络。

在第一代计算机网络中,一台计算机与多台用户终端相连接,用户通过终端命令以交互的方式使用计算机系统,从而将单一计算机系统的各种资源分散到每个用户,极大地提高了资源的利用率,同时也极大地刺激了用户使用计算机的热情,在一段时间内计算机用户的数量迅速增加。但这种网络系统存在缺点:一是其主机的负载较大,它既要承担数据的处理任务,又要承担通信任务,这样导致了系统响应时间过长;二是单机系统的可靠性较低,一旦计算机发生故障,将导致整个网络故障;三是对于远程终端来讲,一条通信线路只能与一个终端相连接,通信线路的利用率较低。

为了提高通信的利用率,又出现了许多连机系统。它的主要特点是在主机和通信线路之间设置前端处理机(Front End Processor,FEP),如图 1.1(a)所示,它承担所有的通信任务,这样就减轻了主机的负载,大大地提高了主机处理数据的效率。

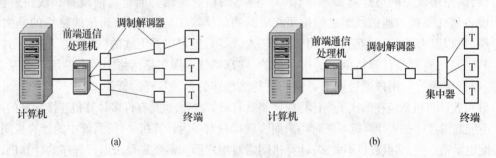

图 1.1　面向终端的通信系统示意图

另外,在远程终端较密集处,增加了叫做集中器(Concentrator)的设备。集中器的一端用低速线路与多个终端相连,另一端则用一条较高速的线路与主机相连,如图 1.1(b)所示,这样就实现了多台终端共享一条通信线路,提高了通信线路的利用率。

多机连机系统的典型代表是 1963 年在美国投入使用的航空订票系统 (SABRAI),其中心是设在纽约的一台中央计算机, 2000 个售票终端遍布全国, 使用通信线路与中央计算机相连。

2

2．计算机网络阶段

随着计算机应用的发展，以及计算机的普及和价格的降低，出现了多台计算机互连的需求。这种需求主要来自军事、科学研究、地区与国家经济信息分析决策和大型企业经营管理。他们希望将分布在不同地点且具有独立功能的计算机通过通信线路互连起来，彼此交换数据、信息传递，如图1.2所示。网络用户可以通过计算机使用本地计算机的软件、硬件与数据资源，也可以使用连网的其他地方的计算机软件、硬件与数据资源，以达到计算机资源共享的目的。这种通信双方都是计算机系统的网络，即计算机网络。

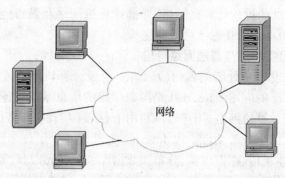

图1.2　计算机网络系统示意图

1964年8月，Baran在美国Rand公司的"论分布式通信"的研究报告中提到了"存储转发"的概念，英国的David于1966年首次提出了"分组"的概念，这两个概念是计算机网络的技术基础。计算机网络阶段的典型代表是美国国防部高级研究计划局（Advanced Research Projects Agency，ARPA）的ARPANET。ARPANET是世界上第一个实现以资源共享为目的的计算机网络，人们因此常常将ARPANET作为现代计算机网络诞生的标志，计算机网络的许多概念都来自它。

ARPANET对于推动计算机网络发展具有十分深远的意义。在此基础上，20世纪70年式至80年代计算机网络发展十分迅速，出现了大量的计算机网络，仅美国国防部就资助建立了多个计算机网络。同时还出现了一些研究试验性网络、公共服务网络和校园网，例如，美国加利福尼亚大学劳伦斯原子能研究所的OCTOPUS网、法国信息与自动化研究所的CY-CLADES网、国际气象监测网WWWN和欧洲情报网WIN等。

同时，公用数据网（Public Data Network，PDN）与局部网络（Local Network，LN）技术也得到了迅速发展。计算机网络发展的第二阶段所取得的成功对推动网络技术的成熟和应用极为重要，它研究的网络体系结构与网络协议的理论成果为以后网络理论的发展奠定了坚实的基础，很多网络系统经过适当修改与充实后至今仍在广泛使用。

但是，20世纪70年代后期，人们已经看到了计算机网络发展中出现的突出问题，那就是网络体系结构与协议标准的不统一限制了计算机网络自身的发展和应用。

3．网络互连阶段

由于不同网络、不同网络产品之间相互兼容、相互连接的技术需求，人们对网络体系结构和网络协议的标准化的要求越来越强烈，经过多年努力，1984年国际标准化组织（ISO）正式制定和颁布了"开放系统互连参考模型"（Open System Interconnection/Reference Model，OSI/RM）。这也标志着计算机网络发展到第三阶段——网络互连阶段。OSI参考模型已为国际社会所公认，成为研究和制定新一代计算机网络标准的基础。它使各种不同网络的互连、互通变

3

为现实,实现了更大范围内的计算机资源共享。1989 年我国也在《国家经济系统设计与应用标准化规范》中明确规定选定 OSI 标准作为网络建设标准。1990 年 6 月 ARPANET 停止运行,完成了它的历史使命。随之发展起来的国际互联网——Internet,它的覆盖范围已遍及全球,全球各种各样的计算机和网络都可以通过网络互连设备连入 Internet,实现全球范围内的数据通信和资源共享。

OSI 参考模型及标准协议的制定和完善正在推动计算机网络朝着健康的方向发展。很多大的计算机厂商相继宣布支持 OSI 标准,并积极研究和开发符合 OSI 标准的产品。各种符合 OSI 参考模型与协议标准的远程计算机网络、局部计算机网络与城市地区计算机网络已开始广泛应用。随着研究的深入,OSI 标准将日趋完善。

4. 网络应用技术迅猛发展与高速网络阶段

计算机网络目前的发展正处于第四阶段。这一阶段计算机网络发展的特点是:互连、高速、智能、安全与更为广泛的应用。Internet 是覆盖全球的信息基础设施之一,对于用户来说,它像是一个庞大的远程计算机网络,用户可以利用 Internet 实现全球范围的信息传输、信息查询、电子邮件、多媒体通信服务等功能。以 Internet 为基础产生了许多网络应用技术,如信息搜索与数据挖掘、多媒体通信、虚拟现实、分布式数据库、电子商务与政务等。

随着人们对网络的依赖程度的增加,对原有的电话网、有线电视网、移动通信网和计算机网络等融合起来的要求也日益迫切,成为网络发展的一个重要方向。

为保证网络传输信息的安全性,各种网络安全应用的技术不断涌现,并逐渐成为计算机网络发展的核心技术。

在 Internet 发展的同时,随着网络规模的扩大与网络服务功能的增多,高速网络与智能网络(Intelligent Network, IN)的发展也引起了人们越来越多的关注和兴趣。高速网络技术发展表现在宽带综合业务数字网(B‐ISDN)、帧中继、异步传输模式(ATM)、高速局域网、光交换和光互连上。

1.3 计算机网络的功能

建立网络的目的是为了满足各种应用需求,应用是通过具体的网络功能来实现的。计算机网络提供的功能(也称服务)主要有下面几种。

1. 数据通信

计算机网络基本的功能是实现数据通信,使不同位置的计算机用户通过网络相互传送各种信息,如声音、图像、文本、图形、视频、动画等。例如,电子邮件已发展成为人们的继信件、电报、电话、传真后的一种重要通信手段,网页浏览、网络聊天、文件下载等均是通过网络的数据通信功能完成的。

2. 共享网络资源

一些硬件资源,如打印机、大容量磁盘阵列、光驱、高精度的图形设备等接入到网络中的计算机上,分布在不同地方的用户就可以共享使用;软件资源、数据资源(如公用软件、大型数据库信息、网络新闻、电子出版物等)放入网络中,用户便可以浏览、下载、使用、处理,这十分方便了网络用户。随着网络的普及,网络本身已成为一个重要的资源宝库。

3. 提高计算机的可靠行和可用性

在计算机网络中,相同的软件、数据资源可以放在不同的计算机上,用户可通过不同的路径方便、快速地访问。当网络中存放某一资源的计算机发生故障时，可以选择具有同一资源的其他计算机继续工作，从而保证了用户的正常使用，避免因局部故障造成系统整体瘫痪。当发生故障的计算机修复后，从其他计算机上将资源复制下来继续运行。这样，提高了网络的可用性和网络资源的可靠性。

4. 分布处理与均衡负载

对于复杂的需要进行大量数据处理的任务，可以将任务分解，利用计算机网络传送到多台计算机上一起进行处理，处理结果再通过网络传送到一台计算机上，再进行合成处理。这样，可以用网络中多台普通计算机一起完成高性能计算机才能完成的工作，实现分布处理与计算。

当网络中某一台计算机的负载较大时，同样可将任务分解分散到网络中的其他负载较小的计算机上完成，这样提高了计算机的可用性，避免了忙闲不等的现象，整体上均衡了负载。

5. 实现信息的差错控制，优化通信

计算机网络采用的一种重要数据通信技术是差错控制，实现差错信息的纠错或重发，使数据通信的正确率大大提高，保证了信息的正确传输；通过流量控制、路由选择等技术使传送的信息尽可能地快速到达，提高了通信质量。

6. 提高性能价格比

通过数据通信、资源共享、分布处理等，互通有无，提高了计算机网络中所有资源的利用率，减小了用户的投入费用，整体上提高了性能价格比。

1.4 计算机网络的构成

1.4.1 计算机网络的基本组成

各种计算机网络在网络规模、网络结构、通信协议和通信系统、计算机硬件及软件配置等方面存在很大差异。但不论是简单的网络还是复杂的网络，典型的计算机网络主要由计算机系统、数据通信系统、网络软件三大部分组成。计算机系统是网络的基本模块，为网络内的其他计算机提供共享资源；数据通信系统是连接网络基本模块的桥梁，它提供各种连接技术和信息交换技术；网络软件是网络的组织者和管理者，在网络协议的支持下，为网络用户提供各类服务。

1. 计算机系统

计算机系统主要完成数据信息的收集、存储、处理和输出任务，并提供各种网络资源。计算机系统根据网络中的用途可分为服务器（Server）和工作站（Workstation）两种。服务器负责数据处理和网络控制，并构成网络的主要资源。工作站又称为"客户机"，是连接服务器的计算机，相当于网络上的一个普通用户，它可以使用网络上的共享资源。

2. 数据通信系统

数据通信系统主要由网络适配器、传输介质和网络互连设备等组成。其中，网络适配器（俗称网卡）主要负责主机与网络的信息传输控制，是一个可插入微型计算机扩展槽中的网络接口板。传输介质是传输数据信号的物理通道，负责将网络中的多种设备连接起来。常用的传输介质有双绞线、同轴电缆、光纤、无线电波等。网络互连设备是用来实现网络中各计算机之间的连接、网与网之间的互连及路径的选择。常用的网络互连设备有中继器（Repeater）、集线器（Hub）、网桥（Bridge）、路由器（Router）和交换机（Switch）等。

3．网络软件

网络软件是实现网络功能所不可缺少的软环境,网络软件一方面接受用户对网络资源的访问,帮助用户方便、安全地使用网络;另一方面管理和调度网络资源,提供网络通信和用户所需的各种网络服务。通常网络软件包括:

(1) 网络协议和协议软件;

(2) 网络通信软件;

(3) 网络操作系统;

(4) 网络管理和网络应用软件。

1.4.2 资源子网和通信子网

为了简化计算机网络的分析和设计,有利于网络硬件和软件配置,按照计算机网络的主要系统功能,计算机网络可划分为资源子网和通信子网两大部分,如图1.3所示。

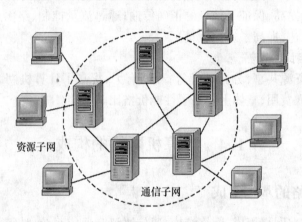

图1.3 计算机网络的组成

资源子网主要负责全网的信息处理,为网络用户提供网络服务和资源共享功能。它主要包括网络中的主计算机系统、终端、I/O设备、各种软件资源和数据库等。

通信子网主要负责全网的数据通信和资源提供,为网络用户提供数据传输、加工和变换等通信处理工作。它主要包括通信线路(即传输介质)、网络连接设备、网络通信协议、通信控制软件等。

将计算机网络分为资源子网和通信子网,便于对网络进行研究和设计。资源子网、通信子网可单独规划、管理,使整个网路的设计与运行简化。通信子网可以是专用的数据通信网,也可以是公用的数据通信网。在局域网中,资源子网主要由网络的服务器和工作站组成,通信子网主要由传输介质、集线器、网卡等组成。

1.5 计算机网络的分类

通常,人们对网络是从不同的网络名称(或类型)来认识的,虽是局部的,但便于接受,也接近实际。计算机网络的类型可以从不同的角度来划分,下面介绍几种主要的分类方式。

1．按网络的作用范围分

计算机网络的作用范围是一个笼统的概念,是指网络中所有计算机和设备分布的地理范围,常常用作用距离来描述,作用距离是指网络中相距最远的两个结点的直线距离或连接相距最远的两个结点的电缆总长度。按照作用范围计算机网络可以分为局域网(Local Area Network, LAN)、城域网(Metropolitan Area Network, MAN)和广域网(Wide Area Network, WAN)。

局域网的作用距离一般为 1km 左右,作用范围多是一个单位,是一个单位的网络。由微型计算机或工作站通过少量的设备和高速通信线路连接。局域网应用比较广泛,如校园网、企业网等。

城域网的作用距离一般为 1km～50km,作用范围是一座城市,可跨越几个街区或整座城市。城域网可以被多个单位拥有,也可以作为公共设施将多个局域网互连,因此,城域网要能适应多种数据、多种协议、多种数据传输速率的要求。

广域网的作用距离一般为 50km 至几千千米,也称作远程网。其任务是长距离传送主机发送的数据。广域网的骨干结点为结点交换机,它们通过高速链路相连,具有较大的通信容量。

按照网络的作用范围划分 LAN、MAN、WAN,只是一个相对地理分布概念,并无严格的区分,所以上述的作用距离仅供参考。

因特网(又称互联网)无论从地理范围还是从网络规模来讲都是最大的一种网络,从地理范围来说,它是跨越全球的计算机网络的互连,因此说因特网就是一个巨大的广域网。

任何计算机或局域网都可以接入因特网,其接入方法已成为一种专门技术,需要使用专门的接入设备。因特网的最大的特点就是不确定性,整个网络的计算机时刻随着人们是否接入网络而在不断变化。

2.按数据交换类型分

数据交换是指确定通信双方交换数据的传输路径和传输格式的技术。常用的数据交换技术有电路交换、报文交换、分组交换、混合交换等。

电路交换技术用于早期的模拟信号传输,电话交换就是典型的应用,特点是通信线路建立时需要物理连接线路的动态改变;报文交换是指数据以报文为单位传输,传到网络中的结点时存储后再选择路径转发,通信方式类似于邮政局邮递信件的过程,特点是存储转发;分组交换是报文交换的一种,将不定长度的报文变成定长的分组;混合交换是电路交换与报文交换或电路交换与分组交换的组合在一起的数据交换方式。

对应的网络也分为电路交换网、报文交换网、分组交换网、混合交换网等。

3.按网络拓扑结构分

网络拓扑结构是网络中各结点相互连接的方式。按照拓扑结构的不同,网络有总线网、星型网、树型网、环型网、星环型网、网状型网、混合型网等。

4.按网络使用者分

按网络使用者分,可以分为公用网和专用网。前者多指大型电信、网络公司建造的大型网络,使用者只要交纳规定的费用即可使用。后者是指为了某一单位的特殊业务需要而建造的网络,如军队、电力、铁路等本系统的网络,这种网络不向本单位以外的人提供服务。

5.按传输介质类型分

传输介质是指网络中计算机和计算机之间、计算机和通信设备之间传输数据的物理介质。常用的介质有双绞线、同轴电缆、光纤、无线电波等。相对应,网络也分为双绞线网、同轴电缆网、光纤网、无线网等。

6. 按介质访问控制方法分

介质访问控制方法是指网络中各个站点为了通信而使用传输介质的方法。根据介质访问控制方法的不同,网络分为以太网、快速以太网、令牌环网、令牌总线网等。

7. 按资源共享方式分

资源共享方式是指计算机网络(尤其是局域网)中结点或设备之间提供服务和享受服务的方式。提供服务的设备和结点称为服务器,使用、访问服务的称为客户机。根据资源共享方式,一般有对等(Peer)网络和客户/服务器(Client/Server,CS)网络两种。

对等网络是非结构化地访问网络资源,其中的每一台设备可以同时是客户机和服务器。网络中的所有设备可直接访问数据、软件和其他资源。每一个网络计算机与其他联网的计算机都是对等的,它们没有层次的划分。对等网络结构简单、价格低、扩充性好,维护方便。

客户/服务器网络中的计算机划分为服务器、客户机两类。一般将网络中集中进行共享数据库管理和存取功能相对较强的计算机作为服务器。为了适应网络规模增大所需的各种支持功能,这种网络引进了层次结构。目前,大家经常提到的浏览器/服务器(Broswer/Server,B/S)网络是一种特殊形式的客户/服务器网络。在这种网络模式中客户端为一种专门的软件——浏览器。这种网络对客户端要求较少,无需安装其他软件,通用性和易维护方面优点突出。

将对等网络和客户/服务器网络相结合可以形成混合型的网络,在混合型网络中,服务器负责管理网络用户及重要的网络资源,客户机一方面作为客户访问服务器的资源;另一方面客户机之间又可以看做是一个对等网络,相互之间共享数据。

8. 按传输信道带宽分

从应用角度讲,计算机网络根据传输介质能传输的频带宽度可分为两类:基带网(BAB)和宽带网(BRB),差别是两者介质的传输带宽不同,相应允许的数据传输率也不同。宽带介质可划分为多条基带信道。但基带网仅能提供一条信道。数字信号的频带很宽,不能在宽带网中直接传输,必须将数字信号转化为模拟信号。通常,宽带网传输的是模拟信号,例如一路电视占用 6MHz,一路电话占用 4kHz,多个信道可以同时传输,互不干扰,正因为这样就被称为宽带传输,宽带传输就是利用多个信道同时传输。由于基带网只传输一路信号,故可以是数字信号也可以是模拟信号,通常基带网中传输的是数字信号。

此外,还有其他一些按照协议、信道、传输信号的特点等划分网络的方法,这里不一一列举。

习　题

一、名词解释

计算机网络,局域网,广域网。

二、填空

1. 典型的计算机网络主要由_____、_____、_____三部分构成。

2. _____子网主要负责网络的信息处理,为网络用户提供网络服务和资源共享功能。

3. 按传输介质来分,计算机网络一般分为_____网、_____网、_____网、_____无线网络等。

4. 计算机网络在目前的发展阶段,主要特点是_____、_____、_____和_____等。

5．人们常常将_____作为现代计算机和网络诞生的标志。

6．计算机网络是_____技术和_____技术相结合的产物,简单地说计算机网络是_____。

三、论述题

1．简述计算机网络的定义。

2．计算机网络主要有哪些功能?

3．计算机网络是如何分类的?

4．计算机网络经历了哪几个发展阶段?

第 2 章　数据通信基础

数据通信技术是计算机网络的技术基础之一。本章首先介绍数据通信的基本知识和基本概念,包括数据通信模型、并行和串行传输、同步技术、模拟和数字传输、带宽、数据传输速率、基带和宽带传输等;分析常用的传输介质的传输特性、网络拓扑结构、数据交换技术、多路复用技术、差错控制技术等。本章的重点内容是数据通信模型、同步技术、传输介质、网络拓扑结构、数据交换技术、多路复用技术、差错控制技术等。

2.1　数据通信的基本概念

2.1.1　信息与信号

计算机网络主要功能的实现是通过数据传输完成的,传输的目的就是交换信息。信息是能够被人感知的、关于客观事物的反映,是人对客观事物存在方式和运动状态的某些认识。信息是通过某种形式表现出来的,否则,人们无法进行信息交流。数据是信息的表现形式或载体,这里的数据是一个广义的概念,包括数字、符号、文字、声音、图像、图形等。对于一些数据在时间和取值上是连续的,这些数据称为模拟数据,如声音数据、温度变化数据等;另一些数据在时间和取值上是离散的,这些数据称为数字数据,如 0、1 二进制数字序列。

在数据通信中,信号指的是数据的电编码或电磁编码。信号包括模拟信号和数字信号,模拟信号是指幅度和时间均连续变换的信号,数字信号是指时间和幅度上均离散、不连续的信号。传输是将信号从某一个位置送到另一个位置或多个位置的过程。传输的信号主要是模拟信号,这种传输称为模拟传输;传输的信号全是数字信号,这种传输称为数字传输。同模拟传输相比,数字传输具有传输质量高、延时短、通信速率可选、支持多媒体业务、可以采用用体积小成本低的 VLSI 器件、便于差错控制、加密处理等优点。

数据必须编码成信号后才能被处理和传输,而数据可分为模拟数据和数字数据,信号也可分为模拟信号和数字信号,因此相应的数据编码有数字数据编码成数字信号、数字数据编码成模拟信号、模拟数据编码成数字信号、模拟数据编码成模拟信号四类。

上述几个概念的关系如图 2.1 所示。

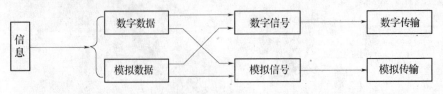

图 2.1　数字通信基本概念示意图

计算机网络中主要传输的是二进制的数字信号,传输快慢是用数据传输速率来描述的。数据传输速率(有时也称为数据率)是指单位时间内传输构成数据代码的二进制比特数,单位为比特/秒(b/s),它反映了数据通信终端设备之间的信息传输能力。

由于数据在传输过程中会受到各种噪声的干扰,所以传输的数据可能会出错。数据通信中被传错的比特数与所传总的比特数的比值,即传输系统中被传错比特的概率,称为误码率。相对应,被传错的字节数与总的传送字节数的比值称为误字率。注意,误码率和误字率二者不相等。通常要求计算机通信的平均误码率在 10^{-9} 以下。

信号带宽是指它的频谱宽度,频谱宽度被认为是信号能量比较集中的一个频谱范围。数据传输速率越高,则信号带宽越宽。

传输系统中,不同频率的正弦波传输能力是不一样的。测量不同频率的正弦波通过系统的输出幅值与输入幅值之比 $K(f)$,可以得到 $K(f) \sim f$ 曲线,称为频率响应曲线。低通传输系统的频率响应曲线如图 2.2 所示,当 $K(f)$ 降到 $0.707(1/\sqrt{2})$ 时,相应的频率称为截止频率。当输入信号的频率大于截止频率时,传输时将有较大的衰减。因此,把 0 到截止频率的频率宽度称为具有低通特性的传输系统的带宽。网络中的信道是具有低通特性的。

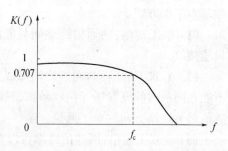

图 2.2　低通传输系统的频率响应曲线

信道带宽总是有限的。由于信道带宽的限制、信道噪声的干扰,相应的数据传输速率也会受到限制。香农定理指出:在有随机热噪声的信道上传输数据信号时,最大数据传输速率 C(b/s)与信道带宽 W(Hz)、信号与噪声功率比 S/N 之间的关系为

$$C = W\log_2(1 + S/N)$$

根据该关系式,如果 $S/N = 1000$,信道带宽 $W = 3000\text{Hz}$,那么 $C = 29902\text{b/s}$。说明对于带宽为 3000Hz、信噪比为 1000 的信道,其数据传输速率最大不过超过 29902b/s。由于信道带宽和数据传输速率有如此明确的关系,人们常用带宽代替数据传输速率来描述网络的一些问题。

信道上的信号还有基带(Baseband)信号和宽带(Broadband)信号之分。简单来说,基带信号是将数字数据直接用两种不同的电压信号来表示,然后送到线路上传输;宽带信号是将多路基带信号进行调制后形成频分复用模拟信号,由于每路基带信号的频谱被搬移到不同的频段,多路信号合在一起不会相互干扰,这样提高了传输介质的利用率。

2.1.2　数据通信系统的模型

1. 系统模型

数据通信系统是将通信设备用通信线路连接起来完成信息传输的系统,如图 2.3 所示。

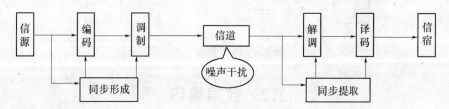

图 2.3　数据通信系统模型

图中,编码主要是将信息编码成数字信号,包含为了提高传输有效性而采取的一些加密、纠错编码;调制是为了使传送信号与传输介质相匹配而进行的编码,主要是将二进制数据转换

成能够传输的模拟信号;信道是指发送端和接收端间的线路,可以采用多路复用技术使一条信道上传输多路信号,信道会受到各种噪声干扰,所以数据通信系统要采取一些差错控制措施;同步是为了接收端能按照发送端的发送顺序或速度接收数据,使发送、接收二者协调一致,否则,无法正确接收数据,所以在发送端有同步信息形成的功能,接收端具有提取同步信息的功能。解调、译码分别是调制、编码的逆过程。

2．数据传输方式

数据传输是有方向的,这取决于传输电路的能力和特点。按照方向性数据传输有以下三种基本工作方式。

(1)单工通信:两通信终端间只能由一方将数据传输给另一方,即一方只能发送,另一方只能接收。

(2)半双工通信:两通信终端可以互传信息,即都可以发送数据或接收数据,但任一方都不能在同一时间既发送又接收数据,只能在同一时间一方发送数据另一方接收数据。半双工通信是可切换方向的单工通信。

(3)全双工通信:两通信终端可以在两个方向上同时进行数据的收/发传输。

一般情况,在一条物理链路上,只能进行单工数字通信或半双工数字通信,要进行全双工数字通信,一般需要两条物理链路。

3．并行传输与串行传输

(1)并行传输:数字数据常由若干位组成,在数据设备内进行近距离传输(如几米内)时,为了获得高的数据传输速率,使每个代码的传输延时尽可能小,常采用并行传输方式,即数据的每一位各占一条信号线,所有的位并行传输。两数据设备之间一次传输 n 位并行数据,一条连线对应一条信道,用于传输代码的对应位,n 条信道组成了 n 位并行信号。根据实际需要,并行传输的位数不是一成不变的,可根据传输线路的多少来确定,如计算机内的数据总线就是并行传输的一个例子,有 8 位、16 位、32 位和 64 位等。

(2)串行传输:是指数据信号的若干位,顺序按位串行排列成数据流,在一条信道上传输。如图 2.4 所示,发送端向接收端发出了"01001101"的串行数据,从图中可以看出,数据的所有的位都占用同一条信号线,这样在硬件信号的连接上节省了信道,利于远程传输,所以广泛用于远程数据传输中,如通信网络和计算机网络中的数据传输。由于代码采取了串行传输方式,其传输速度与并行传输相比要低得多。

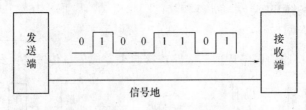

图 2.4　串行传输方式

2.2　数据编码

2.2.1　数字数据编码为数字信号

数字信号可以用数字通信信道直接传输,将数字数据编码成数字信号主要解决 0、1 的表

12

示法和收/发两端的信号同步问题。下面介绍几种常见的编码方法。

1．不归零(Non Return to Zero,NRZ)法

这种编码的规则为:使用两个不同的信号电平,用高电平表示1,低电平表示0;反之亦可,但在一个通信系统或相连的通信系统中要统一。这种编码与数据代码中的结构基本相同,如图2.5(a)所示,其中 + E 电平代表二进制符号"1",0电平代表二进制符号"0"。这种编码的优点是简单直观,其缺点:一是容易出现连"0"和连"1"的码型,不利于传输中接收端同步信号的提取;二是连续"0"和连续"1"的码型的出现,表示信号中有较多的直流,电气性能较差。

这种编码实际上就是用两个不同的电平信号表示1和0。

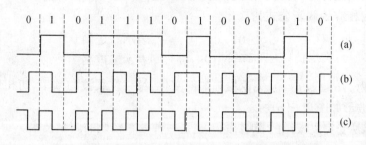

图2.5　数字数据编码为数据信号的编码波形

(a) 不归零法; (b) 曼彻斯特法; (c) 差分曼彻斯特法。

2．曼彻斯特法

曼彻斯特编码的规则为:使用两个不同的信号电平,每一位编码中间电平必须有跳变,由高变低的信号表示1,由低变高的信号表示0;反之亦可,但在一个通信系统或相连的通信系统中要统一,如图2.5(b)所示。这种编码具有的优点:一是每传输一位数据都对应一次跳变,利于同步信号提取;二是减少了连续0或0引起的直流分量。缺点是:数据编码后同不归零法相比信号变化率增加了1倍,需要使用更高频率的电气设备。这种编码被广泛地用于10M以太网和无线寻呼的编码中。其实际上是通过传输每位数据中间的跳变方向表示传输数据的值。

3．差分曼彻斯特法

差分曼彻斯特法如图2.5(c)所示,这是曼彻斯特法的改进。利用了差分编码技术,每位中间都跃变,但区间开始时,遇0不变,遇1跃变;反之亦可,但在一个通信系统或相连的通信系统中要统一。它与曼彻斯特具有同样的特性,获得了广泛的应用。由于曼彻斯特编码和差分曼彻斯特编码将数据和时钟都包含在编码中,所以二者被称为自同步编码。

上述是基本的编码方法,根据信号极性不同,还可以分单极性码和双极性码。单极性码表示传输中只用一种电平 + E(或 - E)和0电平表示数据,双极性码是用两种电平(+ E 和 - E)和0电平表示数据。单极性码简单,适用于短距离传输;双极性码抗干扰能力强,适用于长距离传输。与不归零法相对应,还有归零法,二者主要区别表现为不归零信号和归零信号的不同:不归零信号是指在一位的时钟周期内,信号电平保持不变,不会回到零电平;而归零信号则在一位的时钟周期的后半周期,信号电平提前回到0位。不归零信号抗干扰能力强,适合工作于较高频率,归零信号适合于设备汇接接口。

2.2.2　数字数据编码为模拟信号

用模拟信号来传输数字数据的传输方式,常见的是将计算机的数字数据利用调制解调器

13

进行调制,通过模拟线路(如电话线)传输到另一台计算机。数字数据编码为模拟信号的过程也叫做调制,是用载波来携带数字数据信息。解调是把载波所携带的数字数据提取出来,得到原来的信息。调制技术涉及载波信号的振幅、频率、相位中的一个或多个。基本的调制技术有振幅键控(Amplitude Shift Keying,ASK)、移频键控(Frequency Shift Keying,FSK)、移相键控(Phase Shift Keying,PSK)三种。

1. 振幅键控

二进制数字数据的 0、1 由载波的两个不同振幅表示。通常用高振幅的信号表示 1,低振幅的信号表示 0;反之亦可,但在一个通信系统或相连的通信系统中要统一。低振幅信号的幅值可以为 0,这时相应的调制公式为

$$s(t) = \begin{cases} 0, & \text{表示二进制 } 0 \\ A\sin(2\pi f_0 t), & \text{表示二进制 } 1 \end{cases}$$

其中,载波信号为 $A\cos(2\pi f_0 t)$,无论振幅如何变化,每一位载波的频率、初相位不变,载波周期数相同,编码波形如图 2.6(b)所示。

振幅键控容易受突发噪声的影响,同时也是一种效率较低的调制技术。

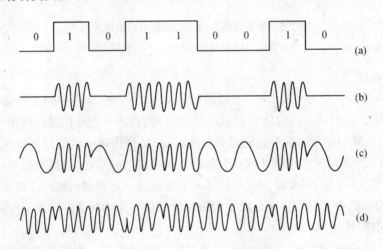

图 2.6 三种调制的基本波形

(a) 数字信号;(b) 振幅键控;(c) 移频键控;(d) 移相键控。

2. 移频键控

二进制数字数据用两个不同频率的载波信号来表示,用高频率的载波表示 1,用低频率的载波表示 0;反之亦可,但在一个通信系统或相连的通信系统中要统一。一般情况下由载波中心频率附近的两个不同频率来表示二进制数的两个值。如图 2.6(c)所示,用 $s(t) = A\cos(2\pi f_1 t)$ 代表二进制数 1,用 $s(t) = A\cos(2\pi f_2 t)$ 代表二进制数 0;也可以用 $s(t) = A\sin(2\pi f_2 t)$ 代表二进制 1;用 $s(t) = A\sin(2\pi f_1 t)$ 代表二进制 0,其中,f_1 和 f_2 通常是载波频率的两个不同的偏移值,它们的绝对值相同,偏移方向相反。

除了频率,载波的振幅和初相位一般不变,表示 1、0 每一位的载波周期数不同,但是固定的。移频键控比振幅键控的抗差错性强。

3. 移相键控

数据是通过载波信号的相位偏移来表示的。在图 2.6(d)中,若发送信号的起始相位与前

一个信号的起始相位相差 0°(相同),则代表二进制数 0;若二者相位相差 180°,则代表二进制数 1。由于相位的偏移是与前位相参照,故称为差分移相键控或相对移相键控。若规定初相位为 0°的载波表示 0,初相位为 180°的载波表示 1,则这种方法称为绝对移相键控。

上面使用了 0°、180°两个相位,所以也称二相调制。若使用相位相差 90°的四个相位,则称为四相调制,如下面的信号 $S(t)$ 取值为

$$S(t) = \begin{cases} A\sin(2\pi f_c t + 0°), & \text{表示二进制 00} \\ A\sin(2\pi f_c t + 90°), & \text{表示二进制 01} \\ A\sin(2\pi f_c t + 180°), & \text{表示二进制 10} \\ A\sin(2\pi f_c t + 270°), & \text{表示二进制 11} \end{cases}$$

可见,四相调制中不同相位的信号各表示 2bit 的数据。可以类推,八相调制中 8 个不同相位的信号各表示 3bit 的数据,十六相调制中 16 个不同相位的信号各表示 4bit 的数据等。这样,调制的速率是不一样的。信号调制速率可用波特率来描述,波特率是每秒调制传输的信号单元的个数,单位为波特/秒(Baud/s)。波特指的是信号单元。前面讲过,数据传输速率是每秒传输数据的比特数,与波特率是完全不同的两个概念,它们之间的关系为

$$C = B\log_2 N$$

式中:C 为数据传输速率;B 为波特率;N 为采用信号单元的个数(对于移相调制,为采用相位的个数)。

对于十六相调制,有

$$C = B\log_2 16 = 4B$$

由此可以看出,采用多相调制的数据传输速率一般大于波特率,可以用较低的波特率获得较高的数据传输速率。调制传输的效率更高些,但调制相位的个数越多,实现技术和设备越复杂,成本越高,故需要综合考虑。

2.2.3 模拟数据编码为数字信号

模拟数据编码为数字信号的目的是利用数字信道来传输模拟数据,发挥数字传输的优点。模拟数据编码为数字信号主要有两种方法:脉冲编码调制(Pulse Code Modulation,PCM)和增量调制(Delta Modulation,DM)。

1. 脉冲编码调制

脉码编码调制包括采样、量化和编码三步,具体如下:

(1) 采样:按照奈奎斯特采样定律,如果一个信号 $f(t)$ 以固定的时间间隔、并以高于信号最大频率 2 倍的速率进行采样,那么这些样本就包含了原信号中的所有信息。根据这些样本,就可以重建函数 $f(t)$,如图 2.7(b)所示。

(2) 量化:是将采样样本幅值按量化等级决定取值的过程。经过量化后的样本幅值为离散值。量化之前需要确定量化级的数量,可以有 8、16、32 以及更多的量化级数,一般是 2 的整数次幂,如此有利于使用二进制编码。若采用 8 位量化,可以有 256 个量化等级。如图 2.7(c)为 3 位量化,8 个量化等级。量化时采用四舍五入的方法确定采样点的量化值。

(3) 编码:经过量化后即可得到模拟数据诸多采样点对应的二进制数字数据,数字数据再根据前面的方法编码数字信号。

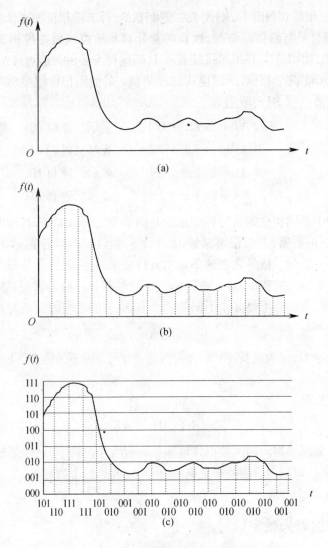

图 2.7　脉冲编码调制示意图

(a) 模拟数据；(b) 采样；(c) 量化。

在接收端,执行相反的过程再生成模拟数据。注意,通过量化后再恢复成的模拟信号仅是原始信号的近似值,而不能精确恢复。其中的误差称为量化误差。编码的位数越多,量化等级越多,则量化误差越小。国际上有两个利用 PCM 的标准:一个是美国的 24 路 PCM,称为 T1 标准,其链路速率为 1.544Mb/s;另一个是欧洲的 30 路 PCM,称为 E1 标准,其链路速率为 2.048Mb/s。我国采用 E1 标准。当然,提高采样频率也可以减少量化误差。

但是增加量化编码的位数、采样频率均会增加编码后的数据量,引起存储和处理等其他问题。为此提出了差分脉冲调制(DPCM)、自适应脉冲调制(APCM)、自适应差分脉冲调制(AD-PCM)等改进方法。

2. 增量调制

当模拟数据变化较平稳时,可用增量调制的方案。其实质是在确定了采样频率后由一个阶梯函数来近似,这种阶梯函数的一个重要特性是二进制,即在每个取样时刻,按函数上升或下降增加或减少一个恒定的值 δ。因此,增量调制的输出可以用一个样本对应一个二进制数

16

来表示,就可以产生一个比特流。如果阶梯函数将在下一个间隔上升,那么就生成一个 1;如果阶梯函数将在下一个间隔下降,就生成一个 0,如图 2.8 所示。图 2.8(a)为模拟波形,先选一个初始电平为第一个样本 D1,再取第二个样本 D2;若 D2>D1 则增加一个 +δ;若 2<D1 则增加一个 −δ;若模拟波形为水平线,则相继加入 −δ、+δ、−δ、+δ、⋯,图 2.8(b)中令 −δ 为 0,+δ 为 1,最后形成了图 2.8(c)的二进制数为 00011101001111⋯,即可进行发送,接收端用相同的规律即可恢复原来的模拟波形。

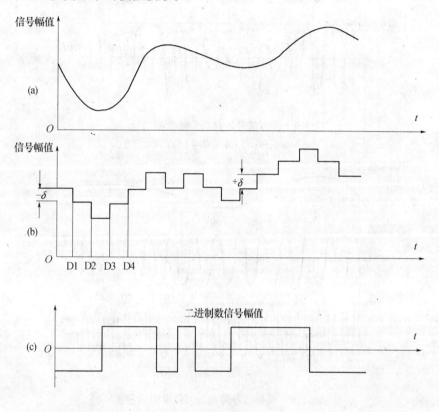

图 2.8　增量调制图解

2.2.4　模拟数据编码为模拟信号

模拟数据编码为模拟信号的目的:一是为了实现传输的有效性,将低频信号(如话音)搬迁到较高的频带进行传输;二是将模拟信号放大;三是通过调制可以使用频分复用技术。模拟数据编码位模拟信号可以通过调幅(Amplitude Modulation,AM)、调频(Freqvency Modulation,FM)和调相(Phasic Modulation,PM)三种方法实现。

1. 调幅

以原来的模拟数据为调制信号,对载波(正弦波或余弦波)的幅值进行调制,载波的频率不变,但其幅值随模拟数据的幅值变化而变化,如图 2.9 所示。

2. 调频

以原来的模拟数据为调制信号,对载波(正弦波或余弦波)的频率按调制信号的幅值变化而进行调制,这时载波信号的相位和幅值都不改变,但载波信号的频率随着调制信号幅值的变化而变化,如图 2.10 所示。

17

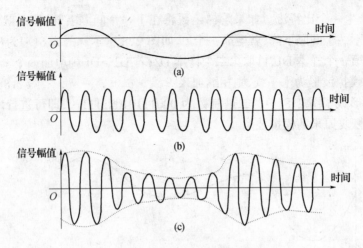

图 2.9 模拟信号转换为调幅模拟信号

(a) 话音调制信号；(b) 载波信号；(c) 调幅信号。

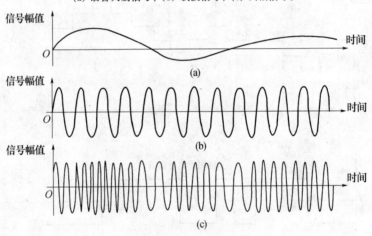

图 2.10 模拟信号转换为调频模拟信号

(a) 话音调制信号；(b) 载波信号；(c) 调频信号。

3. 调相

调相技术可以使硬件更为简单,有时用调相技术代替调频技术,这时仍然以原来的模拟数据为调制信号,对载波(正弦波或余弦波)的相位按调制信号幅值的变化而进行调制,这时载波信号的频率和幅值保持不变,但载波信号的相位随着调制信号幅值的变化而变化。

2.3 传 输 介 质

传输介质通常可分为有线介质和无线介质。有线介质包括种各种导线和光缆,无线介质包括传输电磁波的空气和真空。下面分析计算机网络中常用的双绞线、同轴电缆、光纤、无线电波传输等传输介质。

2.3.1 双绞线

双绞线是一种使用最为广泛的传输介质,在计算机网络中应用极广,双绞线的结构如图 2.11(a)所示。

18

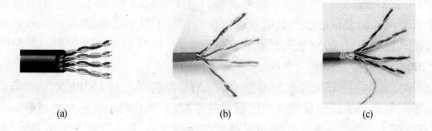

图 2.11　双绞线

(a) 示意图；(b) 非屏蔽双绞线；(c) 屏蔽双绞线。

　　双绞线的基本组成是：由两根 22 号～26 号的绝缘芯线按一定密度(绞距)的螺旋结构相互绞绕而成，每根绝缘芯线由各种颜色塑料绝缘层的多芯或单芯金属导线(通常为铜导线)构成(图 2.11(a))。将一对或多对双绞线安置在一个封套内，便形成了双绞线电缆，其组成结构如图 2.11(b)、(c)所示。由于屏蔽双绞线电缆(Shielded Twisted Pair,STP)外加金属屏蔽层，消除外界干扰的能力更强，故相对于非屏蔽双绞线(Unshielded Twisted Pair,UTP)，其数据传输速率更高、传输距离更长，但价格较贵，不像 UTP 使用更广。

　　双绞线的两条线绞合在一起的目的是为了提高抗干扰能力。两条绝缘芯线紧紧绞合，完全对称，与利用大地作返回线或利用公用线作返回线相比，因其与噪声源位置对称，故两条线中的每条线受噪声的影响基本相同，这种噪声是共模噪声，可以从技术上消除。与平行线相比，由于双绞线互相紧密绞合，两条线的径向位置总在变化，从各个方向看，双绞线的两线是对称的，各线接收噪声均等；而平行线则不然。双绞线和平行线的抗噪声比较如图 2.12 所示，这里设与纸面垂直的方向有电磁干扰，则电磁干扰相对于每段导线形成的电动势用箭头表示，则对于双绞线而言，①、②、③、④线段对应的电动势大小相等，方向如图。这样对 x 线来说②、③方向相反，互相抵消，①、④也一样，因此不会产生差模噪声。对于平行线，对应⑤、⑥、⑦、⑧线段对应的电动势大小相等，方向如图。这样对 a 线来说，⑤、⑦方向相同，大小相加，⑥、⑧也一样，产生了差模噪声。同理，双绞线本身信号传输形成的电磁干扰噪声也比平行线要小得多，不易成为噪声源。双绞线的缠绕密度越大(绞距越小)，性能越高，传输能力越强。

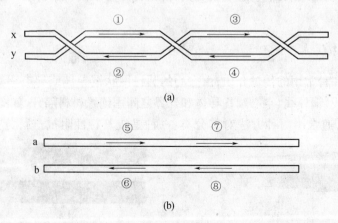

图 2.12　双绞线和平行线的抗噪声比较

(a) 双绞线；(b) 平行线。

双绞线可以用于模拟信号和数字信号传输。对于模拟信号,每 5km～6km 需要一个放大器,对由于长距离传输衰减后的模拟信号进行放大。对于数字信号,2km～3km 使用一台中继器,对于长距离传输衰减,特别是高频成分衰减较大时,须对信号进行整形。局域网中一般每个网段为 100m,网络最大长度为 500m。

国际标准化组织——国际电气工业协会(EIA)早期将双绞线定为五类非屏蔽双绞线和屏蔽双绞线,不同的质量级别的双绞线传输带宽各不相同,从几百千赫至几百兆赫不等。

随着双绞线生产工艺和配套传输电子技术的迅猛发展,现在应用较多的是五类、超五类双绞线。五类双绞线电缆使用了特殊的绝缘材料,使其最高传输频率达到 100MHz、超五类线与五类双绞线相比,衰减和串扰更小,支持千兆位以太网 1000Base－T 的布线。电信工业协会(TIA)和国际标准化组织已经着手制定六类布线标准。该标准将规定未来布线应达到200MHz 的带宽,同时改变现有的电缆连接方式,将采用一个 8 端口模块化插座和插头。可以传输话音、数据和视频,满足高速和多媒体网络的需要。国际标准化组织在 1997 年 9 月曾宣布要制定七类线标准,建议带宽为 600MHz。与六类线标准相比,七类线在接头等方面将做更大的变动,可能采用屏蔽双绞线电缆。图 2.13 是双绞线的接头 RJ－45 头,一般用于五类、超五类线。

图 2.13　双绞线的接口

选用不同质量的双绞线,采用不同的传输技术,其传输率差异极大。通常对于特定的双绞线,数据传输速率与传输距离成反比,即距离越近数据传输速率就越高;反之,传输距离越远,数据传输速率就越低。与模拟信号相比,数字信号的频谱很宽,故一对双绞线仅能传输一路信号,且由于同样原因,其中的高频成分衰减较大,对外干扰也较为严重,在使用中须加以注意。通常,数字传输的双绞线绞距窄,缠绕密度大,价格也相对较高;但与同轴电缆和光纤相比,其价格相对便宜。

2.3.2　同轴电缆

同轴电缆是一种常用的传输介质,由空心的圆柱网状铜导体或导电铝箔和一根位于中心轴线的铜导线组成,铜导线、空心圆柱导体和外界之间用绝缘材料隔开,如图 2.14 所示。同轴电缆有多种型号,通常用两种方法对其分类:一种是按其特性阻抗进行分类,主要有 50Ω 和

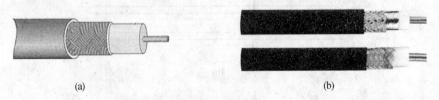

(a)　　　　　　　　　　　　　　　　(b)

图 2.14　同轴电缆
(a) 示意图;(b) 实物图。

75Ω等;另一种是按其直径分类,又分为粗同轴电缆和细同轴电缆等。

通常 50Ω 电缆用于传输数字信号,曾广泛用于计算机网络。75Ω 电缆用于传输电视等模拟信号。由于其几何结构和生产工艺等原因,同等条件下与双绞线相比,同轴电缆对高频信号的衰减较小、对外辐射小、抗干扰能力更强、更利于高频信号的传输。其传输距离大于双绞线,局域网中一般规定每个网段为 185m,网络最大长度为 925m。

图 2.15　同轴电缆接头

同轴电缆可通过频分多路复用而传输多路模拟信号,如有线电视所用的 75Ω 同轴电缆中传输的电视信号为多频道电视信号。随着多路复用技术的发展,在有线电视电缆中传输电视信息的基础上可以传输其他信息。带宽很宽的数字信号也可以通过调制转换为带宽较窄的模拟信号,通过多路复用的方法在同轴电缆中传输。图 2.15 为同轴电缆的接头,为 BNC 头和 T 形头,图中带链子的为终端器。

在网络布线中,一般用于总线结构,不需要集线器等连接设备,具有安装容易、造价低、网络抗干扰能力强、网络扩展方便等优点。但因为总线的结点较多,致使网络系统的可靠性降低,网络维护也比较困难,且对高速网络的向后兼容性不如双绞线好,所以目前使用于用户数较少、传输速率不高的小型网络中。

2.3.3　光纤

光纤即光导纤维。利用光导纤维作为光的传输介质,以光波作为信号载体来进行通信。光纤通信的发展历史不长,伴随着计算机网络的高速发展及其需求,光纤通信技术及器件的研究在全世界展开,并取得了迅猛发展,目前它已成为遍及全球通信网的主要传输介质。

1. 光纤与光缆的结构

目前,通用的光纤是用导光材料——石英玻璃制成的直径很小的双层同心圆柱体。未经涂覆和套塑时称为裸光纤(图 2.16),它由纤芯和包层组成,其中纤芯的折射率 n_1 比包层的折射率 n_2 高,纤芯作为传输光信号的通道,其直径为 $2a$,包层负责约束光信号,使光信号仅在纤芯内传输。为了提高光纤抗拉强度和保护光纤表面以便于实用,一般在裸光纤外面增加保护套层。

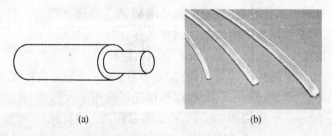

图 2.16　光纤
(a) 示意图;(b) 实物图。

目前,由于通用的光纤是石英光纤,其质地脆、易断裂,不便于施工敷设,适用范围小。为了使其具备一定的机械强度,在实际的通信线路中,将光纤制成各种结构形式的光缆,以适应各种环境的使用和保证传输性能可靠、稳定。

光缆通常由缆芯,护套和加强构件组成。护层一般可分为内护层和外包层,内护层由聚乙烯或聚氯乙烯等组成,外包层可根据敷设安装条件而定,通常要求用由铝带和聚乙烯组成的外护套加钢丝铠装等。加强构件通常用钢丝或非金属纤维组成,分布在光缆的中心或四周,用以承受光缆敷设安装时的外力等。由多根光纤及相应的护套,加强构件组成多芯光缆,如图2.17所示。

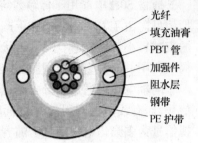

光纤
填充油膏
PBT管
加强件
阻水层
钢带
PE护带

图2.17　光缆的结构图

光纤接头主要有:SC接头,是标准方型卡式接头,采用工程塑料,具有耐高温、不容易氧化等优点,LC接头,与SC接头形状相似,较SC接头小一些;FC接头,是金属圆形带螺纹的接头,金属接头的可插拔次数比塑料接头多。相应的常用光纤接头线有四种,如图2.18所示。

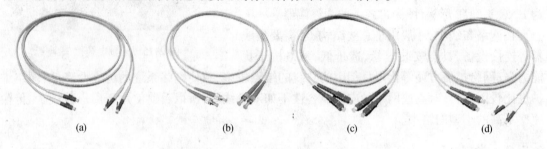

(a)　　　　　　　　(b)　　　　　　　　(c)　　　　　　　　(d)

图2.18　常用的光纤接头线
(a) LC-LC;(b) FC-SC;(c) SC-SC;(d) SC-LC。

2. 光纤的分类

(1) 均匀光纤和非均匀光纤。按照折射率分布,光纤可分为均匀光纤和非均匀光纤,均匀光纤的纤芯和包层的折射率分别为均匀常数 n_1 和 $n_2(n_1 > n_2)$,在纤芯和包层的分界面处折射率发生突变,故其称为均匀光纤或突变型光纤,用 S_1 表示。非均匀光纤纤芯的折射率 n_1 不为常数,其纤芯轴心处 n_1 最大,其后 n_1 随抛物线规律减小,到纤芯与包层交界处 n_1 变为包层折射率 n_2,包层折射率 n_2 为常数,故其称为非均匀光纤或渐变型光纤,用 G_1 表示。

(2) 单模光纤和多模光纤。光纤的模式与光纤的直径、折射率、光的波长等参数有关。总的来说,光纤直径越小,能传输光的模式越少,当直径小于一定临界值时,光纤内只能传输一种模式的光。若光纤中同一波长、同一频率的光的电磁场传输模式仅有一种,则称为单模光纤;若光纤中同一波长、同一频率光的电磁场传输模式多,则称为多模光纤。

单模光纤的纤芯直径很小,通常为 $1\mu m \sim 10\mu m$,同波长的光只能传输一种模式,故可以避免模式色散,使得这种光纤的传输频带很宽,传输容量大;但由于其直径太小,不利于光源信号的耦合,耦合光功率相对较少,耦合复杂,所以单模光纤适用于大容量、长距离的光纤通信。

多模光纤的直径较大,一般为 $50\mu m \sim 75\mu m$,最常用的是 $62.5\mu m$,同波长的光能有多种模式在纤芯中传输,因而会引起模式色散,使得这种光纤的传输频带较窄,传输容量也较小;但由于其直径较大、利于光信号的耦合、耦合功率相对较大、耦合简单,所以应用也较多。多模光纤中,非均匀光纤的模式色散较小,故带宽比均匀多模光纤宽,容量较大。

3. 光纤的损耗特性与色散特性

光纤的损耗特性和色散特性是光纤的主要特性,决定了光纤的最大传输距离和最大传输带宽。

光波在光纤中传输时,随着传输距离的增加,光波的功率逐渐下降,这就是光纤的传输损耗,光纤单位长度的损耗直接关系到光波的传输距离。造成损耗的原因很多,有光纤本身的损耗,也有光纤与光源耦合损耗,还有光纤之间的连接损耗。光纤本身的损耗原因大致可分为两类:吸收损耗和散射损耗。吸收损耗是指在光波通过光纤时,有一部分光能转变成热能等造成光功率的损失;散射损耗是指由于在光纤制造中,光纤的密度、材料、形状、气泡、包层交界粗糙和折射率等,其分布的必然不均匀性,以及使用中由于弯曲应力等原因造成的。使得光信号在光纤中传输时,不再按理想的情况,即仅在光纤传输方向行进,而是其他方向也能看到光。总之,光的散射损耗与光的波长有关,波长短则损耗相对大,波长长损耗相对小,故在长波长可使光纤传输信息的距离进一步增加。

由于传输速度不同,而使得同时发出的光信号通过光纤的传输时间不同造成不同频率成分和不同模式到达光纤终端有先有后,使信号波形产生畸变,这种畸变现象称为色散。如在传输一个脉冲信号时,光脉冲将随着传输距离的增加,脉冲宽度会由于色散而越来越宽,最终使两个相邻脉冲之间的“间断”消失,产生黏连,产生码间干扰,增加误码率。光纤的色散通常由于两种原因造成:一种是由于光源中光频率成分不单一,具有一定的光谱带宽,各波长的光在光纤中传输速度不同;另一种是同波长、不同模式的光在光纤中传输速度也不同。

4．光纤通信的优点

(1) 光纤可提供更宽的带宽,多模光纤的带宽可达 7GHz,单模光纤的带宽可达 200GHz,这样可以提供很高的数据传输速率。

(2) 光纤信号传输衰减小,传输距离远,如单模光纤的中继距离超过 100km,多模光纤的中继距离超过 60km。

(3) 抗干扰能力强,不受外界电磁干扰,光纤埋在铁路路基上或与高压线同杆并行架设也不会受到干扰。

(4) 光纤信号不易被窃听和截获,安全保密性。

(5) 采用波分复用(Wavelengh Division Multiplexing, WDM)、密集波分多路复用(Dense Wavelength Division Multiplexing,DWDM)技术可以大幅度地扩容。

2.3.4　无线电波

无线电波传输介质一般不需要人为架设,是自然界所存在的介质,这种介质就是广义的无线介质。例如,可传输声波信号的气体(大气)、固体和液体,能传输光波的真空、空气、透明固体、透明液体,以及能传输电波的真空、空气、固体和液体等,都可以称为无线传输介质。目前,广泛使用的无线介质是大气,在其中传输的是电磁波。

自然界的声、热、光、电、磁都可以在空间传播,在1822年傅里叶提出了频域分析概念之后,使人们进一步发现,声波、光波、电磁波可以用含有能量的正弦波或余弦波来解释。至今人类所认识的红外线、可见光、紫外线、X射线和γ射线,本质上都是电磁波,只是其频率和波长不同,电磁波谱如图 2.19 所示,由图可见,可见光的频率为 4×10^{14} Hz～7×10^{14} Hz,其电磁波谱只占很小的一段频域。较低频域为红外线,更高的频域为紫外线、X射线、γ射线。

我们研究的对象是 10^{12} Hz 以下的可作为无线通信的电波,它被划分为多个波段,并被世界各国所公认,如表 2.1 所示,表中还列出各波段的使用情况。

图 2.19　电磁波谱

表 2.1　无线电波段划分(部分)

波段号	频率范围(f)	波长范围(λ)	波段名称	频段名称	使用情况
4	3kHz~30kHz	100km~10km	甚长波	甚低频(VLF)	特殊通信,导航
5	30kHz~300kHz	10km~1km	长波	低频(LF)	天线,军事应用
6	300kHz~3000kHz	1000m~100m	中波	中频(MF)	无线电广播
7	3MHz~30MHz	100m~10m	短波	高频(HF)	短波无线电
8	30MHz~300MHz	10m~1m	超短波	甚高频(VHF)	甚高频电视
9	30GHz~3GHz	10dm~1dm	分米波	特高频(UHF)	地方微波
10	3GHz~30GHz	10cm~1cm	厘米波	超高频(SHF)	地方卫星微波
11	30GHz~300GHz	10mm~1mm	毫米波	极高频(EHF)	实验室点到点通信
12	300GHz~3000GHz	1mm~0.1mm	丝米波	至高频	实验室点到点通信

无线电波在真空中的传播速度 $c = f \times \lambda = 30$ 万 km/s。频率与波长成反比,频率越高,波长越短。无线电波的频率和波长、传播环境不同,应用特性也不同。

1. 无线电传输

无线电波是全方向传播的,可以通过建筑物传播很远,因此收/发装置不需要准确地对准。无线电波的传播与频率有密切关系,在低频段上能通过障碍物,但能量随着传播距离 R 增大而迅速减小。在高频段无线电波趋于直线传播,故易受建筑物阻挡,还会被雨雪吸收,频率易受发动机或其他电子设备干扰。使用相同或相近频率的用户之间,易发生串扰,故频段的选用在全球受到严格的控制。

在 VLF、LF、MF 频段,无线电波沿地面传播,可以达到 1000km,频率较高,则距离较近,并能通过建筑物。在 HF、VHF 频段,地面电波被地球吸收,但可达到距地面 100km~500km的电离层并被反射回地球,因而能实现远距离无线电通信。

2. 微波传输

100MHz 以上的微波(与光波的性质类似)沿直线传播,这就需要通过抛物线天线把能量集中成一小束,有很强的方向性,故收/发天线要精确对准,即可获得很高的信噪比。在大量使用光纤以前,长途通信就是每隔数十千米建立一个微波塔作为中继站达到远方的。微波塔越高,传播距离也越远,中继站之间的距离与塔高的平方成正比,如塔高为 100m,中继站距约为80km。因此,微波的优点是不用架线,成本较低。

微波不能通过建筑物,其波长只有几厘米,易被雨水吸收或在大气中散射,这些问题可以用较高和较富余的频段加以解决,以便在传输质量不好时切断受损的频段。

过去,微波通信广泛用于长途电话,现在移动电话使用微波通信、电视传播等,另外还专门指定 2.400MHz~2.484MHz 频段用于工业、科学和医学。

24

3. 红外线及毫米波

红外线和毫米波广泛用于短距离的室内通信,电视、录像机的遥控器都利用了红外线装置,它们具有一定的方向性,价格便宜易于制造。红外线不能穿透墙壁应该说是一个优点,两间房屋内的红外系统不会串扰,所以,使用红外波段无须政府授权,而红外线防窃听系统要比无线电系统好。但是,红外通信一般不易在室外使用,因为太阳光中的红外线和可见光一样强烈。

4. 卫星通信

卫星通信一般是在地面站之间利用 36000km 高空的同步地球卫星作为中继器的一种微波接力通信,所以说通信卫星就是太空中无人职守的用于微波通信的中继器。卫星通信可以克服地面微波通信距离的限制,一个同步卫星可以覆盖地球的 1/3 以上的表面。在地球赤道上空的同步轨道上等距离放置 3 颗相隔 120°的卫星就可以覆盖整个地球表面,这样,地球上的各个地面站之间就可以相互通信。由于卫星信道频带较宽,可采用频分多路复用技术划分出若干子信道,一部分用作地面站向卫星发送的上行信道,另一部分用作卫星向地面站转发的下行信道。

卫星通信的优点是:通信容量很大,传输距离远;信号受干扰比较小,通信质量稳定。缺点主要是传输延迟较长。由于各地面站的天线仰角不同,不管两站的地面距离是多少,从发送站通过卫星到接收站的传输延迟均为 270ms,这同地面近距离电缆传输相比,延迟太长了。

2.4 网络拓扑结构

如何利用通信线路和通信设备将网络中的各个计算连接起来呢? 这由网络拓扑结构来决定。拓扑(Topology)是从图论演变而来的一种研究与大小形状无关的点、线、面之间关系的方法。网络拓扑结构是指网络中各个结点相互连接的方式,一般多指通信子网的结构。拓扑结构对整个网络的性能、设计、可靠性、成本具有重要的影响,下面分析一些常用的拓扑结构。

1. 总线拓扑结构

总线拓扑结构采用单根传输线作为传输介质,所有站点都通过相应的硬件接口直接连接到传输介质(或称为总线)。任何一个站的发送信号都可以沿着介质传播,而且能被所有的其他站点接收。图 2.20 是总线拓扑结构。在总线的干线基础上扩充,可采用中继器,需重新配置,包括电缆长度的剪裁、终端器的调整等。

因为所有的结点共享一条共用的传输线路,所以一次只能由一个设备传输。需要专门的访问控制策略,来决定下一次哪一个站可以发送,通常采取分布式控制策略。

发送时,发送站将报文分成分组,然后一次一个地依次发送这些分组,有时要与其他站来的分组交替地在介质上传输。当分组经过各站时,目的站将识别分组的地址,然后复制下这些分组的内容。这种拓扑结构减轻了网络通信处理的负担,总线仅是一个无源的传输介质,而通信处理分布在各站点进行。

总线拓扑的优点是:

(1)电缆长度短,布线容易。因为所有的站点接到一个公共数据通路,因此,只需很短的电缆长度,减少了安装费用,易于布线和维护。

(2)可靠性高。总线结构简单,又是无源元件,从硬件的观点看,十分可靠。

(3)易于扩充。增加新的站点,只需在总线的任何点将其接入,如需增加长度,可通过中继器延长一段即可。

总线拓扑的缺点是：

(1) 故障诊断困难。虽然总线拓扑简单、可靠性高，但故障检测却不很容易，故障检测需在网上各个站点进行。

(2) 故障隔离困难。一旦检查出哪个站点有错误，需要从总线上去掉，这时这段总线要切断。

(3) 终端必须是智能的。因为接在总线上的站点要有介质访问控制功能，因此必须具有智能，从而增加了对站点的硬件和软件要求。

2. 星型拓扑

星型拓扑是由中央结点和分别与之相连的各站点组成，如图 2.21 所示。中央结点执行集中式通信控制策略，而各个站点的通信处理负担都很小。一旦通过中央结点建立了连接，两个站之间可以传递数据。目前，中央结点多采用集线器、交换机（其工作原理在以后介绍）等，也可以采用计算机。

星型拓扑结构广泛应用于网络中智能集中与中央结点的场合，在目前的网络中，这种拓扑结构使用较多。

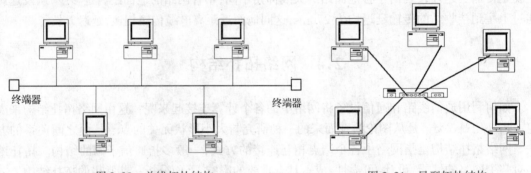

图 2.20 总线拓扑结构   图 2.21 星型拓扑结构

星型拓扑结构的优点是：

(1) 访问协议简单，方便服务。在星型网中，任何一个连接只涉及中央结点和一个站点，因此，控制介质访问的方法很简单，致使访问协议也十分简单。只要中央结点有冗余的接口，就可方便地提供网络服务和重新配置。

(2) 便于故障诊断与隔离。每个站点直接连到中央结点，因此，故障容易检测，单个连接的故障只影响一个设备，可很方便地将有故障的站点从系统中删除，不会影响全网。

(3) 利于集中控制。只要控制中央结点，就可对其他结点的通信实施控制。

星型拓扑的缺点是：

(1) 过分依赖于中央接点。例如，中央结点产生故障，则全网不能工作，所以中央结点的可靠性和冗余度要求很高。

(2) 需安装较多的电缆。因为每个站点直接和中央结点相连，这种拓扑结构需要大量电缆，会产生电缆沟、维护、安装等一系列问题，因此增加较大费用。

(3) 扩展困难。要增加新的站点，就要增加到中央接点的连接，也就需要在初始安装时放置大量的冗余电缆，要配置更多的连接点。如需要连接的站点很远，还要加长原来的电缆。若没有预先的冗余电缆，扩展非常困难。

26

3．环型拓扑

环型拓扑是用一条传输线路将一系列的结点连成一个封闭的环,如图2.22所示,由一些中继器和连接中继器的点到点链路组成一个闭合环。

每个中继器都与两条链路相连。中继器是一种比较简单的设备,它能够接收一条链路上的数据,并以同样的速度串行地把该数据送到另一条链路上。这种链路是单向的,即只能在一个方向上传输数据,而且所有的链路都按同一方向传输。这样,数据就在一个方向围绕着环进行循环。

每个站都是通过一个中继器连接到网络。数据以分组的形式发送,例如,如果X站希望发送一个报文到Y站,那么它要把这个报文分成为若干分组,每个分组包括一段数据再加上某些控制信息,其中包括Y站的地址。X站依次把每个分组放到环上,然后,通过其他中继器进行循环。Y站识别带有它自己地址的分组,并在这些分组通过时将它复制下来。由于多个设备共享一个环,因此需要对此进行控制,以便决定每个站在什么时候可以把分组放在环上。这种功能是用分布控制的形式完成的,每个站都有控制发送和接收的访问逻辑。

环型拓扑的优点是:

(1) 电缆长度短。环型拓扑所需电缆长度和总线拓扑相似,比星型拓扑短得多。

(2) 适用于光纤。光纤传输速度高、电磁隔离,适合于点到点的单向传输,环型拓扑是单方向传输,十分适用于光纤传输介质。

环型拓扑的缺点是:

(1) 结点故障引起全网故障。在环上数据传输是通过接在环上的每一个站点,如果环中某一结点出故障,则会引起全网故障。

(2) 诊断故障困难。因为某一结点故障会使全网不工作,因此难于诊断故障,需要对每个结点进行检测。

(3) 网络重新配置不灵活。要扩充环的配置较困难,同样要关掉一部分已接入网的站点也不容易。

(4) 拓扑结构影响访问协议。环上每个结点接收到数据后,要负责将它发送至环上,这意味着要同时考虑访问控制协议。结点发送数据前,必须事先知道传输介质对它是可用的。

4．树型拓扑

树型拓扑是从星型拓扑延伸形成的,其形状像一棵倒置的树,顶端有一个带分支的根,每个分支还可延伸出子分支。目前,分支结点多采用集线器和交换机,图2.23是树型拓扑结构。

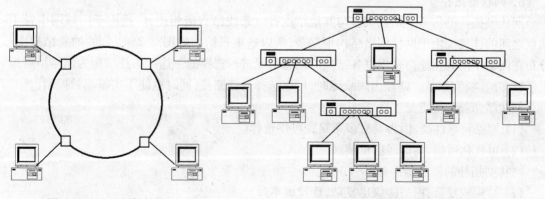

图2.22　环型拓扑结构　　　　　　　　图2.23　树型拓扑结构

当通信的两个结点直接连接在同一分支结点时,数据通过分支结点直接传输;否则,通信数据要一直上传到双方共有的某一层分支结点。这样,降低了通信对上层结点的依赖性,充分利用了传输资源。

树型拓扑的优点是:

(1) 易于扩展。从本质上看这种结构可以延伸出很多分支和子分支,因此,新的结点和新的分支易于加入网内。

(2) 故障隔离容易。如果某一分支的结点或线路发生故障,很容易将这分支和整个系统隔离开来。

树型拓扑的缺点是:对分支结点的依赖性较大,如果分支结点发生故障,其以下的部分将不能通过其进行通信,这种结构的可靠性问题和星型结构相似。

5. 星环型拓扑

星环型拓扑是将星型拓扑和环型拓扑混合起来的一种拓扑,试图取这两种拓扑的优点于一个系统。这种拓扑的配置是由一批接在环上的连线集线器或交换机组成的,从每个集中器或交换机按星型结构或树型结构接至每个用户站上,如图 2.24 所示。

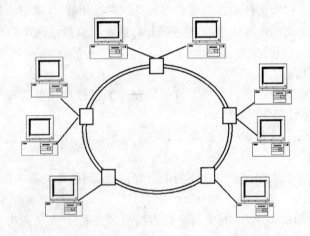

图 2.24　星环型拓扑结构

星环型拓扑结构的优缺点是星型拓扑结构和环型拓扑结构的综合,主干部分具有环型网优、缺点,分支部分具有星型网的优、缺点。

6. 网状型拓扑

网状型拓扑的每一个结点大多与其他结点有一条线路直接相连,广泛用于广域网中骨干结点之间的连接。由于网状网络结构很复杂,所以这里只给出如图 2.25 所示的抽象结构图。分布在网络中的数据流向是根据各结点的动态情况进行选择的。这种拓扑结构为网络结点提供了较多的路径,当某一路径出现故障时,可以选择其他路径,同时也便于实施流量控制。

网状型拓扑的优点是:

(1) 网络可靠性高,因为具有多条路径可供选择。

(2) 可优化通信,均衡通信负载。

网状型拓扑的缺点是:

(1) 结构较复杂,网络协议也复杂,建设成本高。

(2) 路径选择和流量控制比较复杂。

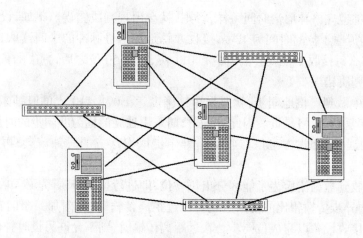

图 2.25　网状型拓扑结构

网状型拓扑结构的最大连线数目 $S = N(N-1)/2$，这里，N 为结点数。若 $N = 5$，则 $S = 10$；若 $N = 100$；则 $S = 4950$。

2.5　同　步

数据通信系统的基本要求是接收端必须知道它所接收的每一位的开始时间和持续时间。同步就是接收端要和发送端在时间上协调一致，接收端按照发送端所发送码元的起止时刻和重复频率来接收数据。实现同步的办法有两种：同步传输方式和异步传输方式。

1. 异步传输

异步传输以字符为单位进行传输（图 2.26），每个字符前加起始位，字符后加上结束位。起始位为"0"，结束位为"1"，结束位的长度可以为 1 位、1.5 位或 2 位，所以一个字符长度为 10 位~12 位。起始位和结束位的作用是实现字符同步，在两个字符之间可以有任意的空白时间。但在发送字符里的每一位占用的时间长度都是双方约定好的，且保持各位都恒定不变。这样收/发双方的发/收速率按编程约定基本保持一致，从而实现位同步。在异步传输方式中，由于不需要发送设备和接收设备之间另外传输定时信号，因而实现起来比较简单。但是应注意，异步传输虽然对收/发双方的时钟频率没有特别要求，但频率差别如果超过 5% ，会出现累积位的误差，则在判决结束位时也会出现错误。异步传输的缺点是：一是由于每个字符都要加上起始位和结束位，因而传输效率较低；二是，由于收/发双方时钟的差异（异步）使得传输速率不宜过高，因而传输效率低，常用于低速数据传输中。

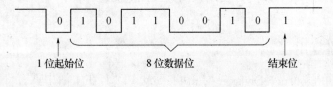

图 2.26　异步传输

2. 同步传输

1）位同步

要求收/发双方的时钟频率严格保持一致来发送数据信号，即称为收/发双方的时钟是同步的。就像全球都遵守格林尼治时间一样，否则，就会出现判决错误。例如，设信号数据传输率为 100Kb/s，则传输 1 位的时间为 $10\mu s$，接收方总是在信号脉冲的中间读取，若双方的时钟频率相差 1%，那么每接收 1 位就会偏离中心 $0.1\mu s$，接收 50 位之后，判决的位置必然偏离到本位之外而发生判决错误。

要想在网络中做到严格地同步，就要采用精确度达 $\pm 0.1\times 10^{-11}$ 的时钟来负责全网的同步，但这样做技术复杂、价格昂贵。因此，过去长期采用独立的称为准同步的时钟源，其频率具有允许范围内的误差，接收方可以在收到信号中提取发送方的时钟信息，再进行处理达到同步。

接收端在接收到数据流后为了能区分出每一位，即进行位同步，首先必须收到发送端的同步时钟，这就是与异步传输相比的复杂之处。在近距离传输时，可附加一条时钟信号线，用发送方的时钟驱动接收设备以完成位同步。在远距离传输时，则不允许另设时钟信号线，必须在发送的数据流中附加同步时钟信号，由接收端提取同步时钟信号，以完成位同步。在同步传输中，字符同步是通过帧同步启动，在接收端内部逻辑自动生成的。

2) 帧同步

实际上数据信号是按帧收/发的，在开始发送一帧数据前需发送固定长度的帧起始同步字符，然后发送数据字符，发送完数据后再发送帧终止同步字符，这样就实现了帧同步，之后连续发送空白字符，直到发送下一帧时重复上述过程，帧与帧之间的间隔是不规则的，如图 2.27 所示。

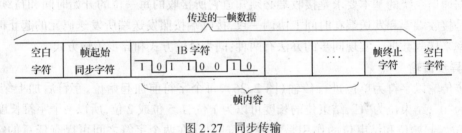

图 2.27 同步传输

同步传输具有较高的传输效率和速率，但实现较为复杂，常用于高速数据传输中。

2.6 多路复用技术

在通信中，一些传输介质可利用的带宽很宽，为了高效合理地利用资源，通常采用多路复用技术，使多路数据信号共同使用一条线路进行传输。常用的多路复用技术有频分复用、时分复用(分为同步时分复用和异步时分复用)、波分复用、码分多址等。下面简要介绍它们的工作原理。

2.6.1 频分多路复用

频分多路复用(Frequency Division Multiplexing，FDM)在生活中就有许多应用，如无线广播、无线电视中将多个电台的多组节目(声音、图像信号)分别载在不同频率的无线电波上，同时在无线空间传播，接收者根据需要接收特定的某种频率的信号，收听或收看。有线电视也是同一原理。总之，频分多路复用是把线路或空间的通频带分成多个子频段，将其分别分配给多个不同用户，每个用户的数据通过分配给它的子频段(信道)进行传输，当该用户没有数据传输时,该信道保持空闲状态,其他用户不能使用该信道。频分多路复用技术的特点是在某一个瞬时线路上有多路信号在传输。

频分多路复用原理如图2.28所示。在FDM中,各个频段都有一定的带宽,称之为信道。为了避免信道之间的干扰,信道之间设立一定的保护带,保护带对应的频谱未被使用,以保证各个频带互相隔离,不会混叠。

频分多路复用适合于模拟信号的频分传输,主要用于电话和电缆电视CATV系统,在数据通信系统中,一般和调制、解调技术结合使用。

图2.28　频分多路复用

2.6.2　同步时分多路复用

同步时分多路复用(Synchronous Time Division Multiplexing,STDM)采用固定时隙分配方式,即将传输时间按特定长度连续划分成特定时间段(称为帧),再将每一帧划分成固定长度的多个时隙(时间片),各时隙以固定的方式分配给固定的用户终端,来传输数字信号(图2.29),并且周期地重复分配每一帧;所有终端在每一帧都顺序分配到一个时隙,即每帧中都有特定用户的时隙。

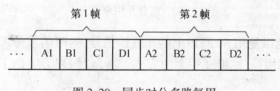

图2.29　同步时分多路复用

同步时分多路复用实质是将单位时间划分为 M 个帧,每帧划分为 N 个时隙,每个时隙分配给固定的用户,数据链路的数据率等于各用户的数据率之和。在STDM方式中,时隙已预先分配给各终端且固定不变,无论终端是否传输数据都占有一定时隙,形成了时隙浪费,其时隙的利用率很低。

由于计算机通信中经常都是传输突发性数据,有许多计算机处于内部处理或静止状态,所以为每个终端分配固定的时隙不能充分利用。为了克服STDM的缺点,引入了异步时分多路复用技术。

2.6.3　异步时分多路复用

异步时分多路复用(Asynchronous Time Division Multiplexing,ATDM)技术又称为统计时分复用或智能时分复用(ITDM),它能动态地按需分配时隙,避免每帧中出现空闲时隙。AT-DM是只有某一路用户有数据要发送时才把时隙分配给它。当用户暂停发送数据时,不给它分配时隙,线路的空闲时隙可由其他用户用来传输数据,这样可以充分使用线路资源,尽可能发

31

挥线路的传输能力。如线路总的传输能力为9600b/s;4个用户公用此线路,在 STDM 方式时,则每个用户的最高速率为2400b/s;而在 ATDM 方式时,每个用户的最高速率可达9600b/s。

由于统计时分复用的时隙分配不是固定的,为使接收端准确地区别传输数据的接收方,必须在传输的数据中加入用户标记,以便接收端的分配器按标记识别接收到的数据。

同步时分复用和异步时分复用共同的特点是在某一瞬时,线路上至多有一路传输信号。

2.6.4 波分多路复用

光纤的数据传输速率很高,若能在光纤传输中引入频分复用技术,就会使光纤传输能力成倍增加。由于光载波频率高,常用波长来描述,所以相应的频分多路复用改称为波分复用(WDM)。

最初的 WDM 只能在一根光纤内传送两路光波信号,后来提出了16信道系统,使16路光信号可以在一根光纤中同时传输。由于在单模光纤的一路光波可以达到2.5 Gb/s 的传输率,所以16信道系统可以达到40Gb/s 的传输率,如图2.30所示。

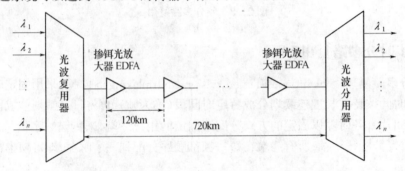

图 2.30 波分复用原理图

目前,一根光纤上可以复用80路以上的光载波信号,这时的波分多路复用常称作密集波分复用(DWDM),其采用了一种扩展带宽的方式。下面对 DWDM 的工作原理和技术特点进行分析。

1. 工作原理

实现波分复用的设备称为光波复用器,其功能是将几种不同波长的光信号组合(合波)传输,经过长途传输后,在光波分用器中又能将光纤中的组合光信号进行分波,送到不同的通信终端。根据不同的光学原理,可以构成不同的波分复用器,于是类似于划分频率,出现了划分波长的问题,即两个不同的波长之间的间隔应该有多大,WDM 是光信道较大的光复用系统,通常信号峰值波长为50nm~100nm,称为常规 WDM;若信号峰值波长为1nm~10nm,则称为DWDM。若一根光纤上复用80路以上光载波信号,每个波长的间隔为0.8nm~1.6nm。

从光复用系统的结构原理上看,WDM 可分为三种形式:光多路复用单向单纤传输、光多路复用双向单纤传输、光分路插入传输。

1)光多路复用单向单纤传输

图2.31为光多路复用单向单纤传输,图中 λ_1、λ_2、$\cdots$、λ_n 是由不同的光发送器发出的、波长不同的、载有各种信息的光信号,经过光复用器进行合波后,在一根光纤中进行传输。由于波长不同,光信号 λ_1、λ_2、$\cdots$、λ_n 不会混淆,再经过光波分用器进行分波,送到各自的光接收器,完成传输过程。目前,光纤上的数据传输率可以达到2.5Gb/s,若同时利用8个光波则可以达

到 20Gb/s。但是,光波在传输一定距离后也会衰减,若不采用 DWDM 技术,则光纤每隔 35km 就要使用一个光电中继器。

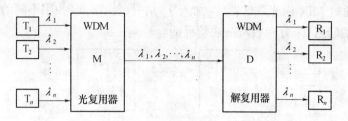

图 2.31　光多路复用单向单纤传输

目前,已经有了掺铒光放大器(Erbium Doped Fiber Amplifier,EDFA),如图 2.32 所示,图中只有泵激光源是有源器件,由它插入不同波长的激光,经耦合器进入掺铒光纤段中,铒离子发生共振,吸收插入的激光的能量进入高能状态,可使衰减的信号获得 40dB～50dB 的增益,使中继距离增大到 100km～120km。720km 用 5 个掺铒光放大器就够了,同时还可以防止干扰信号的产生。泵滤波器的作用是过滤泵激光的扩散与回传,隔离器可以使光信号只能沿着单一方向传输,这样就克服了插入泵激光可能带来的缺点。

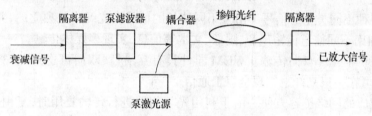

图 2.32　掺铒放大器原理图

EDFA 的唯一缺点是,只在 1550nm 附近的红外波长有效,对 1300nm 以及 860nm 的波长无效,但现在又有了掺错光放大器(Praseodymium Doped Fiber Amplifier,PDFA),可以放大较低的频率,对放大 1300nm 的光波会取得良好的效果。

2) 光多路复用双向单纤传输

图 2.33 为光多路复用双向单纤传输,可以在一根光纤上实现两个方向的信号同时传输,而每个方向的信号都要使用不同的波长来承载,当然,其中使用的复用器要具备合波、分波功能。

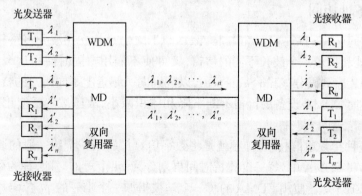

图 2.33　光多路复用双向单纤传输

3) 光分路插入传输

图2.34为光分路插入传输,可以通过解复用器 MD_1 将 λ_1 信号分解出来,传输到本地光接收器 R_1,也可通过 MD_1 由光发送器 T_3 加入 λ_3 信号,使 λ_2、λ_3 各用不同的光信道传输到远方,这种方式可以按地区来分布收/发,通信灵活。

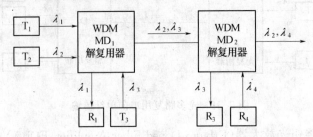

图2.34 光分路插入传输

2. 技术特点

(1) 充分利用光纤低损耗区波段,增加了容量,降低了成本。原先一根光纤只传一个波长的信号,但光纤本身还有很宽的低损耗区未被利用,DWDM 充分利用了这个区域,使现有的光纤迅速而经济地扩容。

(2) 可传多种不同类型的信号。由于不同波长的信号在光纤中是独立的,并不互相调制,故一根光纤可利用不同信道传输声音、图像、文本等信息,实现多媒体传输。

(3) 可实现单根光纤双向传输。WDM 器件具有互易性(双向可逆),即一个器件既可合波又可分波,故可在一根光纤上实现全双工通信。

(4) 对已建成的网络扩容方便。由于利用光复用器进行传输复用时,复用功能与原系统的传输率和电调制方式无关,即各个波分复用信道对信息位和格式是透明的。所以将已有的光通信系统改为 WDM 通信系统十分方便。

(5) 波分复用器多是无源光器件,不含电子电源,结构简单,体积小而可靠,易于光电耦合。

(6) DWDM 系统能直接连接到 ATM 交换机和 Internet 协议路由器/交换机上,而不需要同步光纤网或同步数字序列多路复用器。这种直接连接各种协议的能力是 DWDM 的明显优势。

2.6.5 码分多址访问

码分多址访问(Code Division Multiple Access,CDMA)是建立在波分多路复用的基础上的一种复用技术,既利用了一个波长不同的信道,又可使不同用户同时使用这个信道,每个用户都采用不同的码片序列码分(Chip Sequence),以区别同一频道上不同用户的特征,不会形成相互干扰。由于目前 CDMA 设备的价格不断下降和体积减小,故已被广泛应用在军事、民用的移动通信中。

CDMA 是一种扩频通信技术,扩频就是将数字信号扩展到一个比一般的通信技术宽得多的频带上传送。在 CDMA 中,每一个比特时间再划分为 m 个短的时隙,称为码片(Chip)。通常 m 取 64 片或 128 片。使用 CDMA 的每一个站被指派一个唯一的 m 位码片序列(Chip Sequence)。一个站要发送比特 1,则发送本站的 m 位码片序列,如果要发送比特 0,则发送本站的 m 位码片序列的二进制反码。以 $m=8$ 为例,如果指派 S 站的 8 位码片序列是 00011011;

当S站要发送1时,发送序列00011011;当要发送0时,发送序列11100100。为了处理方便,采用双极型表示法,即0用-1表示,1用+1表示,这样S站的8位码片序列为(-1 -1 -1 +1 +1 -1 +1 +1),其反码序列为(+1 +1 +1 -1 -1 +1 -1 -1)。由于S站每一个比特都要转换成m个比特的码片,所以S站实际发送的数据率是原来的m倍,所占用的频带宽度也提高到原来的m倍。

在CDMA系统中,给每一个站指派的码片序列各不相同,且相互正交。假设S站的码片序列用向量s表示,向量t表示系统内其他任意一个站T的码片序列,正交是指码片序列的两个向量的内积为0,即

$$s \cdot t = \frac{1}{m} \sum_{i=1}^{m} s_i \times t_i = 0$$

如果站T的码片序列是00101110,则t向量为(-1 -1 +1 -1 +1 +1 +1 -1)根据上式可以确定其与s是正交的。同样,s和t的反码序列向量也是正交的,内积为0。从这里可以得出,正交性表示两个码片序列中的对应位0和1相同的和不同的对数是一样的。

可以求出:s和s本身的内积为1,s和s的反码向量s'的内积为-1,即

$$s \cdot s = \frac{1}{m} \sum_{i=1}^{m} s_i \times s_i = 1$$

$$s \cdot s' = \frac{1}{m} \sum_{i=1}^{m} s_i \times s'_i = -1$$

如果CMDA系统中有多个站点都在相互通信,发送各自的码片序列(对应的是比特1)、码片序列的反码(对应的是比特0),或者不发送。发送时假定所有站发送的码片序列都是同步的,在同一个时刻开始。当接收站R要接收S站发送的数据,R站要事先知道S站的码片序列向量s。当R站接收到未知信号时,将之与s计算内积,如果内积结果是1,说明S站发送了比特1;如果内积结果是-1,说明S站发送了比特0;如果内积结果是0,说明S站没有发送。这样R站便可以顺利接收S站发送的数据。系统内所有的站都按照同样的方法发送和接收数据,相互之间没有干扰。

假设100个站点,共享1MHz带宽,则在FDM时,假定1b/Hz,数据传输率仅为10Kb/s;而使用CDMA时,每个站点都能使用1MHz带宽,使得CDMA中每站的有效带宽大大高于FDM,这也就解决了信道分配问题。

2.7 数据交换技术

在计算机网络中常用的交换技术有三种,即电路交换、报文交换和分组交换(又称包交换)。下面对这三种交换技术进行分析。

2.7.1 电路交换

电路交换(Circuit Switching)是一种为通信双方提供一条临时专用的物理通道方式,这条物理通道是由结点通过路径选择、连接而完成的,由多个结点和多条结点间传输路径组成的线路。传统的公用电话网采用的交换方式主要是电路交换。

如图2.35所示,A、D间要完成通信,其过程为A向结点④申请,结点④在④—①、④—⑤、④—⑦三条传输路径中选择一条作为通路,如选择④—⑤,并在结点④内部建立A—④路

径与④—⑤路径间的连接,依此类推,最终完成建立 A—D 之间的传输通道:A—④—⑤—③—D,并在此通道上进行通信,通信完毕后,各对应结点④、⑤、③将相应内部连接拆除,完成通信过程。

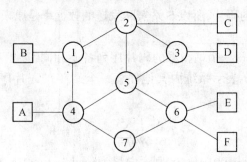

图 2.35 数据交换

从上面的通信过程可知,电路交换实现通信要经历以下三个阶段:

(1) 电路建立阶段。通过源站请求完成网络中对应的所需每个结点的连接过程,以建立起一条由源站到目的站的传输通道。

(2) 传输数据阶段。源站和目的站沿着已建立的传输通道,进行数据传输,这种传输通常为双工传输。

(3) 电路拆除阶段。在完成数据的传输后,由源站或目的站提出终止通信,各结点相应拆除该电路的对应连接,释放由该电路占用的结点和信道资源。

电路交换具有下述几个特点:

(1) 信道利用率低。由于电路建立以后,被两站独占,信道是专用的,两站传输的间歇期间也不例外。当其他站通信也要使用同一信道时,即使有大量通信任务,也无法使用,所以总体的信道利用效率较低。

(2) 建立时间长。在电路建立阶段,在两站间建立一条专用通路需要花费一定时间,由于网络繁忙等原因而使建立失败,对于则要拆除已建立的部分电路,并重新开始连接建立。

(3) 电路连通后提供给用户的是"透明通路",即对用户(站)信息的编码方法、信息格式以及传输控制程序等都不加限制,但是对用户终端(站)而言,互相通信的站必须是同类型的,否则不能直接通信。

(4) 数据传输的时延短且固定不变,适用于实时大批量连续的数据传输。

2.7.2 报文交换

报文交换(Message Switching)主要用于数据通信中。在报文交换网中,网络结点是路由器或一台专用计算机。结点负责从数据终端完整地接收一个报文之后,报文暂存于结点的存储设备内,等输出线路空闲时,再根据报文中所附的目标地址转发到下一合适的结点,逐点继续,直到报文到达目标数据终端。所以报文交换的基本工作原理是存储转发(Store and Forward)。在报文交换中,每一个报文由传输的数据和报头组成,报头中包含源地址和目标地址。结点根据报头中的目标地址为报文进行路径选择。并且对收/发的报文进行相应的处理,如差错检查和纠错、调节输入输出速度、进行数据速率转换与流量控制,甚至可以进行编码方式的转换等,所以报文交换是在两个结点间的一段链路上逐段传输,不需要在两个主机(数据终端)间建立多个结点组成的通道。

由于报文交换不要求通信双方预先建立一条专用的物理通道,因此不存在建立电路和拆除电路的过程,如图 2.35 所示,主机 A 要发送一个报文给主机 C,主机 A 首先将报文发送到结点④;结点④根据报文附加的目标地址选择结点⑤为转发这个报文的下一个结点;结点⑤接收并存储所收到的报文,当输出链路有空时,把该报文转发到它所选择的下一个结点②;结点②收到报文后交给主机 C,完成报文传输。报文交换中每个接点都对报文存储转发,报文数据在网中是按接力方式传送的。通信双方事先并不知道报文所要经过的传输路径,并且各个结点或结点间的路径不被特定报文所独占。

报文交换具有如下特点:

(1) 源站和目的站在通信时不需建立一条专用通路。

(2) 与电路交换相比,报文交换没有建立线路和拆除线路所需的等待和延时。

(3) 线路利用率高,例如在 A、C 之间传输报文期间,A、C 之间的结点④、⑤、②不被 A、C 独占,结点⑤在接收结点④传来报文的同时,还可以完成与结点③、结点⑥、结点②之间的其他报文传输,即结点⑤可以同时为多个相邻结点进行报文传输,故线路的利用率大大提高了。由于结点间可根据链路情况选择不同的速度,因此能高效传输数据。

(4) 要求结点具备足够的报文数据存储空间。

(5) 数据传输可靠性高,每个结点在存储转发中都进行了差错控制。

(6) 由于结点存储、转发的时延大,不适用于实时交互式通信。

(7) 对报文长度没有限制。报文可以很长,这样就具有可能使报文长时间占用某两结点之间的链路。

2.7.3　分组交换

分组交换(Packet Switching)是一种特殊的报文交换,其把不定长的报文变成定长的分组,这样更利于传输、控制、提高效率。分组是一组包含数据和控制信息(如地址)的二进制数,把它作为一个整体加以转接,这些数据、控制信号及可能附加的差错控制信息是按规定格式排列的。发送站发送时首先将报文按规定长度划分成若干分组,每个分组附加上地址及纠错等其他控制信息,然后将这些分组顺序发送到网络的结点中。分组交换可采用两种方式:数据报(Datagram)或虚电路(Virtual Circuit),下面仍以图 2.35 为例说明。

1. 数据报

网络把每个分组都独立地来处理,而不管它属于那个报文的分组,就像报文交换中把一份报文进行单独处理一样。如 A 站将报文分成 3 个分组(P_1、P_2、P_3),按序连续地发送给结点④,结点④每接收一个分组都先存储下来,分别对它们进行单独的路径选择和其他处理过程。例如,它可能将 P_1 发往结点⑤,P_2 发往结点①,P_3 也发往结点⑤。这种选择主要取决于结点④在处理每一个分组时各线路负载情况、路径选择的原则和策略。由于每个分组都带有地址和分组序列,虽然它们不一定经过同一条路径,但最终都能达到同一目标结点②。这些分组到达目的结点②的顺序也可能被打乱,目的结点②可以负责对分组进行排序和重装,目的站 C 也可以完成这些排序和组装工作。

上述这种分组交换方式简称为数据报传输方式,作为基本传输单位的"小报文"被称为数据报。

2. 虚电路

虚电路传输与电路交换方式类似,源站在发送分组之前,通过类似于呼叫的过程建立一条通往目的站的逻辑通路,即虚电路(不是物理通路);然后一个报文的所有分组都沿这条逻辑通路进行存储转发,不允许结点对报文中的分组再做单独的路径选择。如上例 A 站要将三个分组 P_1、P_2、P_3 的报文送到 C 站,A 站首先发一个"呼叫请求"分组给结点④,要求连接到 C 站,结点④根据路由选择原则将请求分组转发到结点⑤,结点⑤又将该分组转发到结点②,再由结点②通知 C 站,这样就初步建立起一条 A—④—⑤—②—C 的逻辑通路,若 C 站准备好接收报文,可发一个"呼叫接收"分组给结点②,沿同一逻辑通路送到 A 站,从而 A 站确认这条通路已经建立,并分配到一个"逻辑信道"标志号。此后 P_1、P_2、P_3 各分组都附上这一标志号,网络中的结点都将它们转发到同一通路的下一结点,这就保证了这些分组一定能沿着同一条通路传输到目的站 C。全部分组到达 C 站,并经装配确认无误后,A、C 都可发送一个"清除请求"分组来终止这条逻辑通路。

虚电路的主要特点是,所有分组都必须沿着事先建立的虚电路传输,存在一个虚呼叫建立阶段和拆除(清除)阶段。但与电路交换相比,并不意味着实体间存在像电路交换方式那样的专用线路,而是选定了特定路径进行传输,而此路径是公用的传输路径,即特定路径上的所有结点以及结点间链路都是公用的,分组所途经的所有结点都对这些分组进行存储转发,这是它与电路交换的实质上的区别。虚电路的标志号只是一条逻辑信道的编号,而不是指一条物理线路本身,一条同样的物理线路可能被分为许多逻辑信道编号。

总之,在上述两种分组交换方式中,数据报方式是将一个数据分组当作一份独立的报文看待,每一个数据分组都含有源地址和目标地址信息,交换结点须为每一个数据分组独立地寻找路径,因此,一份报文包含的不同分组可能沿着不同的路径到达终点,而在网络终点需要重新排序。数据报的优点是:对于短报文数据通信传输率比较高,对网络故障的适应能力强;缺点是:传输时延较大,离散度大。虚电路就是两个用户的终端设备在发送之前,需要通过建立逻辑上的连接,这种连接建立后,用户发送的数据(分组)将按顺序通过通信网达到终点,而当用户不需要发送和接收数据时可清除这种连接。这种方法的优点是对于数据量较大的通信传输率高,分组传输时延小,且不容易产生数据分组丢失;缺点是对网络的依赖性较大。

分组交换综合了电路交换和报文交换的优点。分组交换所使用的传输信道可以是数字信道,也可以是模拟信道,它有下述特点:

(1) 传输质量高,误码率低。

(2) 能自动选择最佳路径,利用率高。

(3) 可在不同速率的通信终端之间传输数据。

(4) 传输数据有一定时延。

(5) 适宜传输短报文。

2.8　差错控制

2.8.1　差错控制的方式

在数据通信中,信号在传输介质上传送时,由于各种噪声的干扰,会造成接收端接收的数据与发送端发送的数据不一致的情况,这说明通信出了差错。差错有随机性的,也有突发性的一连串出错的。差错是无法避免的,这是因为造成差错的噪声是无法人为消除的。

一般噪声包括白噪声、冲击噪声、串音噪声、调制噪声等。白噪声也叫做热噪声,是自然界固有的、传输介质电子热运动引起的,它是一种随机噪声,引起的差错也是随机差错;冲击噪声是外来的幅度大而持续时间短的干扰,如雨天闪电、电机的启动与停止、电器设备的放弧等对线路的干扰,其引起的常常是突发性差错;串音噪声是由附近线路上的信号经电磁耦合而形成的干扰;调制噪声是在 FDM 时截止频率以后的信号,是非线形元件等造成的不同频率之间信号的干扰。

差错控制在数据通信过程中能发现差错或纠正差错,是把差错限制在尽可能小的允许范围内的技术和方法。其基本思想是:使本来不带规律或规律性不强的信息序列变换成带有规律或规律性加强的信息序列,接收端接收时利用这些规律来发现错误,从而告诉发送端重发或自行纠正错误。

差错控制的基本方式有自动纠错、检错重发和混合纠错。

(1) 自动纠错:也叫做前向纠错,是发送端采用某种在解码时能纠正一定程度传输差错的较复杂的编码方法,使接收端在接收到信息时不仅能发现错码,还能够纠正错码。采用自动纠错方式时,不需要反馈信道,也无需反复重发而延误传输时间,对实时传输有利,但是纠错的过程比较复杂。

(2) 检错重发:也叫做反馈纠错,是在发信端采用某种能发现一定程度传输差错的简单编码方法,对所传信息进行编码,加入少量监督码元,在接收端则根据编码规则对接收到的编码信号进行检查,一旦检测出(发现)有错码时,即向发送端发出的信号,要求重发。发送端接收到重发信号时,立即将发生传输差错的那部分信息重新发送,直到正确收到为止。发现差错是指在若干接收码元中知道有一个是错的或一些是错的,但不一定知道错误的准确位置。

(3) 混合纠错:少量纠错在接收端自动纠正;差错较严重,超出自动纠错的能力时,就向发送端发出询问信号,要求重发。因此,混合纠错是前两种方式的混合。

对于不同类型的信道,应采用不同的差错控制技术,否则就将事倍功半。反馈纠错可用于双向数据通信,前向纠错则用于单向数字信号的传输,如广播数字电视系统,因为这种系统没有反馈通道。

2.8.2 检错纠错编码

从差错控制的基本思想可以看出,检错编码或纠错编码是核心问题,计算机网络中常用的检错纠错码主要有奇偶校验码、循环冗余校验码、汉明码等,下面分别介绍。

1. 奇偶校验码

奇偶校验码是一种最简单的线性分组检错编码。其方法是首先把二进制序列分成等长的组(一般是 7 位一组),然后在每一组后加入一个奇偶校验位,使得加入校验位每一组中 1 的个数为偶数或奇数。当为偶数时,称为偶校验;为奇数时,称为奇校验。如对于一组码 1011001,加入校验位后为

偶校验码:1011001 <u>0</u>

奇校验码:1011001 <u>1</u>

有下画线的位为校验位。

如果在传输过程中任何一个组发生一位(或奇数个)错误,则接收到的码组必然不再符合奇偶校验的规律,因此可以发现该组出错。奇校验和偶校验两者具有完全相同的工作原理和检错能力,采用任一种都是可以的。

上述校验方式是在一组内进行的校验,也称之为垂直奇偶校验。校验还可以在若干组的

对应位之间进行,在若干组后加一个校验组,这种方式称为水平奇偶校验。

不难理解,单独的垂直或水平奇偶校验编码只能检出单个或奇数个误码,而无法检知偶数个误码,对于连续多位的突发性误码也不能检知,故检错能力有限。

为了提高奇偶校验码对错误的检测能力,可以考虑用二维奇偶校验码。将若干奇偶校验码排成若干行,然后对每列进行奇偶校验,检验结果放在最后一行。传输时按照列顺序进行传输,在接收端又按照行的顺序检验是否存在差错。由于突发错误是成串发生的,经过这样的传输后错误被分散便于被检查出来。下面的例子采用的二维偶校验方式,带下画线的是校验位、校验组。

$$1011011 \; \underline{1}$$
$$0101001 \; \underline{1}$$
$$1100011 \; \underline{0}$$
$$1101100 \; \underline{0}$$
$$0100110 \; \underline{1}$$
$$\underline{1011011} \; \underline{1}$$

二维奇偶校验能检测出所有 3 位或 3 位以下的错误、奇数位错误以及很大一部分偶数位错误。检测表明,这种方式的编码至少可使误码率降至原误码率的百分之一。当然,对于两组之间正好出现相同位的偶数个错误,二维奇偶校验检测不出来。为此可以类推出三维或更多维的奇偶检验方法,只不过更复杂一些。但是一般采用二维奇偶检验就可以了。

2. 循环冗余码

使用循环冗余码(Cyclic Redundancy Code,CRC)进行差错控制的基本思想是:已知一个 k 位的二进制数据,为了检查其在传输中产生的错误,发送端在发送时产生另一个 n 位的二进制数据(称为校验码序列)放在后面,使得形成的 $k+n$ 位的二进制序列能被某一预先确定的二进制数据整除(按模 2 运算)。接收端接收到 $k+n$ 位的二进制序列后,用原来预先确定的那个二进制数去除(同样是模 2 运算),如果能整除,则说明无错误;如果不能整除,则说明有错误。然后告诉发送端重发。

这里的模 2 运算是指按位加减时不进位、不借位,即按位做异或运算。发送端和接收端使用的和预定的二进制数据相同,其被称做生成码。

循环冗余码的求法如下:

设 M 为一个 k 位长的信息帧,P 为 $n+1$ 位的生成码,其最高位和最低位必须为 1。F 为 n 位的校验码序列,T 为 $k+n$ 位最后被传输的帧。因为 F 是接在 M 信息帧的后面的,所以

$$T = M \cdot 2^n + F$$

$M \cdot 2^n$ 实际表示 M 左移 n 位,后面补 n 个 0。设用 P 去除 $M \cdot 2^n$ 得到的商和余数分别是 Q 和 R,即

$$M \cdot 2^n = P \cdot Q + R$$

若设 $T = M \cdot 2^n + R$,$F = R$,则 T 肯定能被 P 整除。因为对于模 2 运算,两个相同的二进制数据相加等于 0。

由此可以得出,求校验码序列就是用 P 去除 $M \cdot 2^n$ 得到的余数,即是所求结果。下面举例说明:

若 $M = 110011$(6 位),$P = 11001$(5 位),则 $k = 6$,$n = 5 - 1 = 4$,求 F 和 T。

$$\begin{array}{r} 100001 \\ 11001{\overline{\smash{\big)}\,1100110000}} \\ \underline{11001} \\ 10000 \\ \underline{11001} \\ 1001 \end{array}$$

$F = 1001$，$T = 1100111001$。

求 CRC 码的上述过程既可以用软件实现，也可以用硬件实现。

对于二进制序列，也可以表示成多项式的形式，多项式的某一项对应二进制的某一位，幂次表示该位所在的位置，系数表示该位的取值。如 $M = 110011$，其对应的多项式为

$$M(x) = x^5 + x^4 + x + 1$$

所以生成码 P 常用生成多项式的形式给出。目前国际标准中规定了多个生成多项式，例如：

CRC $-$ 12：$x^{12} + x^{11} + x^3 + x^2 + x + 1$

CRC $-$ 16：$x^{16} + x^{15} + x^2 + 1$

CRC $-$ CCITT：$x^{16} + x^{12} + x^5 + 1$

CRC $-$ 32：$x^{32} + x^{26} + x^{23} + x^{22} + x^{16} + x^{12} + x^{11} + x^{10} + x^8 + x^7 + x^5 + x^4 + x^2 + x + 1$

3. 汉明码(Hamming 码)

汉明码是一种纠错码，其编码过程是：设有 7 位 ASCII 码，在其中加入若干冗余位，使其具有纠错功能。这些冗余位称为校验码，把它们插入位序号是 2^n($n = 0,1,2,3,\cdots$)的地方，这样形成的纠错 ASCII 码为

$$P_1 P_2 D_3 P_4 D_5 D_6 D_7 P_8 D_9 D_{10} D_{11}$$

其中：P_1、P_2、P_4、P_8 为插入的校验位；D_3、D_5、D_6、D_7、D_9、D_{10}、D_{11} 为原来的 7 位 ASCII 码。

如果数据位的长度为 m，校验位的长度为 r，则 $r + m \leqslant 2^r - 1$。当 m 已知时，可以求出相应的校验位的长度 r。

将数据位的上角标写成 2 的各幂次之和，每个幂次数在每个式子中只能出现一次，且从小到大相加，即

$$3 = 1 + 2, 5 = 1 + 4, 6 = 2 + 4, 7 = 1 + 2 + 4, 9 = 1 + 8, 10 = 2 + 8, 11 = 1 + 2 + 8$$

将每个式子的右边的 2 的各幂次数与校验位的角标对应考虑，可以写出校验位的计算式如下：

$P_1 = D_3 \oplus D_5 \oplus D_7 \oplus D_9 \oplus D_{11}$($\oplus$ 表示模 2 或异或运算)

$P_2 = D_3 \oplus D_6 \oplus D_7 \oplus D_{10} \oplus D_{11}$

$P_4 = D_5 \oplus D_6 \oplus D_7$

$P_8 = D_9 \oplus D_{10} \oplus D_{11}$

所以利用上述式子，根据数据位可以计算出校验位。

在发送端按上面步骤生成汉明码后，在接收端设置一个计数器，初值为 0，利用上述计算 P_i 的式子依次进行检查，若 P_i 错，则计数器增加 i，最后计数器为 0 则表示没错；若不为 0，其值为 n 表示就是第 n 位出错，将其取反即改正。因此，这种码可发现纠正一位错误。

若发生多位错误，但每个错误间隔很长，也可使用汉明码进行纠错。例如，一个 10 位长的字符可能一次发生多位出错，但要间隔很长时间才发生一次。这时，把 10 个字符的汉明码排

成一个矩阵,每行一个字符的汉明码发送的时候按列来进行。其中一列可能出现多位错误,接收时再排成矩阵,对每一行汉明码进行校验。由于每一行只出现一位错误,因此也能纠正。

习 题

一、名词解释

数据传输数率,误码率,振幅键控,移频键控,四相调制,网络拓扑结构,异步传输,多路复用技术,检错重发,差错控制。

二、填空

1. 数据编码成信号的方法通常有_____、_____、_____、_____四种。

2. 波分复用从系统的结构原理上来分有_____、_____、_____三种形式。

3. _____光纤的直径较小,同波长的光只能传输一种模式。_____特性和_____特性决定了光纤的最大传输距离。

4. 双绞线的两条线绞在一起的目的是_____。

5. 数据传输数率越高,相应的信号带宽越_____,需要的传输系统的带宽越_____。

6. 脉冲编码调制包括_____、_____、_____三步,当模拟数据变化平稳时,除了脉冲编码调制,还可以采用_____调制。

7. 引起传输中差错的噪声一般包括_____、_____、_____、_____等。

8. 按照传输方向,_____、_____和_____是数据传输的三种基本工作方式。

9. 星型网络的最大缺点是_____,而总线网络的最大缺点是_____,_____拓扑广泛用于易于广域网结点之间的连接。

三、计算题

1. 若电话信道的带宽为 56kHz,信噪比为 2000,其最大传输速率是多少?

2. 设信息码为 10111,生成码为 11001,计算循环冗余校验码。

3. 有 ASCII 码 1010111,计算相应的汉明码。

四、问答题

1. 简述信息与数据的关系。

2. 试比较同步传输和异步传输的优、缺点,各自适用于哪些场合?

3. 试比较串行传输和并行传输的优、缺点,各自适用于哪些场合?

4. 简述常见网络拓扑结构的特点。

5. 常用的交换技术有哪些? 简要说明。

6. 对电路交换、报文交换、分组交换中的数据报和虚电路交换四种方法的过程以及优、缺点进行比较。

7. 常用的复用技术有哪些?

8. 试述 DWDM 的工作原理。

9. 试述 CDMA 的工作原理。

10. 常见的传输介质有哪些? 简述各自的特征。

11. 差错控制的基本思想是什么? 有哪些实现方式?

五、画图

1. 画出 10101001010 的不归零法、曼彻斯特法、差分曼彻斯特法的编码图。

2. 画出数据通信系统的模型示意图,并简述各部分的功能。

第3章 计算机网络体系结构

网络体系结构指的是网络的功能和协议的结构,是计算机网络技术的框架。本章主要介绍网络体系结构的概念、OSI 模型及其各层的功能与协议。重点内容是 OSI 模型、物理层、数据链路层、网络层的功能与协议。

3.1 网络体系结构

网络中的各个部分必须遵守一整套合理而严谨的结构化管理规则。计算机网络就是按照高度结构化设计方法采用功能分层原理来实现的,这也是计算机网络体系结构研究的内容。

3.1.1 基本概念

1. 协议

计算机网络协议是指在计算机网络通信过程中,为进行数据交换与处理而建立的标准、规则或约定。协议可分为书面协议和计算机执行的协议两种,书面协议是由标准化组织和相关厂商共同参与制定的,而计算机执行的协议则是用程序代码编写出来的。因此,可以笼统地说协议是实现某种功能的算法,具体包括以下三个要素。

(1) 语法:网络中所传输的数据和控制信息的结构组成或格式,如数据格式、编码、信号电平等。

(2) 语义:网络中用于协调处理的控制信息,完成某种功能需要发出的控制信息、执行的动作及对方做出的应答。如传输数据时,一方发出呼叫,对方如何应答,出错如何处理等。

(3) 同步:也叫定时,实现某种功能的顺序的详细解释与说明,如速度匹配、排序等。

2. 计算机网络体系结构

为了简化计算机网络设计的复杂程度,一般将网络的功能分成若干层,每层完成特定的功能,上层利用下层的服务,下层为上层提供服务,把计算机网络各层及其协议的集合称为计算机网络体系结构。

网络体系结构是设计计算机网络系统软件的依据,只有执行这些规则、标准和约定,才能使不同厂商生产的计算机实现互连、互通。

3. 实体

在网络分层体系结构中,每一层都由一些实体组成,这些实体抽象地表示了通信时的软件元素(如进程或子程序)或硬件元素(如智能 E6 芯片等)。也可以说,实体是通信时能发送和接收信息的任何硬、软件设施。

4. 接口

分层结构中相邻层之间有一接口,它定义了较低层向较高层提供的原始操作和服务。相邻层通过它们之间的接口交换信息,一般应使通过接口的信息量减到最少,这样使得两层之间

43

尽可能保持其功能的独立性。

3.1.2 OSI 模型

20 世纪 80 年代初期,许多计算机软、硬件公司,为了在市场领域占取垄断地位,纷纷制定本公司的协议和标准,采用不同的网络体系结构。而随着计算机市场的日益扩大和国际化,这种状态已不能满足世界各地计算机互连、互通的需求,也不利于技术的发展和产品效益的提高。于是,国际标准化组织(International Standards Organization, ISO)在 1977 年制定了开放系统互连(Open System Interconnection, OSI)模型,为各个厂商的网络软、硬件产品提供了统一的参考标准,大大推进了计算机网络在全球的推广和标准化进程。后来 OSI 模型成为国际公认的网络体系结构模型。

1. OSI 模型

OSI 模型是以分层的思想制定的计算机网络协议和标准的集合。开放就是任何厂家的产品,只要遵守 OSI 标准,就能够在世界范围内互连、互通。OSI 模型通常称为 7 层协议(图3.1),具体包括物理层(Physical Layer)、数据链路层(Data Link Layer)、网络层(Network Layer)、传输层(Transport Layer)、会话层(Session Layer)、表示层(Presentation Layer)、应用层(Applition Layer)。

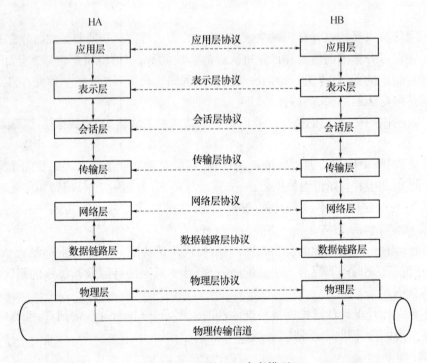

图 3.1 ISO 的 OSI 参考模型

该模型将网络分项 7 层,两主机(A 和 B)在相应层之间进行对话的规则和约定就是该层的协议。相邻层之间通过接口进行连接。两主机的相应层称为对等层(Peer Layer),它们所含的实体称为对等实体(Peer Entity)。在各对等层(或对等实体)之间并不直接传输数据,两主机之间传输的数据和控制信息是通过接口由高层依次传递到低层,最后通过最底层下面的物理传输信道实现真正的数据通信,而各对等实体之间通过协议进行的通信是虚通信。

2．OSI 模型各层的主要功能

（1）物理层：在物理信道上传输原始的数据比特流,处理与物理介质有关的机械、电气、功能和规程特性的接口。

（2）数据链路层：在物理层提供比特流服务的基础上,建立相邻结点之间的数据链路,提供在相邻结点间无差错地传输数据帧的功能和流量控制,检测并校正物理链路上产生的差错。

（3）网络层：为传输层的数据传输提供建立、维护和终止网络连接的手段,将数据从物理连接的一端传送到另一端,实现点到点的通信,其主要功能是路径选择和与之相关的流量控制、网络互连,并向传输层报告未恢复的差错。

（4）传输层：为上层提供端到端的透明的、可靠的数据传输服务,同时提供错误恢复和流量控制。

（5）会话层：为表示层提供建立、维护和结束会话连接的功能,并提供会话管理服务。

（6）表示层：为应用层提供信息表示方式的服务,如数据格式的变换、文本压缩、加密技术等。

（7）应用层：为网络用户进程提供各种服务,如文件传输、电子邮件 E－Mail)、分布式数据库、事物处理程序、网络管理等。

此外,每层的功能还可以用一句话来简单描述,虽然不是特别准确,但便于理解。应用层主要解决"干什么?"的问题,明确进行什么样的通信任务;表示层主要解决"对方是何种类型?"的问题,明确完成通信如何进行;会话层主要解决"对方是谁?"的问题,明确通信的具体对象;传输层主要解决"对方在哪儿?"的问题,明确通信数据传输的目的地;网络层主要解决"走哪条路?"的问题,确定通信数据的传输路径;数据链路层主要解决"每一步怎么走?"的问题,确定通信数据的点到点的传输方式与过程;物理层主要解决"如何走路?"的问题,确定如何利用传输线路进行数据通信的方法。

上述 7 层网络功能可概括分为 3 组:第 1、2 层解决有关网络信道问题,第 3、4 层解决传输服务问题,第 5~7 层处理对应用进程的访问。另外,从控制角度讲,OSI 7 层模型的第 1~3层负责通信子网的工作,解决网络中的通信问题;第 5~7 层负责有关资源子网的工作,解决应用进程的通信问题;第 4 层负责连接传输和应用的作用。

3．互连计算机通信过程中的信息流动

计算机 A 要向计算机 B 传送信息时,信息实际流动的情况如图 3.2 所示。计算机 A 在应用层(第 7 层)明确要传送的数据,将传送的数据送到自己的表示层(第 6 层),在表示层加上该层的有关控制信息 AH,再向下送到会话层(第 5 层),加上该层的控制信息 PH,同理再向下传经过的每一层上加上相应层的控制信息 SH、TH、NH、DH 后传到物理层,物理层负责比特流的传送,将比特送到物理传输介质上。比特流通过介质传到计算机 B 的物理层,与计算机 A的数据下传过程相反,传输数据依次从物理层上传到应用层,到计算机 B,并且在上传经过的每一层中去掉该层的控制信息。这样看起来好像是对方相应层直接发送来的信息,但实际上相应层之间的通信是虚通信。这个过程就像邮政信件的传递,加信封、加邮袋、上邮车等,在各个邮递环节加封、传递,收件时再层层去掉封装。

4．模型分层的优点

（1）把复杂问题分层细化为每一层中易于解决的小问题,在每一层只设计本层的协议,实现本层的功能。在每一层中只需要知道本层与上层如何接口以实现为上层服务,要求下层为本层提供什么功能,而不必知道下层的功能是如何实现的。

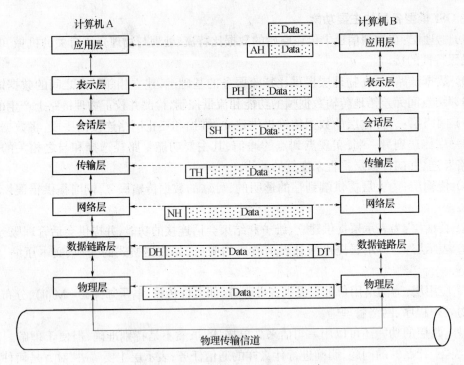

图 3.2　互连计算机通信过程中的信息流动

（2）分层细化符合软件工程模块化的设计思想，具有很强的独立性和灵活性，尽量减少与上、下层的接口。只要接口不变，内部功能的实现方法可以灵活选择，也可以根据上层的要求，对本层的功能进行修改。

（3）当调试程序发现错误时容易进行修改和维护，而不会对其他层产生连锁的影响。

（4）具体实现协议时可引用调试过的模块来提高程序设计效率，同时由于各层功能的确定，也促进了协议的标准化。

3.2　物理层协议

物理层是 OSI 模型的最底层，它直接与物理介质相连，起到数据链路层和传输介质之间的逻辑接口作用，并提供一些建立、维护和释放物理连接的方法。简单地说，物理层的主要任务就是透明地传输比特流。

3.2.1　物理层的功能

物理层的功能是接收数据链路层的数据帧，执行物理层协议，在两个通信设备间建立连接，并按顺序传输比特流，保证正确利用传输介质进行数据传输。

国际标准化组织 ISO 在其"开放系统互连"的 7 层参考模型中，对物理层的定义为：

（1）物理层为启动、维护和释放数据链路实体之间二进制位传输而进行的物理连接提供机械的、电气的、功能的和规程的特性。这种物理连接可以通过中间系统，每次都在物理层内进行中继的二进制位传输。

（2）这种物理连接允许进行全双工或半双工的二进制位流传输。

(3) 物理服务单元(二进制位)的传输可以通过同步方式或异步方式进行。

物理层是连接各种通信设备的传输介质并传输数据比特流,这里的传输介质是指用于连接通信设备的具体传输介质。但是现有的计算机网络中存在很多不同的传输介质,而且通信手段也不尽相同,物理层在连接上的作用是尽可能适应这些差异,使数据链路层察觉不到这些差异,这样就可以使数据链路层不必考虑网络中使用的具体传输介质。

3.2.2 物理层协议及特性

物理层协议要解决的是主机、工作站等数据终端设备与通信线路上通信设备之间的接口问题。多数物理层是由数据终端设备(Data Terminal Equipment,DTE)和数据电路端接设备(Data Circuit-terminating Equipment,DCE)组成。DTE 的基本功能是处理数据以及发送和接收数据。由于大多数的数据处理设备的数据传输能力的限制,如果将相隔很远的两个数据处理设备直接相连,必须在数据处理设备和传输介质之间,加上一个中间设备,否则不能进行通信,这个中间设备就是 DCE。DCE 的作用就是在 DTE 和传输线路之间提供信号变换和编码的功能,并且负责建立、保持和释放数据链路的连接。如图 3.3 为 DTE/DCE 接口框图。

图 3.3 DTE/DCE 接口框图

DTE 与 DCE 之间的接口一般都有多条并行线,其中包括多种信号线和控制线。DCE 在通信过程中作为 DTE 和信道的连接点,DCE 将 DTE 传送的数据,按位顺序逐个发往传输线路,或者反过程从传输线路接收串行的比特流,然后再交给 DTE。期间需要高度协调地工作,为了减轻数据处理设备用户的负担,必须对 DTE 和 DCE 的接口进行标准化,这种接口标准也就是物理层协议。

在 DTE 和 DCE 之间实现建立、维护和拆除物理链路连接的有关技术细节,国际电报电话咨询委员会(Consultative Committee International Telegraph and Telephone,CCITT)和国际标准化组织(ISO)用四个技术特性来描述,并给了适应不同情况的各种标准和规范。这四个技术特性是机械特性、电气特性、功能特性和规程特性。

1. 机械特性

机械特性规定了 DTE 与 DCE 实际的物理连接。DTE 与 DCE 作为两种分立设备,通常采用接插件实现机械上的互连。机械特性详细说明了接插件的形状、插头的数目、排列方式以及插头和插座的尺寸、电缆长度以及所含导线的数目、锁定装置等。例如,常用于串行通信的EIA RS-232C 规定的 D 型 25 针插座,X.21 协议中所用的 15 针插座等。

2. 电气特性

电气特性规定了在物理信道上传输比特流时信号电平的大小、数据的编码方式、阻抗匹配、传输速率和距离限制等。DTE 与 DCE 之间有多条导线,除地线无方向性,其他信号线都有方向性。电气特性规定这些信号的连接方式以及驱动器和接收器的电气参数,并给出有关互连电缆方面的技术指导。物理层的电气特性主要分为三类:非平衡型、新非平衡型和新平衡型。

（1）非平衡型的信号发送器和接收器均采用非平衡工作方式，每个信号线用一根导线，所有信号公用一根地线，如图3.4所示。信号的电平是用＋5V～＋15V表示二进制"0"，用－5V～－15V表示二进制"1"。信号的传输速率限制在20Kb/s内，电缆长度限制在15m以内。由于信号是单线，因此线间干扰大，传输过程中外界的干扰也大。

图3.4　非平衡型CCITT V.28(EIA RS-232-C)

（2）在新非平衡型标准中，发送器采用非平衡工作方式，接收器采用平衡工作方式。每个信号用一根导线传输，所有信号公用两根地线，即每个方向一根地线，如图3.5所示。信号的电平示用＋4V～＋6V表示二进制"0"，用－4V～－6V表示二进制"1"。当传输距离达到1000m时，信号的传输速率在3Kb/s以内；在10m以内的近距离情况下，传输速率可达到300Kb/s。可见，随着传输距离缩短，传输速率不断地提高。由于接收器采用差分方式接收，且每个方向独立使用信号地，因此减少了线间干扰和外界干扰。

图3.5　新非平衡型CCITT V.10/X.26(EIA RS-423)

（3）新平衡型标准规定，发送器和接收器均以差分方式工作，每个信号用两根导线传输，整个接口无需公用信号就可以正常工作，信号的电平由两根导线上的信号差值表示，如图3.6所示。相对某一根导线来说，差值在＋4V～＋6V表示二进制"0"，差值在－4V～－6V表示二进制"1"。当传输距离达到1000m时，信号传输率在100Kb/s以下，当在10m以内的近距离时，速率可达10Mb/s。由于每个信号均用双线传输，因此线间干扰和外界干扰大大减小，具有较高的抗共模干扰能力。

图3.6　新平衡型CCITT V.11/X.27(EIA RS-442-A)

3. 功能特性

功能特性定义了各个信号线的确切含义，即定义了DTE和DCE之间各个信号线的功能，这些信号线按功能可分为数据、控制、定时和接地四种。

4．规程特性

规程特性也叫做过程特性，是指 DTE 和 DCE 为完成物理层功能在各线路上的动作序列或动作规则，为实现建立、维持、释放线路连接等过程中，所要求的各控制信号变化的协调关系。

3.2.3 常用的物理层标准

计算机网络最早使用的是模拟电话信道。因此，CCITT 较早地开发和建立了适合于电话网的标准，即用于计算机或终端与 Modem 之间的接口标准 CCITT V.24。它与目前流行的 EIA - 232 标准相兼容，它们作为 DTE 和 DCE 之间的模拟接口标准，其应用非常广泛。

1．EIA - 232 - E 接口标准

EIA - 232 - E 是美国电子工业协会(EIA)制订的著名的物理层异步通信接口标准，是 DTE 与 DCE 之间的接口标准。最早是 1962 年制订的 RS - 232 标准。这里 RS 表示 EIA 的一种"推荐标准"，232 是编号。在 1969 年修订为 RS - 232 - C，C 是标准 RS - 232 以后的第三个修订版本。1987 年 1 月，修订为 EIA - 232 - D。1991 年又修订为 EIA - 232 - E。由于标准修改得并不多，因此现在很多厂商仍用旧的名称。

EIA - 232 的主要特性如下：

在机械特性方面，EIA - 232 使用 25 根引脚的 DB - 25 插头座，其尺寸都有详细的规定，引脚分为上、下两排，分别有 13 根和 12 根引脚，其编号从左到右分别为 1～13 和 14～25。

在电气特性方面，这里要注意的是：EIA - 232 采用负逻辑，即逻辑 0 相当于对信号地线有 +5V～+15V 的电压，而逻辑 1 相当于对信号地线有 -5V～-15V 的电压，逻辑 0 相当于数据"0"(空号)或控制线的"接通"状态，逻辑 1 则相当于数据的"1"(传号)或控制线的"断开"状态；当连接电缆线的长度不超过 15m 时，允许数据传输率不超过 20Kb/s。

EIA - 232 的功能特性与 CCITT V.24 建议书一致，它规定了不同的电路引线应当连接到 25 根引脚中的哪一根以及该引脚的作用，具体参如表 3.1 所列。

表 3.1 RS - 232 - C 电路功能说明

引脚	互换电路	功能说明	引脚	互换电路	功能说明
1	AA	保护接地	23	CH*	数据信号速率选择(DTE)
7	AB	信号接地/公共回路	23	CI*	数据信号速率选择(DCE)
2	BA	发送数据	24	DA	发送信号码元定时(DTE)
3	BB	接收数据	15	DB	发送信号码元定时(DCE)
4	CA	请求发送	17	DD	接收信号码元定时(DCE)
5	CB	清除发送	14	SBA	辅助发送数据
6	CC	数据置位准备	16	SBB	辅助接收数据
20	CD	数据终端准备	19	SCA	辅助请求发送
22	CE	振铃指示	13	SCB	辅助清除发送
8	CF	接收线信号检测	12	SCF	辅助接收线信号检测器
21	CG	信号质量检测			

图 3.7 是最常用的 10 根引脚的作用,括弧中的数目为引脚的编号,其余的一些引脚可以空。

EIA－232 的规程特性也与 CCITT V.24 建议书是一致的。规程特性规定了在 DTE 与 DCE 之间所发生的事件的工作顺序。

在某些情况下,可以只用图 3.7 的 9 个引脚(振铃指示不用),这样就可以使用 9 根引脚(而不一定要用 25 根引脚)的插座。

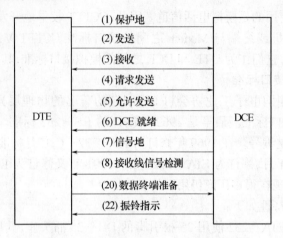

图 3.7　EIA－232/V.24 的信号定义

2．RS－449 接口标准

EIA－232 接口标准有两个较大的弱点:

(1) 数据的传输速率最高为 20Kb/s;

(2) 连接电缆的最大长度不超过 15m。

这就促使人们制定性能更好的标准。EIA 于 1977 年又制定了一个新的标准 RS－449,逐步取代 RS－232。

实际上,RS－449 由三个标准组成:

(1) RS－449:规定接口的机械特性、功能特性和规程特性。RS－449 采用 37 根引脚的插头和插座。在 CCITT 的建议书中,RS－449 相当于 V.35。

(2) RS－423－A:规定在采用非平衡传输时(所有的电路共用公共地)的电气特性。当连接电缆长度为 10m 时,数据的传输速率可达 300Kb/s。

(3) RS－422－A:规定在采用平衡传输时(所有的电路没有公共地)的电气特性。它可将传输速率提高到 2Mb/s,而连接电缆长度可超过 60m。当连接电缆长度更短时(如 10 米),则传输速率还可以更高些(如达到 10Mb/s)。

通常 EIA－232/V.24 用于标准电话线路(一个话路)的物理层接口,而 RS－449/V.35 则用于宽带电路,其典型的传输速率为 48Kb/s～168Kb/s,都是用于点到点的同步传输。

上述 EIA－232 和 RS－449 标准只是 ITU－T 在模拟电话网上传送数据的接口标准系列的一部分。全面详细的标准都由 ITU－T 的 V 系列建议书给出。

3．X.21 建议书

EIA－232 是为在模拟信道上传输数据而制定的一种接口标准。在 1976 年 CCITT 通过了数字信道接口标准的建议书 X.21。

X.21 规定了用户的 DTE 在建立和释放一个连接时应当和 DCE 交换的信息。数字信道不需要使用调制解调器,因此这里的 DCE 不再表示调制解调器,而是 DTE 和网络接口的一个设备。X.21 规定使用 15 根引脚的插座,但接口的信号线只有 8 条,其名称和功能如图 3.8 所示。

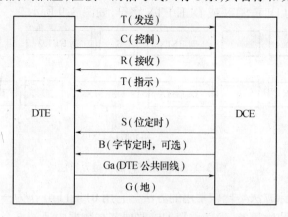

图 3.8 X.21 使用的 8 条信号线

上述的 X.21 接口标准是为全数字的电路交换数据网而制定的。为了使基于现行接口标准 EIA-232/V.24 的设备易于向 X.21 标准过渡,CCITT 又制定了一个 X.21bis 建议书。X.21bis 的接口与 X.21 相同,但数据网使用的是模拟信道,而 DCE 是同步工作的调制解调器。X.21 是一个相当复杂的接口标准,更具体的说明参阅有关标准的文本。

3.3 数据链路层协议

数据链路层是基于物理层的服务,为网络层提供服务。在相邻结点之间建立链路传送以帧为单位的数据信息,并且对传输中可能出现的差错进行检错和纠错,向网络层提供无差错的透明传输。数据链路层的有关协议和软件是计算机网络中的基本部分,在任何网络中数据链路层是必不可少的层次,相对高层而言,它所有的服务协议都是比较成熟的。

3.3.1 数据链路层的功能

一条未经管理的线路只能称为线路,在数据链路层协议控制下的线路才能称为链路。数据链路层的主要功能是在发送结点和接收结点之间进行可靠地、透明地数据传输,主要包括以下内容。

1. 成帧和传输

物理层以比特为单位进行数据传输,数据链路层则把数据组织成一定大小的数据帧,以帧为单位发送、接收、校验和应答。数据以帧为单位进行传输,当出现差错时,为了避免重发全部数据,只是将有差错的帧重发;同时实现帧同步。

网络的不同,其帧格式或长度也有所不同,但将比特流分成帧的方法基本相同。常用的方法有为带填充字符的首尾界符法和带填充位的首尾标志法。

带填充字符的首尾界符法采用 ASCII 码字符序列 DLE(Data Link Escape),以 STX(Start of Text)为帧的开头,以 ETX(End of Text)为帧的结束。采用这种方法,目标主机一旦丢失帧边界只需查找 DLE STX 或 DLE ETX 字符序列即可。但是这种算法存在的问题是当传送数据中有 DLE STX 或 DLE ETX 时,可能会与帧首尾界符混淆。解决的方法是当发送方数据链路层发现传送数据中有 DLE STX 或 DLE ETX 字符时,就在它前面填充一个 DLE STX 或 DLE ETX 字符,使 DLE STX 或 DLE ETX 成对出现。接收方数据链路层将数据交给网络层时,再去掉这一填充的 DLE STX 或 DLE ETX 字符,如图 3.9 所示。

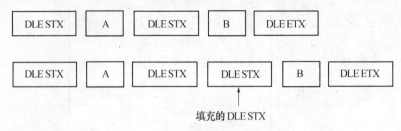

图 3.9 带填充字符的首尾界符法

带填充位的首尾标志法是比较常用的方法。它用 01111110 作为一帧的开始或结束标志。为避免在数据中出现帧边界符,发送方数据链路层若在数据中遇到 5 个连续的 1 时,自动在其后填充一个 0 到输出位流中,当接收方发现连续 5 个 1 后面跟 0 时,则删去 0,如图 3.10 所示。

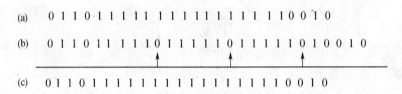

图 3.10 带填充位的首尾标志法
(a) 网络层发送帧;(b) 填充帧;(c) 去填充接收帧。

2.流量控制

流量控制的作用是对发送端的发送速率和接收端的接收速率进行控制,使收/发两端协调一致,以免发送过快,使得接收端来不及处理而丢失数据。

流量是指计算机网络的通信量,一般将单位时间输入到网络内的分组数量称为网络的输入负载,单位时间从网络中输入的分组数量称为吞吐量。当输入负载达到某一数值时,网络的吞吐量随输入负载的增大而减小,这种状态称为拥塞。当拥塞量严重到吞吐量为 0 时,称为死锁。流量控制的作用就是防止拥塞状态的出现、避免死锁、合理分配网络资源。流量控制的主要分为全局网络流量控制和点对点网络流量控制,数据链路层研究的是点对点的流量控制。

为了实现流量控制,避免发送速度过快而造成数据丢失,通常接收站点维持一定大小的接收缓冲区,如果缓冲区中的数据尚未下传之前,下一批数据又进入缓冲区,则缓冲区就会溢出,从而引起数据丢失。数据链路层是分帧传输的,把长的数据分帧传输的好处是可以分帧进行应答和重传,这可以明显减少重传的数据量,接收缓冲区也可以设置得小一些。

下面介绍有关流量控制方法:

1)停止等待(Sto Pand Wait)协议

最简单的流量控制协议是停止等待协议(简称停等协议),其工作原理是:发送方每发一帧数据,就等待应答信号的到来,接到应答后,再发下一帧;接收方每收到一帧数据就送回一个应答信号,表示它愿意继续接收下一帧。如果没有送回应答,则发送方一直等待。由此看出,发送方发送数据的流量受接收方的控制。

由于传输延迟的影响,使用停等协议链路的效率很低。

2) 滑动窗口协议

停等协议的问题是链路上只有一个帧在传送,链路效率很低。为了有效地提高信道利用率,提供可靠的流量控制手段,保证信息传输的准确性,可采用滑动窗口协议。

"滑动窗口"机制是实现数据帧顺序控制的逻辑过程。通信双方结点都设置发送和接收缓冲区,用于保存已发送或接收但尚未被确认的帧。设按缓冲区的大小可以存放 n 个帧,则可以对应一张连续序号列表,如图3.11(a)所示,这等效于一个先进先出的队列。

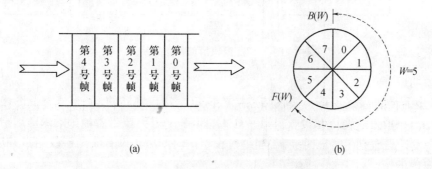

(a)   (b)

图 3.11   结点发送或接收缓冲区示意图

由于缓冲区的大小有限制,因此序号是循环使用的。如果序号的编码位数是 3 位,缓冲区的大小可以存放 5 个帧,则可以画出图 3.11(b),其中 W 表示实际缓冲区的大小,称为窗口,$F(W)$、$B(W)$ 表示窗口的前沿、后沿。发送结点 W 称为发送窗口,接收结点 W 称为接收窗口。

在发送结点,发送窗口表示在没有收到接收结点确认应答的情况下最多可以发送的帧。当 $W=5$ 时,窗口刚开始处于图 3.11(b)所示的位置,$F(W)=5$,$B(W)=0$,说明此时,发送结点依次发送第 0 号~4 号帧,发送完后停下来等待接收结点的应答。如果收到已正确接收第 0 帧的应答后,窗口向前滑动一个帧的距离,$F(W)=6$,$B(W)=1$,这时窗口内依次是第 1 号~5 号帧,如图 3.12(a)所示,由于前面 4 帧已发送,所以发送第 5 号帧;如果收到已正确接收第 2 帧的应答后,说明第 0 号~2 号帧均正确接收,窗口向前滑动三个帧的距离,$F(W)=0$,$B(W)=3$,这时窗口内依次是第 3 号~7 号帧,如图 3.12(b)所示,发送第 5 号~7 号帧;如果收到第 0 号帧未正确接收需要重发后,窗口不能向前滑动,第 0 号帧仍在发射窗口,重发第 0 号帧即可,然后在等待应答。

在接收结点,只有收到的帧的序号落入接收窗口内才能把该帧接收。当 $W=5$ 时,窗口刚开始处于图 3.11(b)所示的位置,$F(W)=5$,$B(W)=0$,说明此时,接收结点依次接收第 0 号~4 号帧。如果第 0 号帧已正确接收,则向发送结点发出正确接收第 0 号帧的应答,然后窗口向前滑动一个帧的距离,$F(W)=6$,$B(W)=1$,这时窗口内依次是第 1 号~5 号帧,如图 3.12(a)所示,说明发送结点可以发送第 5 号帧;如果接收结点不是每正确接收一个帧就发出应答,而是为了提高效率、连续正确接收几个帧后再发出应答,例如连续接收了第 0 号~2 号帧后再发送正确接收第 2 号帧的应答,这时窗口向前滑动三个帧的距离,$F(W)=0$,$B(W)=3$,这时窗口内依次是第 3 号~7 号帧,如图 3.12(b)所示,说明发送结点可以发送第 5 号~7 号帧;如果收到的第 0 帧未正确接收需要重发,则向发送结点发出请求重发第 0 号帧的应答,接收窗口不能向前滑动,直到第 0 号帧正确接收后才能向前滑动。

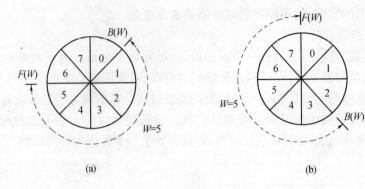

图 3.12　窗口滑动示意图

需要说明以下几点：

(1) 发送结点的发送窗口与接收结点接收窗口是各自独立的,上面是为了论述方便使用了同一个图。一般发送窗口和接收窗口一样大,如果不一样,按二者最小的来考虑滑动机制。

(2) 在发送结点有超时计时控制,当超过设定的时间后还没有收到接收结点的应答,则重传发送窗口内的帧。

(3) 当帧的序号是 n 位时,则帧的序号范围为 $0\sim 2^n-1$,且是循环使用的。在局域网中 n 取值 3,即编号范围是 $0\sim 7$。在卫星网中 n 取值 7,即编号范围是 $0\sim 127$,这是因为卫星链路很长,可以同时传输多个帧。窗口的尺寸最大为 2^n-1,否则会造成序号重复,引起传输错误(读者可以设定 $n=3$、$W=8$ 的情况下,讨论所有发送的帧都正确接收或所有发送的帧都丢了,会出现什么问题)。

(4) 窗口滑动时是单方向的,如图 3.12 中所示,只能顺时针向前滑动。

(5) 当发送窗口中没有要发送的帧时,则说明发送的帧均正确接收,数据传输结束。

从上面可以看出,滑动窗口协议是利用发送窗口和接收窗口的交互应答来进行流量控制的,当发送窗口和接收窗口的大小为 1 时,就变成停止等待协议。

3. 差错控制

接收端可以通过检错码检查传送一帧数据是否出错,一旦发现传输错误,则通常采用反馈重发方法来纠正。反馈重发纠错实现方法有两种:停止等待方式和连续工作方式。

4. 链路管理

链路管理是发送端和接收端之间通过交换控制信息,来建立、维护和释放数据链路。

建立数据链路就是在两个或多个网络实体间建立一条逻辑通道。发送端网络层向其数据链路层发出连接请求,要求数据链路层为它建立一条连接。通过接收端数据链路层向其网络层发出连接指示原语,并通知网络层,有一连接请求出现。接收端网络层以连接响应原语应答连接指示原语。通过发送端数据链路层向其网络层发出连接确认原语,使发送端获悉请求是否被成功执行,若不成功,说明原因。

图 3.13 以两种不同的方式说明了四种原语的使用关系。图 3.13(a)明确画出了层间关系。图 3.13(b)中两根竖线的两边是服务调用者,两竖线之间是服务提供者,时间进展方向从上向下,上部事件先于下部事件发生。这种图示方法适合于表达 OSI 模型中任意相邻两层间服务与被服务的关系。

结束数据传输后要及时释放数据链路,链路的释放和建立过程很相似。除此之外,数据链路层还存在一些其他的链路管理问题,如提供各种服务质量参数,包括检测到不可纠正错误的

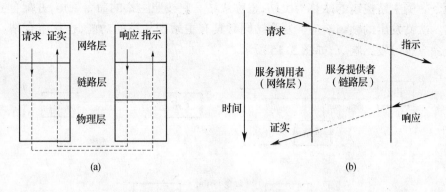

图 3.13　服务原语的表示方式

平均时间、漏检差错率、传输延迟和吞吐量等。这些问题是由链路层与网络层协商确定的。

3.3.2　高级数据链路控制协议

利用协议对链路进行控制可以使得传输变得更加可靠,误码率更低。于是就有了早期的面向字符的链路控制协议,后来发展为面向位的链路控制协议。

1.面向字符和面向位的链路控制协议

面向字符的链路控制协议可使用带填充字符的首尾界符法组成帧,以 IBM 公司的二进制同步通信控制协议 BSC 为典型(图 3.14)。

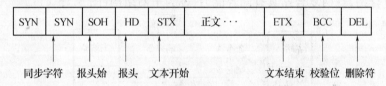

图 3.14　IBM 公司的二进制同步通信控制(BSC)协议

面向字符的链路控制协议由于不同公司的协议选用不同的字符集,使得各个协议之间不能互相兼容,字符额外开销大;又由于只能对正文进行校验而不能对字符进行校验等缺点,逐渐被面向位的链路控制协议所取代。

面向位的协议是在协议格式中划出若干位作为控制段,把不同的位组合定义为不同的控制功能,这种方法不用字符集,额外开销小,适宜于任何协议易于识别,又适宜与全双工通信,对数据文本都可以进行校验,安全可靠性高,当前它已成为数据链路层的主要协议。

20 世纪 70 年代初期,IBM 公司研制了同步链路控制(Synchronous Data Link Control,SDLC)协议,并被先后提交给美国国家标准协会(ANSI)和国际标准化组织(ISO)。ANSI 对它进行修改后形成高级数据通信控制协议(ADCCP),并成为美国标准。ISO 把它修改成高级数据链路控制(High－level Data Link Control,HDLC)协议,并成为国际标准。CCITT 采用并修改了 HDLC 协议,成为链路访问协议(LAP),并把它作为 X.25 协议的一部分,继而又修改为平衡式链路访问协议(LAPB)。这几种协议的原理基本相同。SDLC 和 LAPB 均是 HDLC 的一个子集。下面以 HDLC 协议为例进行说明。

2.HDLC 协议的基本概念

1)三种类型的站

HDLC 协议分为主站、次站和复合站。主站的功能是负责控制整个数据链路。主站发出的帧叫命令。受主站控制的站称为次站,也称从站。它按照主站的命令工作,并配合主站管理数据链路。次站发出的帧叫响应。复合站同时具有主站和从站的功能,也称组合站。复合站既可发送命令也可发出响应,如图 3.15 所示。

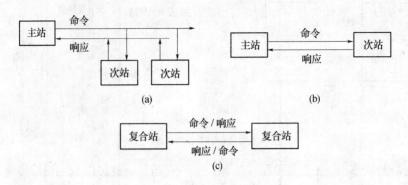

图 3.15　三种类型的站和两种结构
(a) 非平衡结构的主次站－点对多点;(b) 非平衡结构的主次站－点对点;(c) 平衡结构的复合站。

2) 两种链路结构

在 HDLC 协议中,各种通信站之间可以组成两类不同结构的数据链路,分别是平衡型链路结构和非平衡型链路结构。其中平衡型链路结构,有两种组成方法:一种是通信双方中每一方均由主站和次站叠合组成,主站次站间配对通信,称为对称结构(图 3.16);另一种是通信的每一方均为复合站,且两复合站具有同等能力,称为平衡结构(图 3.15(c))。

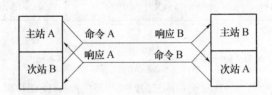

图 3.16　对称结构

非平衡型链路结构也有两种组成方法:一种是链路的一端为主站,另一端为一个次站,称为点对点式,实质上是连接两个独立的点对点式非平衡型链路结构,在这种结构中有两条独立的主站到次站的通路(图 3.15(b));另一种是链路一端为主站,另一端为多个次站,称为点对多点式(图 3.15(a))。无论哪种链路结构,站点之间均以帧为单位传输数据或状态变化的信息。

3) 三种操作模式

操作模式是指通信站之间数据传输的方式,HDLC 协议共有三种操作模式,即正常响应模式(NRM)、异步响应模式(ARM)和异步平衡模式(ABM)。

(1) 正常响应模式:适用于点对多点式链路结构。它的特点是,只有次站收到主站轮询之后,才能传输信息。每被轮询一次,次站可以发送一帧或多帧,次站必须明确指出最后一帧,并在发出这帧后停止发送,直到再次收到主站的轮询。

(2) 异步响应模式:适用于对称结构和点对点式链路结构。它的特点是,次站不必等待主站询问即可发送信息,每次传输一帧或多帧。

(3) 异步平衡模式:适用于通信双方均为复合站的平衡结构。两复合站都具有数据传输

56

和链路控制能力，一复合站无需等待另一复和站的允许即可开始传输，每次传输一帧或多帧。

选择哪种操作模式，可使用 HDLC 协议不同的设置命令去设定。置正常响应模式、异步响应模式和异步平衡模式的命令分别是 SNRM、SARM 和 SABM。

HDLC 协议还有三种扩充模式，分别与上述三种操作模式相对应，即 NRME、ARME 和 ABME。相应的设置命令为 SNRME、SARME 和 SABME。扩充模式用于 HDLC 协议帧中使用了扩充序号字段的情况。

3. HDLC 协议的帧格式

HDLC 协议的帧由标志字段、地址字段、控制字段、信息字段和帧校验字段组成，如图3.17 所示。每字段占的字节数由协议规定。HDLC 协议共定义了三种类型的帧，即信息帧、监控帧和无编号帧。每类帧又包含若干命令或响应信息，故对应的帧也称为命令帧或响应帧。

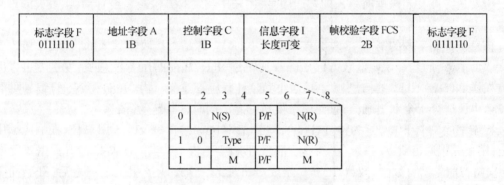

图 3.17 HDLC 协议的帧格式

（1）标志字段 F：为了准确识别长度可变的帧，HDLC 协议的帧以"01111110"为帧的首尾标志，以标志一个帧的开始和结束，当连续发送两帧时，前一帧的结束标志可作为后一帧的开始标志。由于在组成 HDLC 帧时，使用了带填充位的首尾标志法，并且控制字段与信息字段分离，使 HDLC 协议的帧具有透明传输性能。

（2）地址字段 A：用来表示命令帧或响应帧的地址。命令帧中的地址字段携带的是对方的地址，而响应帧中地址字段为本方地址。也就是说，命令帧和响应帧的地址部分均需给出次站的地址。虽然在点对点链路中不需要地址，但是为帧格式的统一，也保留了地址字段。全 1 地址表示广播地址，而全 0 地址是无效地址。由于地址字段通常有 8 位，因此有效地址共有 254 个，这对于一般的多点链路已足够用了。但考虑在某些情况下，用户可能很多，所以地址字段可以扩展，其长度为 8 位组的整数倍。每一个 8 位组的第一位表示扩展位，其余 7 位为地址。若扩展位为 0 时，则表示下一个地址字段的后 7 位也是地址位，当这个地址字段的扩展为 1 时，即表示这已是最后一个地址字段。

（3）信息字段 I：用于传输用户数据。数据链路对 HDLC 协议提供完全透明的信息传输。信息字段可由任意位组成，其长度在理论上没有限制。但实际上常受，如帧检验字段的检错能力、数据传输速率、通信站缓冲器大小等因素的制约。因此，在实际应用中，常根据上述因素综合权衡，规定出一帧的总长度和对超长帧的处理办法。目前，国际上用得最多的是 1024 位～2048 位的长度。在 X.25 协议中，信息字段的最大长度一般为 128B 或 256B。

（4）帧校验字段 FCS:共 16 位,采用循环冗余校验方法,用来检查所接收的信息是否在传输过程中发生了差错。

（5）控制字段 C:共占 8 位,可构成各种命令和响应用来完成传输控制功能。

4.HDLC 协议的主要内容

1）HDLC 协议的各类帧

在 HDLC 协议中的三种帧是由帧内的控制字段不同编码来区分。

HDLC 协议控制字段 C 的组成比较复杂(图 3.17)。它的第 1、2 位用来标识帧的类型。当第 1 位为"0"时,标志该帧为信息帧,用来传送用户数据。当第 1、2 位为"10"时,标志该帧为监控帧,用来监控数据链路,传送接收站发出的应答信息。当第 1、2 位为"1-1"时,标志此帧为无编号帧,用来传送命令和其他控制信息,以控制数据链路的建立、拆除,并处理系统错误等。除信息帧外,其他两类帧均没有信息字段 I。

（1）信息帧:使用滑动窗口协议控制双方的收/发,字段的第 2~4 位为发送窗口 $N(S)$。它是由发送方在发送该帧前填入的发送序号,用来供收发双方检查是否有错误、丢失或重复帧发生。

信息帧控制字段的第 6~8 位为接收窗口 $N(R)$。它是由接收方填入的,代表了接收方期望接收的下一帧号,并说明接收方已正确收到序号 $N(R)$ 之前的所有信息帧,发送方可以向接收方发送 $N(S)=N(R)$ 的信息帧。可见,$N(R)$ 具有应答意义。由 $N(S)$ 和 $N(R)$ 编号可看出 HDLC 协议适合于全双工通信,它允许在发送信息的同时,捎带应答信息。

控制字段的 P/F 位,P 为检查(Poll),F 为结束(Final),在命令帧中用 P 位,在响应帧中用 F 位,用来标识通信双方的"命令—响应"信息对。P=1 为主站询问次站是否有数据要发;F=1 为次站响应主站有数据要发。P 与 F 是成对出现的。次站响应主站询问之后,开始向主站发送信息帧,并置所发信息帧的 P/F 位为"0",直至信息全部发完,才置最后一个信息帧的 P/F 位为"1",通知主站数据发送完毕。监控帧中的 P/F 位意义相同。

（2）监控帧:用来交换对信息帧的应答,所以没有信息字段。第 3、4 位为 TYPE 字段,有四种编号,分别表示四种不同作用的监控帧,监控帧中有接收序号 $N(R)$,但它的具体含义随 TYPE 字段值的不同而不同。四种不同的监控帧说明如下:

① RR(Receive Ready)取值 00,为接收就绪帧,该帧中的 $N(R)$ 是接收方等待接收的下一帧号,表示接收方已正确接收编号在 $N(R)$ 之前的所有帧,请求发送方发送 $N(S)=N(R)$ 的帧。

② REJ(Reject)取值 10,为拒绝应答帧,在接收到失序帧后,用它来请求发送方重发编号为 $N(R)$ 的帧,同时确认编号直到 $N(R)$ 之前的所有信息已正确收到。

③ RNR(Receive Not Ready)取值 01,为接收器未就绪帧,用来表示接收方处于繁忙状态,暂时无力接收信息帧。发送站收到这类应答帧后,即暂停发送信息帧。直至收到 RR 帧或 REJ 帧再恢复发送。$N(R)$ 值代表它之前的所有帧已收妥。

④ SREJ(Select Reject)取值 11,为选择拒绝接收帧。接收站用此帧通知发送站仅重发编号为 $N(R)$ 的信息帧。

（3）无编号帧:这类帧中没有 $N(R)$、$N(S)$ 编号,它被用来传递命令/响应等各种控制信息。通常与用户无关,且在传输中优先。无编号帧控制字段的第 1、2 位为 11,第 5 位为 0,第 3、4、6~8 位为命令/响应编码,共可发 25 种命令/响应等控制信息,如表 3.2 所列。

表 3.2　无编号帧命令编码

无编号帧名	M 编码	帧类型		意　义
	34678 位	命令	响应	
SNRM	00001	√		置正常响应模式
	11000	√	√	置异步响应模式/拆线方式应答
SABM	11100	√		置异步平衡模式
SNRME	11011	√		置扩展的正常响应模式
SARME	11010	√		置扩展的异步响应模式
SABME	11110	√		置扩展的异步平衡模式
DISC/RD	00010	√	√	拆除链路/请求拆线
SIM/RIM	10000	√	√	置初始化/请求置初始化
UP	00100	√		询问多个站
UI	00000	√	√	允许数据超过规定长度
XID	11101	√	√	交换标志
RESET	11001	√		复位
FRMR	10001		√	收到非定义帧
UA	00110		√	置模式命令和断开链接的应答
TEST		√	√	交换用于测试的信息字段

下面以一些常用命令为例加以说明。

① SARM/SABM 帧:它们用于链路的建立,并把所有计数器的初始状态置为零。SARM 表示置成异步响应操作模式,SABM 表示置成异步平衡操作方式。

② DISC 帧:表示拆除链路,此命令用来中止早先建立的操作模式,告知通信方停止工作,并希望拆除链路。

③ UA 帧:表示无序号确认响应,此命令是对置操作模式命令 SARM/SABM 等,及拆除链路命令 DISC 的确认应答。

④ FRMR 帧/CMDR 帧:表示(帧拒绝响应/命令拒绝响应)当接收端收到一个错误的帧,并且无法通过重传此帧恢复错误时,则发出 FRMR/CMDR 帧报告通信对方,由主站或复合站负责处理这种情况。FRMR 帧用于平衡链路结构,CMDR 帧用于非平衡链路结构。无法通过重发某帧而恢复的差错包括收到无效帧,如帧长过小;收到存在信息字段类型错误的帧,如在收到的监控帧中出现信息字段;数据区溢出错,如收到的信息帧数据区长度超过接收能力;控制字段所含的 N(R) 值有错,如超出值定义范围等。

2) 链路操作过程

数据链路层为实现数据交换,需经过链路建立、数据传输和链路拆除三个阶段。若在数据传输过程中出现无法由重发恢复的差错时,还需进行链路复位,这时可能导致信息丢失,所以应当通知给网络结点的高一层次。

(1) 链路建立:链路两端设有发送状态变量 V(S) 和接收状态变量 V(R),分别表示待发送的下一帧的序号和期望收到的下一帧的序号。当发送一帧时,使该帧发送帧编号 N(S) 取

V(S)值。

对于平衡型链路,DTE 可通过发送 SABM 帧启动工作链路,DCE 则发出 UA 帧响应 SABM,并置 V(S)、V(R)为 0,至此 DTE 与 DCE 之间链路建立完毕。

(2) 数据传输:当主站有信息帧要发送时,取发送帧编号 N(S) = V(S),同时启动定时装置。若次站在时限内发回确认应答,则主站清除已发出的信息帧,准备发送下一帧。若次站发来否定应答,则主站重发该信息帧。若定时器超时,则主站将重发所有未得到确认的信息帧。同时将重发第一帧的 P 位置 1,请求次站尽快发回 F 位为 1 的应答帧。

次站在收到信息帧时,首先取帧校验字段做循环码校验,若不正确就丢弃此帧;若正确则检查帧序号是否正确。只有当帧校验字段与帧序号都正确时,次站才发出确认应答,否则发出否定应答 REJ 帧并请求重发。确认信息可通过发送 RR 帧传递,也可在信息帧的 N(R)字段中捎带。

(3) 链路拆除:在完成信息传输或信息传输阶段出现差错或一方希望停止对话时,均可拆除数据链路。一方发出 DISC 命令帧,另一方以 UA 命令帧为响应,则链路拆除。

3.3.3　点对点协议

点对点协议(Point - to - Point Protocol,PPP)是 Internet 中使用非常广泛的一个数据链路层协议,也就是从任何用户站访问 Internet 服务提供商(ISP)时必须执行的协议,无论是通过 Modem 拨号上网或者通过 DDN 专线上网,都要执行 PPP,现在通过小区网或校园网上网时则可以利用多链路 PPP(Multi - Link - PPP,ML - PPP)。

1984 年,Internet 已经使用了面向字符的串行链路因特网协议(Serial Link Internet Protocol,SLIP),但是 SLIP 存在一些弱点:第一是 SLIP 没有错误检测能力,当出错的数据从用户计算机到达 ISP 的路由器时,只能交由网络层来处理;第二是利用 SLIP 时必须知道对方的 IP 地址,这就意味着每个用户都拥有一个固定的 IP 地址,这是不容易办到的;第三是 SLIP 只能支持 IP 网络层协议,不能支持其他网络层协议。

PPP 于 1992 年制订,1994 年正式成为因特网的标准协议,即 RFC 1661(Internet Official Protocol Standards)。

1. PPP

PPP 本身是一个协议族,有一组功能完善的协议,主要包含以下协议。

(1) 链路控制协议(Link Control Protocol,LCP):用于建立、拆除和监控 PPP 链路,将用户数据组成多个 PPP 分组进行发送。

(2) 网络层控制协议(Network Control Protocol,NCP):用于和高层协商链路层传输的数据的格式与类型,当接收到某个网站的 PPP 分组之后,负责为每个网站分配一个临时 IP 地址,该网站访问结束后则收回临时 IP 地址,再另行分配。

(3) PPP 扩展协议:主要用于提供对 PPP 的更多加强和支持。

(4) PPP 还提供用于网络安全方面的验证协议,如主机访问协议 HAP 和竞争联络确认协议。

PPP 的帧格式与 HDLC 类似,如图 3.18 所示,二者相比较可以看出:

(1) PPP 增加了 2B 的协议段,当其取值 0021H 时,表明信息段中的信息就是 IP 数据报的帧;当其取值 C021H 时,表明信息段中的信息是 PPP 链路控制数据;当其取值 8021H 时,表明信息段中的信息是 PPP 的网络层控制协议 NCP 的数据。在 RFC1700 中规定了具体的代码,

标志字段 F 01111110	地址字段 A 1B	控制字段 C 1B	协议字段同 2B	信息字段 I ≥1500B	帧校验字段 FCS 2B	标志字段 F 0111110

图 3.18　PPP 的帧格式

使 PPP 可以支持 IP、OSI、DECnet 和 AppleTalk 等网络层协议。

（2）PPP 可以把 IP 数据报封装到串行链路上去,PPP 既能够支持异步链路,也能够支持面向位的同步链路,而且规定最大接收单元为 1500B。

（3）PPP 的链路控制协议(LCP)在 RFC1661 中规定了 11 种具体代码,使通信双方可以采用一致的代码进行通信,由此可见,PPP 完全克服了串行链路因特网协议(SLIP)的弱点。

（4）PPP 的首尾标志与 HDLC 相同,都是 01111110。

（5）PPP 的地址段实际是无用的,被设置为 11111111,这是因为从用户点到 ISP 的路由器使用的是临时地址,不用物理地址。

（6）PPP 的控制段 C 设置为 00000011,最低两位是 11,与 HDLC 比较,发送窗口和接收窗口 N(S)N(R)都没有使用,恰恰相当于 HDLC 的无编号帧,即不用滑动窗口协议进行流量控制。PPP 能够尽最大努力尽快地传输,不能保证无差错、无丢失、无重复的可靠传输。但是,"不能保证"并不等于很不可靠,这是由于以下原因:

① 现代的线缆,特别是宽带接入线缆,技术质量大大提高,出现错误的概率很小,若采用了 HDLC 反而增大开销,降低效率。

② 即使在链路层使用了高级链路控制协议,也不能保证在网络层不会因网络拥塞而丢弃,更不能排除因其他原因而发生差错,最后的可靠性仍须传输层保证。

③ PPP 帧本身具有帧校验序列,若发现错误则丢弃重传,这就初步保证了 IP 数据报的正确性。

（7）在信息段中采用硬件实现字符填充,在信息段里若发现与"01111110"相同的比特序列时,发送方就使之变换为 2B 的"01111101"(7DH)和"01011101"(5DH);在 ASCII 表中,0000000000111111 为控制字符,若在信息段里发现与 ASCII 控制字符相同的比特序列时,则在该字符前加 1B 的 7DH,同时还要求将该字符加以变换,例如,03H 是"文本结束",则改为 31H,从而避免了把数据当作控制字符来接收执行。关于字符填充的详细规定见 RFC1661 标准。

2. PPP 的工作状态

用户拨号接入 ISP 时,经路由器的调制解调器对做出确认建立一条物理连接,然后,用户端向路由器发出一些已封装成多个 PPP 帧的 LCP 分组,这些分组及其响应选择了用于通信的一些 PPP 参数;接着,进行网络层配置,网络层控制协议 NCP 给新接入的 PC 分配临时的 IP 地址,这时的 PC 就成为 Internet 上的一台主机。数据传输结束时,NCP 拆除网络层连接,释放分配的 IP 地址,LCP 释放数据链路层连接,最后释放物理连接,通信过程结束。

使用 PPP 链接传输数据之前,通信双方必须进行一些操作以配置链路,图 3.19 说明了 LCP 协议的配置、保持、终止 PPP 链接的过程。

PPP 链路的起始状态和结束状态是图 3.19 中的"静止状态",这时不存在物理连接。当检测到调制解调器的载波信号,并建立物理层连接后,PPP 就进入链路的"链路建立状态",在这种状态下,LCP 开始协商一些配置选项,链接的一端用 LCP 配置请求(Configure - Request)帧发送一些期望的链接建立配置选项,配置请求帧是 PPP 帧,其协议字段置为 LCP,而信息字段包含特定的配置请求。另一端对此做出响应,响应帧有下面几种:

(1) 配置确认(Configure-Ack)帧:所有选项均接受。

(2) 配置否认(Configure-Nac)帧:所有选项均理解但不能接受。

(3) 配置拒绝(Configure-Reject)帧:选项有的无法识别或不能接受协商。

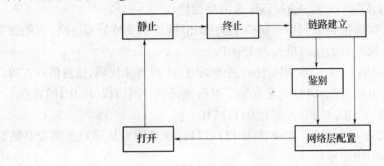

图 3.19 PPP 状态图

LCP 配置选项包括链路上的最大帧长、所使用的鉴别协议(Authentication Protocol)的规定(如果有),不使用 PPP 帧中的地址和控制字段的选择(这两个字段的值是固定的,没有任何信息量的,可以跳过去不用)。

协商接受后,连接已经建立,进入"鉴别状态"。若通信的双方鉴别身份成功,则进入"网络层配置状态",PPP 链路的两端互相交换网络层特定的网络控制分组。如果在 PPP 链路上运行的是 IP 协议,则使用 IP 控制协议(IP Control Protocol,IPCP)来对 PPP 链路的每一端配置 IP 协议模块(如分配 IP 地址)。和 LCP 分组封装成 PPP 帧一样,IPCP 分组也封装成 PPP 帧(其中的协议字段为 0x8201)。IPCP 允许两种 IP 协议模块交换或配置 IP 地址和协商 IP 报是否以压缩格式传送。一旦网络层配置完,PPP 就可以传输数据链路处于"打开状态"。在 PPP 端点还可发送回送请求(Echo-Request)LCP 分组和回送应答(Echo-Reply)以检查链路的状态。

数据传输结束后,链路的一端发出终止请求(Terminate-Request)LCP 分组请求终止链路连接,而当收到对方发来的终止确认(Terminate-Ack)LCP 分组后,就转到"终止状态",当载波停止后就回到"静止状态"。可以重新下一次的通信。

3.4 网络层协议

网络层是 OSI 模型的第 3 层,它的作用是将报文分组从源结点传输到目的结点。这和数据链路层的作用不同,数据链路层只负责相邻两结点之间链路管理及帧的传输等问题;而网络层负责在网络中采用何种交换技术,从源结点出发选择一条通路通过中间的结点,将报文分组传输到目的结点。其中涉及路由选择、拥塞控制等。

3.4.1 网络层的功能和服务

1. 网络层的功能

网络层的功能是在数据链路层提供若干相邻结点间数据链路连接的基础上,支持网络连

62

接的实现并向传输层提供各种服务。

（1）路由选择和中继功能。利用路由选择从源结点通过具有中继功能的中间结点到目的结点建立网络连接。

（2）对数据传输过程实施流量控制、差错控制、拥塞控制、多路复用。

（3）对于非正常情况的恢复处理，如网络逻辑连接的重新设置、复位等。

2. 网络层的两类服务

网络层向传输层提供的服务是由网络层和传输层之间的接口来实现的，而接口的性质是由通信子网的性质所决定的。在通信于网中除了数据链路层错误（由数据链路层解决）外，还有其他类型的错误，如通信子网内部结点的硬件或软件故障所引起的报文分组丢失或重复。所以，能否对通信子网的差错进行校验，以及能否向传输层提供报文分组按顺续到达目的结点的服务，是通信子网的两个不同性质，也是网络层向传输层提供的两类不同性质的服务。这两类不同性质的服务就是网络层向传输层提供的虚电路和数据报服务。在子网内部，虚电路方式常称为面向连接的服务，数据报方式常称为无连接服务。

虚电路方式中，首先必须在源结点与目标结点间建立逻辑连接，即建立一条虚电路，后续的信息都必须沿建立的虚电路进行传输。因此，虚电路一旦建立也就完成了路由选择，不必再为每个数据包分别选择传输路径。由于同一个通信过程中所有数据包沿同一路径传输，所以各个到达目标端的顺序与发送顺序完全一样，在一次通信过程完成之后拆除该虚电路。

数据报方式中，每个数据包依据路由选择算法决定路径，因而每个数据包都必须带有完整的目标地址。同一报文的各个数据包可经过不同的路径到达目的地，因此无法保证数据包接收顺序与发送顺序完全一致。

3.4.2 拥塞控制

由于流量控制方法很难控制通信网中通信业务的总量，所以不可能完全避免整个网络的吞吐量下降的现象。拥塞现象可以发生在局部，也可以发生在整个网，甚至出现死锁。

1. 造成拥塞的原因

造成网络出现拥塞现象的原因是多因素的，但主要原因有两方面：一是网络内的通信业务量过负载；二是网络中存在"瓶颈口"。

网络中中继结点的缓冲区空间用完后，就可能会造成数据既传不出去又送不进来的局面，这种死锁称为存储—转发死锁。存储—转发死锁分为直接型和间接型两种。

2. 拥塞控制方法

拥塞控制的方法通常有以下几种：

1）许可证法

这种方法的本质就是采取主机与源结点间的流量控制。它的基本思想是控制通信子网的总业务量，即限制从主机进入源结点的分组数，可以设计的通信子网中允许的最大分组数作为许可证的张数。主机交给源结点报文的条件是该结点有未用的许可证，源结点每接收主机一个分组，它就减少一个许可证。如果源结点已没有许可证可用，则主机不允许再向通信子网发送分组。带有许可证的各个分组经过中继结点时，并不交出许可证，当它到达目的结点后，再把分组交给目的主机时，才将许可证交给目的结点。

由于通信子网中各结点的通信量不均衡，可能会出现某些结点许可证很少，而某些结点许可证太多的情况。可以给每个结点规定一个可持有许可证的上限值，多余的就无条件地调配给相邻结点使用。许可证可以防止全网的拥塞,却不能清除局部性的拥塞。

2) 结构化缓冲池法

网络中出现拥塞是缓冲区资源耗尽所至,可以找到更为合理地管理缓冲区的办法,即结构化缓冲池法。将每个结点的缓冲池划分为 $n+1$ 层,其中第 0 层中的缓冲区允许任何到达本结点的分组占用,第 1 层中的缓冲区只允许在网络中已经通过了一个中继结点的分组使用……,第 i 层的缓冲区仅允许在网络已经通过了 i 个中继结点的分组使用。如果某结点缓冲池中第 0 层至第 i 层已用完,那么它只能接收在网络中已通过了 $i+1$ 个中继结点的分组。这样就造成越要到达目的结点的分组,就越容易得到缓冲区,从而防止局部拥塞现象的产生。

3) 抑制分组法

对通信量进行限制往往要以降低网络吞吐量为代价,为了保持网络有较高的吞吐量,当结点可能出现拥塞现象时,发一个"告警"信号,即向源结点发"抑制分组"、请求源结点减慢分组发送速度。

这种方法是给每个结点的每条输出链路设两个变量:一个变量 μ 反映该输出链路的近期利用率,$0.0 < \mu < 1.0$;另一个变量 f 反映该输出链路的瞬时利用率,f 取值为 0 或 1。变量 μ 和 f 有如下关系:

$$\mu_{新} = a\mu_{旧} + (1-a)f$$

式中:a 为常数,它的取值反映了该输出链路利用率的修正程度。

在极端情况下,$a=0$,则 $\mu=f$,即 μ 按瞬时利用率修正;$a=1$ 时,则 μ 总不变,即 μ 不做修正。这样,$a(0<a<1)$ 的不同值就反映了输出链路利用率的修正周期。再给 μ 规定一个上限值($0.75 \sim 0.90$),当计算出 $\mu_{新}$ 大于上限值时,结点就发"抑制分组"给源结点。

源结点收到该"抑制分组"后,知道由它发往某目的结点的路径中发生了拥塞,就将发往某目的结点的信息量减少一定的百分比,或拒绝来自主机发往该目的结点的分组。

4) 预留缓冲区

每个结点的缓冲区总数中预留一部分平时不使用,而出现存储—转发死锁时才用。

5) 重新启动

在网络通信中要完全防止死锁是非常困难的,死锁范围较大时,也能由网络操作员进行干预,采用重新启动等方法使网络恢复正常。

3.4.3 路由选择算法

网络层的主要功能是把数据分组从源 DTE 传到目的 DTE,所以为传送的数据分组选择合适的路径是网络层要解决的问题之一。路由选择算法的好坏直接关系到网络资源的利用率和网络吞吐量。

路由选择算法都是基于最小费用的准则,例如,传输延迟最小,或经过的结点数最少等。网络设计不同,对数据链路的通信费用的认定也不一样。例如,相邻结点之间的一段链路的费用可以是线路容量(容量越大,费用越小),也可以是等待发送的分组队列长度(队列越长,费用越大)。

链路的费用可能是变化的(例如,把分组等待队列长度作为费用,这个费用就是随时间变化的),网络中的中继结点关机或失效也会引起网络拓扑结构的变化和链路容量的变化。根据路由选择算法是否考虑这些变化的因素,通常把现有的算法分为两大类:一类是静态路由选择

64

算法;另一类是动态路由选择算法。静态路由选择算法不考虑网络中变化的因素,只是根据网络的拓扑结构和各段短路的容量选择最短、最快的通路转发分组;而动态路由选择算法是随时依据网络中通信量的分布情况选择最短、最快的链路转发分组。

一般说来,路由选择算法的设计要求是:

(1) 保证迅速、准确地传送分组;

(2) 能适应结点和链路故障等原因造成的网络拓扑变化;

(3) 能适应源结点—目的结点通路信息量负载变化的情况,绕过信息流拥塞的结点和链路进行信息传送;

(4) 使链路、交换设备等利用率高;

(5) 算法不能太复杂。

1. 静态路由选择算法

1) 最短路径算法

最短路径算法又称为向前搜索法,如图 3.20(a)所示,用结点表示路由器,连接线的数字为路径长度。最短路径算法就是找出给定两结点间的最短路径。最短路径的度量可以用地理距离,也可以用等待队列长度或传输延迟等。

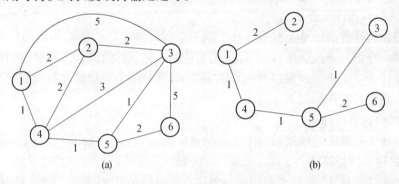

图 3.20　最短路径选择示意图

计算最短路径的方法有许多,这里将介绍一种由 Dijkstra 提出的静态最短路径算法,寻找从源结点到网络中其他各结点的最短路径。设源结点为结点 s,然后一步一步地寻找,每次找到一个结点到源结点的最短路径,直到把所有的结点都找到为止。

令 $D(v)$ 为源结点 s 到结点 v 的距离,它是沿某一通路的所有链路的长度之和。再令 $L(i,j)$ 为结点 i 至结点 j 的距离。整个算法步骤如下:

(1) 先初始化,即令 N 表示网络结点的集合,并令 $N = \{s\}$。对所有不在 N 中的结点 v 可写出:若结点 v 与结点 s 直接相连,则 $D(v) = L(s,v)$;若结点 v 与结点 s 不直接相连,则 $D(v) = \infty$。如果用计算机进行求解时,可以用一个比任何通路长度大得多的数值代替 ∞。

(2) 找一个不在 N 中的结点 w,其 $D(w)$ 值为最小。把 w 加入到 N 中,然后,对所有不在 N 中的结点用 $[D(v), D(w) + L(w,v)]$ 中的较小的值去更新原有的 $D(v)$ 值,即 $D(v) = \min[D(v), D(w) + L(w,v)]$。

(3) 重复步骤(2),直到所有的网络结点都在 N 中为止。

以图 3.20(a)中的源结点①为例,用上述算法计算的最短路径如图 3.20(b)所示。

实际上就是从源结点到目标结点有多条路径,其中必有一条最短路径,只要找到最短路径上的下一结点,就可以得到一张任何源结点到任何目标结点的最短路径表。

2) 扩散式路由选择算法

扩散式路由选择算法的原理是源结点把分组发送给每个相邻结点,每个中继结点接收到分组后,分别转发给除输入链路之外的其他相邻结点。这样,同样一个分组就会迅速传输到网络的各个结点上去,总有一个分组会最先达到目的结点。目的结点只接收最先到达的分组,而丢弃以后再传来的同一分组。

这种方式的缺点是会使每个结点收到大量的重复分组。因此,扩散式路由选择并不很实用,但对某些实际情况有用。如在军事应用中,网络上可能有大量的路由器被不断损坏,需要靠扩散式路由选择来增强路由选择的健壮性。在分布式数据库应用中,当并发修改多个数据时,扩散式路由选择也很有用。扩散式路由选择还可以作为衡量其他路由算法,并行选择每一条可能的路径,所以它总能选择到最短路径,没有其他路由算法能产生一个更短的路径。

可以采用以下两种方法来减少重复分组:

(1) 站计数法。在分组报头中增加站计数字段,该字段由源结点置为某一最大值,分组每经过该计数值减 1,当这个计数值减为零时测该分组被丢弃。

(2) 第一次登录法。对每一个分组编一个序号(标识符),每一个结点都有一张分组登录表,分组到达时,先查表,不重复时才登录转发。

3) 随机式路由选择算法

随机式路由选择算法的基本思想是让中继结点随机地选择一条输出链路转发分组(输出链路不能是接收分组的输入链路)。所以分组到达目的结点的时间延迟不确定,且有可能不能到达目的结点。为了防止分组在网络中长期漫游,可在分组头中增设计数器,超值则丢弃该分组。这种方式只是在特殊情况下才使用。

2. 适应式路由选择算法

适应式路由选择算法是根据网络中当前的实际情况,动态地决定各结点上的路由选择。

1) 分布式路由选择算法

分布式路由选择算法是,网络中的每一个结点定时地与其相邻结点交换路由选择信息来修改自己的路由选择表。假设表中是以分组的延迟时间(ms)为基本单位,与相邻结点的延迟时间的测量方法是靠回应(Echo)分组传给相邻结点,收到后在分组中填上收到的时间并立即回送,这样由回收到的时间减去分组中填上的时间就是相邻结点之间初始传送延迟时间。其余相邻的结点可由经过的链路数估计出一个初值。路由选择表的修改可以这样进行:设某结点刚收到一张来自相邻结点 X 的延迟时间表,用 X_j 表示结点 X 估计的它至结点 j 的传送延迟时间,若该结点至结点 X 的传送延迟时间为 m,那么它经 X 至结点 j 的传送延迟时间就是 $X_j + m$,只要各相邻结点均做类似计算,那么各结点就可以估计出至各自的结点的最短时延路由,从而得出一张新的路由选择表。

美国国防部高级研究计划署(Advanced Research Projects Agency,ARPA)网络就是采用了这种路由选择算法。在该网络中,各结点每隔 128ms 就给其相邻结点送一次最小时延路由表。路由表的计算工作大约只占结点中心处理单元计算资源的 5%,为存储路由选择表占去的结点存储器总容量大约为 3%,为了在结点间交换路由表有关信息,大约要占去一条 50Kb/s链路容量的 3%。由此可见,这种分布式适应路由选择算法虽然付出了一定的代价。其好处却是既能适应网络拓扑的变化,又能使网络的业务量负载比较均匀地分布。

2) 集中式路由选择算法

由于分布式路由选择算法只用到网络上局部的信息,不能及时反映全网信息的走向和变化,故可以在网络中选择一个结点作为路由控制中心(RCC),其余每个结点都要以一定周期定时地把其状态信息报告给RCC。RCC将所有这些信息收集起来,然后根据网络的这些参数,按一定准则(如使网络总的平均传送延迟时间最小)来计算从每个结点至其余结点的最佳路由。在此基础上,为各结点构成自己的路由选择表并下载至各结点。

由此可见,各结点的路由选择表是由CRC周期地控制制定的,它能适应网络情况的变化。

3.5 传输层协议

传输层是资源子网与通信子网的界面和桥梁,它完成资源子网中两结点间的直接逻辑通信,实现通信网端到端的可靠传输。它在7层网络模型的中间起到承上启下的作用,是整个网络体系结构中的关键部分。

3.5.1 传输层的功能和服务

传输层的功能是建立双方通信进程之间的虚连接,虚连接是应用程序之间的连接,不是物理连接。

按照OSI模型的观点,传输层的服务是保证源主机和目标主机透明可靠地传输报文,或者说传输层向会话层提供可靠的端到端的服务,实质是OSI模型的高3层(会话层、表示层、应用层)与低3层(物理层、数据链路层、网络层)之间的接口层,所以,被称为端到端的连接。

传输层提供两种服务类型,即面向连接的服务和无连接的服务。面向连接的服务也有建立连接、数据传输和释放连接三个阶段,也要提供寻址与流量控制功能。无连接的服务则无需建立连接,而是尽快地传输。

在OSI模型中传输层的服务与网络层的服务有密切关系,这就是服务质量(Quality of Service,QoS),如果网络层提供了增强的服务质量保证,则传输层的服务就比较简单;如果网络层不能提供良好的服务质量,则传输层就需要弥补网络层的缺陷,保证用户所要求的QoS参数,这些参数包括建立连接延时、建立连接的失败概率、吞吐量、传输延时、残留差错率、安全保证和服务优先级。

3.5.2 传输层协议类型

传输服务是靠两个主机中的传输实体执行传输协议而实现的。传输层协议类似于数据链路层协议,都需要实现流量控制、差错控制等功能。但是,链路层协议用于点与点间直接(有一条物理链路)通信,而传输层协议用于网络上的两个端系统之间借助于网络实现的通信。传输层实体往往是操作系统的一部分。

不同服务质量的网络配以不同的传输协议,为此网络分成三种类型。

(1) A型网络:提供理想的虚电路服务网络,分组不会出错,不会丢失,不会重复、混乱,任何时候都是可靠的。

(2) B型网络:提供可靠虚电路服务网络,分组不会出错、丢失,不会重复、混乱。这些情况链路层及网络层协议都能够透明地加以处理,但是由于网络内部拥塞,硬件故障或软件错误可能不是的发出网络复位(N-RESET)原语,传输层这时必须使暂时受到中断的工作重新恢复起来,即重新建立网络连接,端与端之间数据传送重新同步,从被打断的地方继续进行数据传送,这样使得传输用户根本觉察不到网络恢复的存在。大多数X.25的公共数据网络属于B

型网络。

(3) C 型网络:提供数据报服务的网络,网络结点只具有按地址选择路径、存储转发出去的功能,其后分组可能丢失、重复出现,还可能有网络复位等情况。C 型网络的服务是一种完全不可靠的服务。

传输层是在网络层的基础上提供可靠的比特流传输服务,因此对于不同的网络类型必须采用不同的传输层协议。OSI 把传输层协议分成了 5 类:

(1) TP0 类协议:是最简单的一类,它为传输用户建立一个网络连接,由于网络完美无缺,已经是一条可靠的逻辑通道,因此传输协议不再需要拥挤控制和流量控制,只要提供建立连接和释放连接的机制。由于实际上不存在 A 型网络,因此纯粹采用 TP0 协议的可能性很小。

(2) TP1 类协议:除了能从 N-RESET 中恢复外和 TP0 协议差不多。为了能从 N-RESET 中恢复,传输实体必须跟踪被传送的数据单元号码,一旦发现网络复位,必须重新建立网络连接,重新同步传输状态,从被中断处继续运行。

(3) TP2 类协议:和 TP0 类协议都是针对完美无缺的 A 型网络设计的。在 TP2 协议中允许多个传输连接共用一个网络连接。如果有多个传输连接,那么每个连接的数据流量的比较小,为节省网络通信的费用,它们可以共用一条网络连接,即多路复用网络连接的情况。是否采用流控可以选择。

(4) TP3 类协议:集中了 TP1 协议和 TP2 协议的特色,既能从 N-RESET 中恢复,也能采用网络层多路复用。

(5) TP4 类协议:是针对 C 型网络而设计的,它能够处理分组的丢失、重复、残损分组、N-RESET 和网络层留下的其他错误,是最复杂的传输协议。

3.5.3 传输协议机制

ISO 协议使用 10 种类型的传送协议数据单元(TPDU),即连接请求(Connection Request,CR)、连接确认(Connection Confirm,CC)、拆除请求(Disconnect Request,DR)、拆除确认(Disconnect Confirm,DC)、数据(Data,DT)、快速数据单元(Expedited Data,ED)、回答响应(Acknowledgment,AK)、快速响应(Expedited Acknowledgment,EA)、拒绝(Reject,RJ)、传送协议数据单元差错(TPDU Error,ER)。

基本的协议机制包括三部分,即连接建立、数据传送和连接拆除。

1. 连接建立

建立一个传送连接至少应该交换连接请求和连接确认 TPDU,这种两次握手的方法适用于 TP0 类到 TP3 类服务。对 TP4 类服务需要用到第 3 个 TPDU 作为对 CC 的回答响应,可以用 AK.DT 或 ED TPDU。在成功建立连接前可以有一谈判的阶段,确定选择项和最大 TPDU 大小等。

传送连接涉及四种不同类型的标识:

(1) 用户标识:即服务访问点(SAP),允许传输层实体多路数据传送至多个用户。

(2) 网络地址:标识传输层实体所在的站,任何 TPDU 都不需要这个地址,但是需从传输层用户将这地址送到网络协议实体使用。

(3) 协议标识:用于一个站含有多个不同类型的传送协议实体,需对网络服务标识 该不同类型的协议。

(4) 连接标识:类似用于 X.25 的虚电路号一样,两个相关的传送实体连接要指定唯一的标识,并用于全部 TPDU,可允许传输层实体在单个网络连接上多路复用多个传送连接。

2. 数据传送

使用 DT TPDU 在已建立的传送连接上正常地传送数据。如果用户的数据加上 DT 的头超过了最大分组尺寸,传输层实体可将数据分段,然后传送数据。DT 是编号的,可用于 TP2 类到 TP4 类的流控。采用许可证分配方案实现流控,许可证分别设置在 CC、CR 和 AK TPDU 中。对快速数据传送可使用 ED 和 EA 数据单元。

3. 连接拆除

当传输层实体从它的用户接收到一个拆除连接的请求,就除去未送完的 DT,并发一个拆除连接 DR TPDU,当对方的传输层收到 DR 后,就发一个 DC TPDU,除去未接收完的 DT,并通知用户。

3.6 高层协议

3.6.1 会话层协议

1. 会话层功能

会话层是置于传输层上的增值服务,主要任务是为两主机用户进程建立会话连接,提供会话服务,控制两个实体之间的数据交换和功能释放。具体功能概括如下:

(1) 会话管理。会话层作为一个独立的 OSI 层次,一次会话包括建立连接、数据交换、连接释放三个阶段。一次会话是指从登录到远程主机开始,执行应用程序,直到退出系统为止。会话层应用可以采用全双工的方式进行,但为了高层应用软件设计方便,往往将会话应用设计成双方用和轮流发送的半双工方式。会话管理是通过使用数据令牌来实现的,当建立一次会话时,若选择半双工方式,初始协商时必须决定哪一方先获得令牌,只有持有令牌的用户才可以发送数据,另一方只能接收。当令牌持有者完成数据发送,将令牌传给对方。如果没有令牌的一方想发送数据可以向对方请求令牌。当然如果采用全双工方式,就不用令牌了。

(2) 同步。会话层提供的另一个服务就是同步。虽然传输层提供了可靠的通信服务,但对一些高层服务问题是无法解决的。如一项任务中间出错,下层就无法从出错处修改后继续完成,可能需要整个任务重新开始。会话层的同步服务是为会话层用户提供插入同步点的手段。会话用户利用会话层提供的同步原语插入同步点,当会话用户发出同步点请求原语时,对方用户得到一个指示原语,如果同意,则发出响应原语,从而完成同步点的设置。每个同步点均有一个序号,且有主同步点和次同步点之分。两个主同步点之间的会话一般完成一份工作,称为一个对话单位。主同步点用于在连续的数据流中分出对话单位,表示一个对话单位的结束和下一个对话单元的开始;次同步点用于在一个对话单元内组织数据交换。当一次会话中间出现问题时,同步只需回退到上一个主同步点即可。无论设置主同步点,还是从同步点,都需要与会话管理不同的令牌,当再次进行同步时,所有令牌都恢复到设置该同步点时各自所在位置。

(3) 活动管理。一次会话过程可能比较长,例如,在两个计算机之间传送多个文件,用户需要了解一个文件何时结束,下一个文件何时开始,为此将文件的传送组织成一个活动,一个活动就是会话过程中相对独立的一部分,由一个对话或多个对话单位构成。会话活动可以被暂时中断,成为被挂起的活动,等待其他紧急的活动完成后再继续传送。活动和同步点有紧密的关系,当一个新的活动开始,同步点序号设置为1,在一个活动内部可以设置多个主同步点或从同步点。一旦一个活动开始,它不可能回退到上一个活动重新开始。因为会话双方同时开始设置一个活动会造成冲突,所以谁能设置活动由令牌控制。

2. 会话层协议

会话层协议定义了会话层内部对等会话实体间进行通信所必须遵守的规则,即说明了一个系统中会话实体与另一个系统中的对等会话实体如何交换信息,以提供会话服务。会话层协议确定了对等会话实体之间用于数据和控制信息的协议规程及传送这些信息的基本元素SPDU的结构和编码。

会话层模型如图3.21所示,一个会话实体由一个或多个会话协议机制(SPM)组成。SPM以会话服务定义中所规定的服务原语的方式,通过会话服务访问点(SSAP)和会话服务用户进行通信,用会话协议数据单元(SPDU)和对等SPM通信,通过传送服务访问点(TSAP)和传输层进行通信。

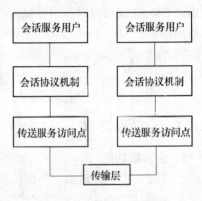

图 3.21 会话层模型

会话协议也可分成连接建立、数据传送、连接拆除三个阶段。其中连接建立阶段的目的是在两个会话服务用户之间建立一个会话连接,内容有将会话地址映射为传输地址、选择所需的运输QoS参数、对会话参数进行协商、识别各个会话连接、传送透明用户数据等;数据传送阶段的任务是在两个会话服务用户之间实现有组织的、同步的数据传送,它们是通过传送SPDU并且利用已选择了的那些功能单元来实现的;连接拆除阶段使用有序释放、废弃和透明用户数据传送等功能来释放会话连接。

SPDU的结构如图3.22所示,其中SI字段用来标识SPDU的类型,LI字段用来表明相关参数字段的长度,参数字段由一系列按相应SPDU所规定的参数组标识(PGI)和参数标识(PI)组成,用户信息字段根据SPDU的标准格式而定。

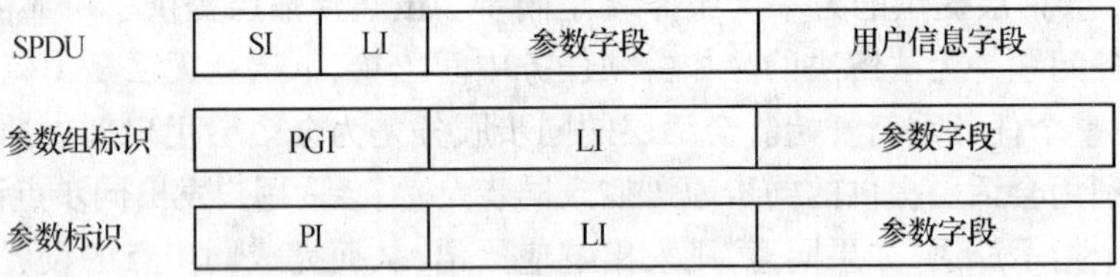

SPDU	SI	LI	参数字段	用户信息字段
参数组标识	PGI		LI	参数字段
参数标识	PI		LI	参数字段

图 3.22 SPDU 的结构

随着应用范围不断扩大,OSI会话层的协议增加了以下新的功能。

(1)对称同步服务:提供了两种新的功能,即允许会话服务用户独立地对它所发送的数据流中插入同步点,提供了一个更为精确可靠的重同步。

(2)无连接会话服务:主要为提高系统的效率和实时性,其除了面向连接型的OSI会话层服务的基本功能外,还可以不通过会话连接建立阶段和以后的拆除阶段,就可将有限长度的SPDU透明地从源SSAP传送到目的地SSAP,且在无连接方式的初始阶段,提供一些手段用以使用户能对服务质量进行一定的协商定义。

(3)多连接方式:在会话层中提供多连接服务是很有意义的,它能提供给系统应用进程以

70

更有效的控制手段来协调分布系统的处理,同时也提出了一种会话连接与应用联系、应用上下文间的实际可能的对应关系。

　　会话服务提供不同的会话服务质量,主要指会话连接在两个会话连接端点具有的某些特性,用来为会话服务用户指定协商其服务要求的一种手段。

3.6.2　表示层协议

　　表示层为 OSI 系统用户之间提供通信的信息表示。在 OSI 中,应用进程间传送的数据表示主要涉及语义和语法两个方面。语义是与数据的内容和意义有关的方面,例如,文卷的记录组成,作业的执行方法,终端的画面控制等与意义内容有关的方面,语义是由应用层负责处理的;语法是与数据的表示形式有关的方面,例如,文字、图形、声音的表示,数据压缩,数据加密等与表示形式有关的方面,语法是由表示层负责处理的。

1. 表示层功能

　　表示层具有两个与语法有关的功能,如图 3.23 所示。

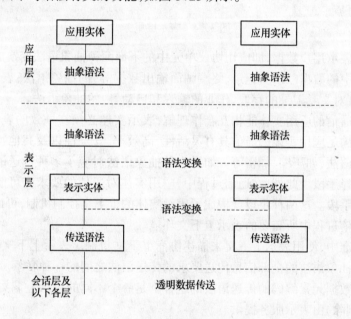

图 3.23　表示层功能

　　1) 语法变换

　　应用实体在开放系统内部用各自定义的表现形式来表示数据,并将其提交给表示实体,应用实体与表示实体之间交换的数据表现形式就是抽象语法。

　　对于同一应用协议数据单元,互连的各开放系统应用实体可以使用各自定义的抽象语法表示,表示层则对同一应用协议中的应用协议数据单元提供仅供的语法表示。在表示实体间传送的这种仅供的语法表示称为传送语法。表示实体实现抽象语法与传送语法间的转换,如代码转换、字符集转换、数据格式的修改等。

　　2) 传送语法的选择

　　应用层中存在多种应用协议,因此在表示层中可能存在多种传送语法,即使是一种应用协议,也可能有多种传送语法对应,因此表示实体必须提供根据应用实体要求来选择适当的传送语法的手段,以及对所作出的选择进行修改的手段。

表示层向应用层提供语法变换和上下文控制服务,图3.24列出了这两种表示服务。表示上下文,即抽象语法与传送语法的对应关系。语法变换是根据表示上下文控制要求进行对应的抽象语法与传送语法间的转换。表示上下文控制是由表示实体提供给应用实体关于表示上下文的定义、选择和删除的手段。

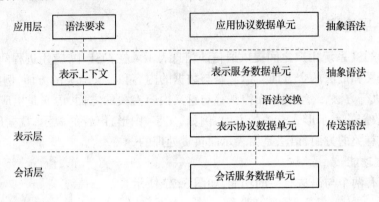

图 3.24　表示层服务

表示服务把表示用户数据,即应用协议单元中的下面两种抽象语法变换成传送语法;表现在应用用户数据中的数据(文卷、记录、终端画面输出数据等)的抽象语法;表现在应用协议控制信息中的操作(对文卷记录的存取、作业的输入和启动等)的抽象语法。

为了使进行通信的应用实体能相互合作理解,表示实体必须在一致的表示上下文环境下进行通信。为了满足应用实体的通信具有灵活性、高效率、安全性以及其他特性的要求,就必须提供多种传送语法,如压缩、加密等。如果一种抽象语法对应了多种传送语法,表示实体就必须提供语法选择手段。此外,在通信过程中,应用实体对通信的要求有可能变化,因此必须提供修改语法的手段。这两种手段就构成了表示实体的上下文控制机制,可以方便、灵活地提供在应用实体通信过程中所需要的表示上下文环境。

在表示层标准中,使用表示上下文来描述协商上下文机制。表示上下文是一个抽象语法与一个用来表达抽象语法的全部信息传送要求的传送语法之间的一种联系。每一个抽象语法与一个能够为其数据元素编码的传送语法的组合都是一个不同的表示上下文,其功能(如上下文定义、选择和删除)由表示服务提供。

表示服务由一系列业务组成,实际上是由会话服务与上下文控制服务组成。表示服务的业务大致可分成三类。

(1) 固有业务:服务中表示出表示层本质的那些服务,如连接建立和释放、上下文控制、数据传送等业务。

(2) 与会话层有关的业务:根据会话服务组织和同步对话的要求,提供一个一致的上下文环境,如活动控制、同步控制等业务。

(3) 穿透表示层的业务:按照原样向应用层提供会话业务,不涉及上下文环境变化,如权标控制等业务。

表示服务用户和表示服务提供者在表示服务访问点(PSAP)上的相互作用,通过用具有各种参数的表示服务原语,表示服务用户和表示服务提供者相互交换信息。

2. 表示协议

表示层协议的本质是在提供上下文控制服务时,保证通信双方具有一致的上下文环境,以过程的形式提供了一组通信规程。具体包括：由一个表示实体到一个对等表示实体传送数据或控制信息的过程；通过功能单位，选择由表示实体使用的过程；用于传送数据和控制信息的表示协议数据单元和结构及编码。

表示层协议将表示功能单元分为核心功能单元、上下文管理功能单元和上下文恢复功能单元。其中，核心功能单元总是可用的，支持基本的协议过程元素，用于建立和释放表示连接；上下文管理功能单元支持上下文定义和删除服务，提供动态的上下文选择；上下文恢复功能单元为会话服务的组织和同步会话提供了一致的上下文环境，与会话服务一起保证正确地组织和同步应用进程间的会话。

3.6.3 应用层协议

应用层是用户应用程序的组合，主要向应用进程提供服务，是 OSI 所有层服务的总和。每个应用层协议均是为了解决某一类应用问题，问题的解决是通过不同主机中多个应用进程之间的通信与协同工作完成的。应用层就是规定应用进程在通信时遵循的协议。

在通信过程中，应用进程使用 OSI 定义的通信功能，一方面和其他系统的应用进程通信，另一方面执行预定的业务处理。应用实体是应用进程使用应用层以下各层通信功能的唯一界面，其按照约定的通信协议进行信息传输。应用实体由一个用户元素和一组应用服务元素组成。应用服务元素一般分公共应用服务元素(CASE)和特定应用服务元素(SASE)两类。

公共应用服务元素为应用层提供最基本的服务，为应用进程间的通信、分布式提交系统的实现等提供基本的控制机制。其中，联系控制是最基本的功能，主要保证不同系统的应用进程能相互联系、顺利通信。同时，提交、并发和控制能提供自动恢复能力，也是公共应用服务元素的重要功能。

特定应用服务元素主要为了满足文件传送、远程数据库访问、作业传送等特定应用而确定的，它与特定应用的性质和具体要求相关。因此，根据应用服务的性质和要求不同，特定应用服务元素又分两种：应用——特定应用服务元素(A - SASE)和用户——特定应用服务元素(U - SASE)。前者是应用实体为支持应用进程间的信息传送处理所需的那部分特定应用服务元素，主要有文件传送、访问和管理、远程数据库访问、虚拟终端等；后者是特定应用领域独有的功能，如航空订票系统、银行数据系统等。

应用层一般主要研究虚拟终端(VT)、作业传送和管理(JTM)、文件传送、存取和管理(FTAM)等应用——特定应用服务元素。

(1)虚拟终端：是抽象的计算机终端模型，它是将各种类型终端的功能一般化、标准化后得到的，应用程序和实际终端通过映像后以标准的虚拟终端进行通信操作。虚拟终端协议(VTP)根据虚拟终端的特点，就网络环境下对等的虚拟终端之间的协调操作、相关网络实现接口给出了相应的规定。目前，虚拟终端主要分基本类、表格类、图像类、图形类、混合类。

(2)作业传送和管理：是指在多个开放系统之间定义和执行作业所需要的各种管理功能，以便于用户的分布式处理，其设计开发系统之间数据的移动和作业处理活动中监督、控制信息的移动。JTM 模型中采用工作说明书的概念性数据结构表示交换的信息，使用 JTM 服务的用户不需要建立、拆除会话连接，其由 JTM 服务的提供者管理。

(3)文件传送、存取和管理：文件传送是指将整个文件或其一部分文件内容在开放系统间传输；文件存取是指对文件的内容进行检查、修改、清除、替换等；文件管理是指建立、删除文件、检查、修改文件的属性等。

文件服务协议规定了两种协议：一种是基本协议，支持用户可纠错的文件服务；另一种是差错恢复协议，支持可靠的文件服务。

习　题

一、名词解释

协议，网络体系结构，流量控制，停止等待协议。

二、填空

1．常用的路由选择算法有_____和_____两类。

2．协议包括_____、_____、_____三个要素。

3．RS-232 在安全特性方面采用了_____方式。物理层多为_____和_____之间提供接口规范。

4．数据链路层的主要功能有_____、_____、_____、_____等。

5．_____、_____和_____是描述网络传输的服务原理。

6．除停止等待协议外，_____协议能有效地进行流量控制。

7．HDLC 中有三种通信操作模式，它们是_____、_____、_____。HDLC 帧分为_____、_____、_____三种。

8．HDLC 监控帧中的类型字段有_____、_____、_____、_____四种不同含义，主要用于流量控制、差错控制。

9．网络层主要提供面向连接的和面向_____的两类服务，分别对应的_____和数据报传输方式。

10．_____层连接提供了端到端的连接，保证源主机和目的主机透明可靠地传输报文。

11．_____是通过 Modem 和 DDN 上网常用的协议。

三、论述题

1．物理层的主要功能是什么？其四个特性的含义是什么？

2．常用的流量控制方法有哪些？

3．HDLC 的操作模式有哪三种？简要说明。

4．HDLC 有哪三种帧？举例说明 HDLC 协议操作过程。

5．PPP 的主要内容有哪些？

6．叙述网络层的功能。

7．流量控制和拥塞控制的区别是什么？

8．解释常用的拥塞控制的具体方法。

9．说明传输层协议机制。

10．简要说明表示层的功能和协议。

11．简要说明会话层的功能和协议。

12．简要说明应用层协议的主要内容。

四、画图

1．画出 OSI 模型，并简述各层的功能及数据传输过程。

2．查阅资料，画出两台计算机直接利用串行口通信的连线图。

第4章 局域网

　　局域网是计算机网络的基本组成部分。本章在分析局域网参考模型及其协议的基础上,对载波侦听多路访问/冲突检测(Carrier Sense Multiple Access/Colbision Detection,CSMA/CD)介质访问控制方法、令牌环(Token Ring)介质访问控制方法、令牌总线(Token Bus)介质访问控制方法进行深入讨论,接着介绍局域网协议标准。由于虚拟局域网已成为基于交换机的网络中的一种重要技术,应用很普遍,故本章最后介绍虚拟局域网的相关技术。本章的重点内容是局域网的参考模型、介质访问控制方法、虚拟局域网。

4.1　局域网参考模型

　　同 OSI 参考模型相比,局域网的参考模型相当于 OSI 的最低两层:物理层和数据链路层。其中物理层对任何网络都是必须的,物理连接以及在传输介质上传输离不开物理层;数据链路层又划分为逻辑链路控制(Logic Link Control,LLC)子层和介质访问控制(Media Access Control,MAC)子层。传统网络层一般的局域网不存在路由问题,不需要,但为了便于局域网的互连,也留有一些网络层的接口,如服务访问点等,如图 4.1 所示。

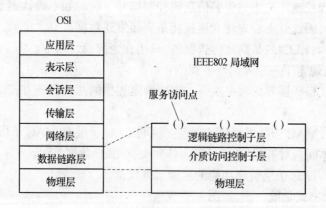

图 4.1　局域网参考模型与 OSI 模型对应关系

　　将数据链路层划分为逻辑链路控制子层和介质访问控制子层的原因是,由于局域网种类较多,其接入介质及介质访问控制方法不尽相同,远远不像广域网那样统一,所以为了不使数据链路层的传输过分复杂,将其分成两个子层。其中介质访问控制子层主要解决与各种传输介质相关的各类问题。

　　LAN 的各层功能如下:

　　(1) 物理层:与 OSI 物理层功能一样,主要处理在物理连路上传递非结构化的二进制数据,即透明地传输比特流,建立、维持、释放物理连接,处理相应的机械、电气、功能和过程特性。

　　(2) 介质访问控制子层:将上层交下来的数据封装成帧发送,接收时将帧解封;在物理层的基础上完成帧校验序列的生成,进行差错校验;实现和维护 MAC 协议,控制不同类型局域网对介质的使用;实现帧的寻址和识别等。

(3) 逻辑链路控制子层:数据链路层中与介质无关的内容均放在 LLC 子层,提供面向连接和无连接两种类型的服务;建立和释放数据链路层的逻辑连接,进行差错控制、给帧增加序号;提供与高层的接口。

在参考模型中,每个实体和另一个系统的同层实体之间进行通信,用服务访问点(SAP)来定义其接口。图 4.1 中的服务访问点是为了提供对各个高层实体的支持,多个 LLC 服务访问点在 LLC 子层顶部为上层实体提供接口端。

4.2　逻辑链路控制子层

逻辑链路控制子层向上可提供四种操作类型,实际上就是四种不同类型的服务。

(1) 操作类型 1(LLC1):是不确认的无连接服务,也就是数据报服务。数据报不需要确认,实现最简单,因而在局域网中应用最广泛。

(2) 操作类型 2(LLC2):是面向连接的服务,相当于虚电路服务。由于每次通信都要经过连接建立、数据传送和连接拆除这三个阶段,开销较大。但是 DTE 没有复杂的高层软件,因此必须由 LLC 子层来提供端到端的控制,这就需要面向连接服务。采用这种方式时,用户与LLC 子层商定的某些特性在连接断开以前一直有效。因此,这种方式特别适合于传送很长的数据文件。

(3) 操作类型 3(LLC3):是带确认的无连接服务,用于传送某些非常重要且时间性较强的信息,如在一个过程控制环境中的告警信息或控制信号。这时如不确认则不够可靠,但若先建立连接则又嫌太慢,因此就不必先建立连接而是直接发送数据。

(4) 操作类型 4(LLC4):是高速传送服务,只用在令牌总线网中。

LLC 子层协议规定了三个界面服务规范:

(1) 网络层/LLC 子层界面服务规范。主要确定提供的两种服务方式,即无连接和面向连接的服务。

(2) LLC 子层/MAC 子层界面服务规范。说明 LLC 子层对 MAC 子层的服务要求,以便本地 LLC 子层实体间与对等层 LLC 子层实体间交换 LLC 数据单元。

(3) LLC 子层/LLC 子层管理功能的界面服务规范。

LLC 子层的帧格式是统一的,如图 4.2 所示。

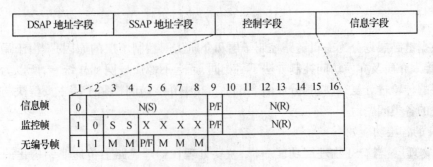

图 4.2　LLC 帧格式

DSAP 地址字段为目的服务访问点地址字段,包含一个字节,1 位为地址标志位,7 位为实际地址,全为 1 时表示全局地址,全为 0 时为空地址;SSAP 地址字段也包含一个字节,其中 7 位为实际地址,1 位为命令响应标志位,用来识别是响应还是命令,全为 0 时表示空地址;信息字段为若干个字节,其取决于 MAC 层所用的介质访问控制方法。

控制字段包含两个字节,除长度外,其格式与 HDLC 帧中的控制字段基本相同,功能也相近。对应的信息帧来传送数据,其发送窗口和接收窗口均是 7 位的;对应的监控帧用来回答响应和流控,SS 用于表示三个命令:接收准备好(RR)、接收未准备好(RNR)、拒绝重发(REJ);对应的无编号帧用于无编号信息和控制信号的传输。

4.3　介质访问控制子层

计算机网络的通信方式可以分为点对点和一点对多点通信。点对点通信,不存在争用信道的情况。相反,广播通信的一点对多点通信由于共享单一信道资源而必须解决多个用户竞争信道使用权的问题。也就是说,在广播网中的站点存在如何访问介质的问题。将传输介质的信道有效地分配给网上各站点用户的方法称为介质访问控制方法。一个好的介质访问控制协议,要简单、有效地利用信道,为网上各站点用户提供公平合理的服务。

介质访问控制子层的主要功能是进行合理的信道分配,解决信道竞争问题。

局域网的传输介质、网络拓扑结构和介质访问控制方法这三种技术是决定网络性能的关键因素,其中最重要的是介质访问控制方法,它对网络的响应时间、吞吐量和效率起着十分重要的影响。

把单信道分配给多个竞争信道的用户使用的方法,通常划分为两类:静态分配方法和动态分配方法。

1. 静态分配方法

静态分配方法是一种传统的分配方法,其采用频分多路复用或时分多路复用的方法将多个单信道静态地分配给不同用户。

对频分多路复用,如果有 N 个用户,则把频带划分为 N 个频段,每个用户分配一个频段。每一个用户都有各自的频段,因此不会相互干扰。当用户数少、数目固定、且每个用户的通信量都较大时,频分多路复用是一种简单而有效的办法。

频分多路复用的缺点是不能公平合理地分配信道:如果把频带分成 N 个频段,而当前的用户数少于 N 个时,则会有许多频段得不到充分的利用;若用户数多于 N 个时,则一些用户又会因未分到频段而无法通信。即使这时有些用户并没有使用它们所占有的频段,也无法让给其他未得到频段的用户使用,这一方面造成频段浪费;另一方面却又无法满足用户需求,加之,大多数计算机系统的数据流具有突发性,峰值流量与平均流量比值较大,致使在长时间内大多数频段未得到利用,造成信道浪费。因此,当用户站数较多、或使用信道的站数在不断变化、或者通信量的变化具有突发性时,静态频分多路复用分配方法的性能较差。

对于频分多路复用的讨论同样适合于同步时分多路复用的情况。因此,传统的静态分配方式不完全适合计算机网络,需要其他的信道分配办法。

2. 动态分配方法

是指动态分配方法就是用动态的方法为每个用户站点分配信道使用权。动态分配方法通常有轮转、预约和争用三种。

（1）轮转：使每个用户站点轮流获得发送机会的技术。它适合于交互式终端与主机之间的通信。

（2）预约：是指将传输介质上的时间分割成时隙，网上用户站点若要发送，必须事先预约能占用的时隙。这种技术适用于数据流的通信。

（3）争用：是所有用户站点竞争使用介质。它实现起来简单，对轻负载或中等负载的系统比较有效，适合于突发式通信。争用方法属于随机访问技术，而轮转和预约的方法则属于控制访问技术。

使用争用方法必须明确以下基本问题：

① 每个站点都是独立的，都可以自由产生帧要求传输，不受其他站点的约束；

② 单信道：无论使用什么线缆，都由单一的信道收/发，都使用基带传输，不可能提供多路复用；

③ 冲突检测：当发生两个站点同时发送时，则两个帧互相歪曲、信号发生变形，每个站点都能够检测出信号发生变形，在 LAN 中使用的是曼彻斯特码，可能使幅值增大或跃变消失，如图 4.3 所示。

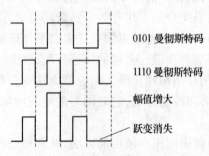

图 4.3　冲突造成的信号变形

（4）载波侦听：侦听链路是否被占有。若发送前或发送过程中不侦听载波，发送的信息可能会在网上发生冲突。

（5）传输是双向的。

4.4　CSMA/CD 介质访问控制方法

介质访问控制方法决定着局域网的主要性能。本节主要讨论用于以太网的介质访问控制方法，即载波侦听多路访问/冲突检测（CSMA/CD）方法。

4.4.1　工作原理

CSMA/CD 是采用争用技术的一种介质访问控制方法，是以太网的关键协议，它允许每个站点都能独立决定发送帧，若两个站或多个站同时发送，即产生冲突。每个站都能判断是否有冲突发生，如冲突发生，则等待一个随机时间间隔后重发，以避免再次发生冲突。

CSMA/CD 形象地概括为"先听后说/边说边听"：在发送前，各站都要先侦听线路是否空闲，若不空闲则等待，直至侦听到线路空闲时才开始发送，可称为"先听后说"；在发送过程中，仍需继续侦听至少一个往返传输信号的时间，以便判断是否发生冲突，一旦冲突发生，则需告知总线上各站并立即停止发送，可称为"边说边听"。

1. CSMA/CD 方法的具体过程

(1) 任何站点不发送就静止,需要发送就侦听;

(2) 侦听到链路忙,则继续侦听,直到链路空闲就等待一个时隙开始发送;

(3) 边发送,边侦听,若没有检测到冲突发生就继续发送,发送完毕则静止;

(4) 若检测到冲突发生,则立即停止发送,并发出 4B～6B 的拥塞信号加强冲突,通知各站点冲突已发生,以避免其他站点冒失发送而浪费信道容量;

(5) 发送拥塞信号后,等待一段随机时间,再重新开始;

(6) 如果发现超过 16 次冲突,则证明是链路出现故障,则放弃竞争重发,报告高层处理。

上述过程如图 4.4 所示。

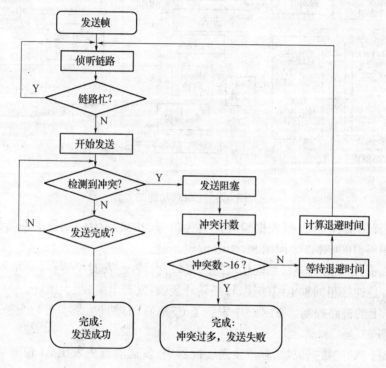

图 4.4　CSMA/CD 的具体过程

在 CSMA/CD 中,冲突域的概念很重要,其是遵守 CSMA/CD 协议不可超过的时间限度,其值为局域网最远两站间的总延迟,它的值等于 DTE 延迟、MAC 延迟、中继延迟、电缆延迟的总和,通常用 τ 表示。一个站发送完数据后,最迟要经过 2τ 的时间才能知道是否发生冲突。

2. CSMA/CD 协议的实现

CSMA/CD 协议是在网络适配器(网卡)中实现的,以太网卡主要由以下几部分组成:

(1) 接口控制器:提供与主机的连接电路,用来对网卡进行控制,是一个门阵列大型芯片,连接着地址缓冲寄存器(ARC1),在接口控制器内部,用来指示收/发缓冲区的读写地址;接口控制器内部还有一个状态寄存器。

(2) 收/发缓冲区:与网络交换数据的缓存区,不论发出或接受数据均在此缓存。

(3) 地址锁存计数器(ARC2):经 EDLC 从网上接收数据,每接收一个字节,则执行 ARC2 +1,接收完毕清 0。

(4) 站地址存储器:存储本网卡的 MAC 地址。

(5) 以太数据链路控制器(EDLC):是网卡的核心组件,安装并执行 CSMA/CD 协议,其功能分接收和发送两部分,如图 4.5 所示。

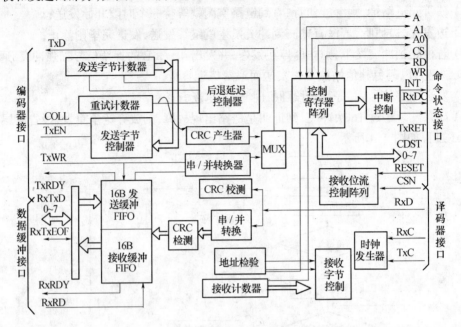

图 4.5　EDLC 功能图

(6) 编码译码器:把二进制数据编码译码为信号,10M 以太网用曼彻斯特码,100M 以太网用 4B/5B 编码,1000M 以太网用 8B/10B 编码。

(7) BNC:是用 T 形头连接细同轴电缆的接口,内装收/发器。

(8) DIX:是连接粗同轴电缆的接口,必须外装收/发器电缆,很少用。

其中网卡上的链路控制器 EDLC 中安装了 CSMA/CD 协议,是主机与交换网络交换数据的实现者,其任务是:

(1) 将来自 PC 的数据成帧,存入发送缓冲器中,发送前首先发出 64 位前导码,目的是使网络进入稳定状态,并作为接收方的同步序列码。

(2) 把帧放入先进先出(FIFO)缓冲器中,接着进行串/并转换,然后进行听侦,若获知链路空闲则经过 TxD 发送,即载波侦听。

(3) 由 RxD 边发送边侦听,若发现冲突立即发出 6B 的"55555555…"阻塞码加强冲突,此时 EDLC 向主机返回 TxRET 信号,请求主机停止发送,TxRET 信号封闭了主机的 DMA 电路,然后主机执行后退算法,等待一个随机时间,重新竞争发送。重试计数器用来累计冲突次数,若冲突次数大于 16,则认为是设备故障,报告上层处理。

(4) 如果发送成功,则由主机向 EDLC 发出 RxTxEOF 信号,启动 CRC 产生器产生 32 位校验码;帧格式中的填充段用来把数据长度填充为 4B 的倍数。

图 4.6 为 PCI 以太网卡实物图。

3. CSMA/CD 协议的后退算法

CSMA/CD 协议工作中,侦听到链路忙或发生冲突后,都要等待一段随机的时间,时间的多少由后退算法决定。使用后退算法原因是:如果出现多个发送站发生冲突,各站都后退相同的随机时间,则会立刻再次发生冲突,所以随机时间应该不同。具体做法是:

图 4.6　PCI 以太网卡

（1）规定基本后退时间为 2τ。

（2）设一个小于 10 的参数 n，n 随着冲突次数变化，冲突次数多 1 次，则 $n+1$，但是 n 初值最大取值为 10。

（3）在离散数集合 $\{0,1,2,\cdots,2^n-1\}$ 中随机选择一个数值 x，若 $n=4$，则离散数为 0～15；若 $n=8$，则离散数为 0～255，在其中选择一个数值 x。

（4）x 乘以 2τ 就是某个站的后退时间，可能是 4τ、6τ、8τ、$\cdots$、100τ、$\cdots$。这样可以避免发生无止的冲突。

（5）若冲突次数大于 16，则说明不是竞争的主机过多，就是设备或线路出现故障，报告高层处理。

上述算法称为二进制指数退避算法，除此之外，还有顺序退避算法、均匀随机数退避算法、线性增量退避算法等。

4.4.2　帧格式

MAC 子层帧格式如图 4.7 所示。

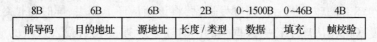

8B	6B	6B	2B	0～1500B	0～46B	4B
前导码	目的地址	源地址	长度/类型	数据	填充	帧校验

图 4.7　MAC 子层帧格式

（1）前导码：不是帧格式的字段，只是在一个帧发送前由硬件发送的 7B 的 10101010 信号，其作用是使链路趋于平静，准备发送，接着发送 1B 的“10101011”收发站点同步信号。其后才能真正开始发送帧。

（2）目的地址和源地址：是收/发双方的 MAC 地址或称物理地址。现在全球通用的 MAC 地址都专用 6B，该地址固化在网卡的 ROM 中，网卡装入 PC 后，就代表这台 PC 的身份，就是一个网站的标识（Identification），不管这台 PC 安装在何地，其物理地址都不会改变；但是倘若这台 PC 更换了一块网卡，则它的 MAC 地址就改变了。

MAC 地址的前 3B 由美国电气和电子工程师学会（Institute of Electrieal and Electronics Eugineers，IEEE）的注册委员会分配给全球的生产厂家，称为地址块。地址块编码可达 224 个，如 3COM 的地址块为 02628CH，但是有的大公司可以购买几个地址块，也有几个小公司合购一个地址块。

MAC 地址的后 3B 由生产厂商自己分配，这样总共有 70 亿个 MAC 地址可供分配，于是每块网卡和其他需要 MAC 地址的设备，都能获得一个全球唯一的 MAC 地址。注意

IEEEMAC 地址称为 MAC－48,也称为扩展的唯一标识符(Extended Unique Identifier－48, EUI－48),规定其第一字节的第 8 位为单播/组播(individual/group,I/G)位,当 I/G 取值 0 时为单播,取值 1 时为组播。为了兼顾不同厂商的利益,EUI－48 采取了两种记法:

① 把每个字节的高位在前、低位在后,如把 ABH 记为"10101011",发送时也是先发高位后发低位,这种记法应用于 802.5 协议和 802.6 协议。

② 把每个字节的高位在后、低位在前,如把 ABH 记为"11010101",发送时也是先发低位后发高位,这种记法应用于 802.3 协议和 802.4 协议;由于记法不同就使得 I/G 的位置发生了变化。

(3) 长度/类型段:若该段的数值小于 1500B,其表示帧的数据字段的长度,若大于 1500B,其用来指明 MAC 帧的上层是什么协议类型,当取值为"0800H"时表示上层是 IP 数据报协议,当取值为"8137H"时表示上层是由 Novell IPX 发送的帧。

(4) 数据段和填充段:在以太网 802 .2 标准中将类型段标记为数据段的实际长度,并规定数据段长度为 0~1500B。为了 CSMA/CD 协议的正常操作需要一个最小帧长,必要时可在数据字段后增加比特来扩充数据字段,即填充。在网络直径为 1km 的以太网中,最小帧长度为 64B,如果不足 64B 就填充到 64B,或者保证为 4B 的整数倍。

(5) 帧校验字段:占有 4B,发送和接收端均使用循环冗余(CRC)校验来产生校验序列。

4.5　令牌环和令牌总线介质访问控制方法

4.5.1　令牌环介质访问控制方法

令牌环介质访问控制方法用于环形网络,是通过令牌的传递来实现的。令牌有两种状态:一种是空令牌,另一种是忙令牌。当一个站要发送帧时,等待空令牌经过时,将其改成忙令牌,紧跟着把数据发送到环上。当通过某站的令牌是忙令牌,站不能发送数据帧,必须等待。

发送的帧在环上循环一周后再回到发送站,将该帧从环上删去,同时将忙令牌改为空令牌传至后续站。发送站在从环中移去数据帧的同时还要检查接收站载入该帧的应答信息:如果是肯定应答,则表明帧被正确接收;如果为否定应答,表明该帧未被正确接收,原发送站需在空令牌第二次到来时重新发送该帧。

接收帧的过程是:当帧通过某一站点时,该站将帧的目的地址和本站的地址相比较,如地址相符合,则将帧放入接收缓冲器复制到输入站中,同时在帧上载入已接收的信息,将帧送回环上;如果地址不符合,则简单地将数据帧重新送入环中。当令牌经过某站时其既不发送也不接收信息,会稍经延迟继续向前传送。令牌环操作过程如图 4.8 所示。

当系统负载较轻时,站点需等待令牌到达才能发送、接收数据,因此效率相对较低;当系统负载较重时,各站点可公平共享介质,效率相对较高。发送站从环中删除帧的方法,使令牌环具有广播特性,多个站可接收同一数据帧,且还具有对发送站的自动应答功能。但不需广播时,帧被接收后还需要较长的时间内才能到达发送站被删除,令牌循环一周只能完成一个帧的传送,效率也较低。

由于某些原因可能出现数据帧在环中不断循环,对于这种情况必须检测并消除,具体方法是在环中设置一个监控站,当帧第一次通过监控站时,在帧上设置一个记号,当带有该记号的帧再次通过监控站时,表示出错,除去该帧。

同样,令牌也会出现丢失或一直忙的情况,解决的办法也是利用监控站。当监控站的计时

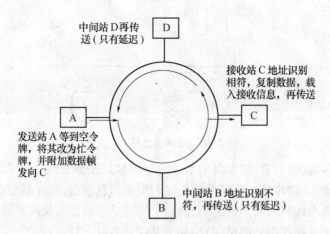

图 4.8　令牌环操作过程示意图

器检测到长时间无令牌时,说明令牌丢失,产生一个新的令牌时网络继续工作;一直是忙的令牌的处理方法和一直循环的数据帧处理方法相同。

令牌环网中的站点可以被设置成不同的优先级,优先级较高的站优先取得令牌,从而优先发送帧。

IEEE802.5 标准规定的令牌环网的帧的格式有两种:令牌格式和数据帧格式,如图 4.9 所示。

8B	8B	8B
SD	AC	ED

(a)

8B	8B	8B	16B/48B	16B/48B	xB	48B	8B	8B
SD	AC	FC	DA	SA	INFO	FCS	ED	FS

(b)

图 4.9　令牌环 MAC 帧格式

(a) 令牌格式;(b) 数据帧格式。

其中 SD 表示起始定界符,表明一帧的开始,其一些位用了非 0、非 1 的信号与其他字段的数据相区分;AC 表示访问控制字段,提供了令牌标记、监控标记、优先级、预约等介质访问必需的一些信息;ED 表示结束定界符,它的一些位也采用了非 0、非 1 的信号,表明一帧的结束;FC 表示帧控制字段,指示数据字段的内容的类型,是 MAC 的协议数据单元,还是 LLC 的协议数据单元等;DA 和 SA 分别表示目的地址和源地址,它们分单地址和组地址;INFO 表示数据字段,其结构较复杂一些,采用向量表示方法;FCS 表示帧校验字段,用 48 位循环冗余校验码(CRC)校验差错;FS 表示帧状态字段,提供地址识别标志、帧复制标志等用于访问控制的信息

4.5.2　令牌总线介质访问控制方法

令牌总线是综合 CSMA/CD 和令牌环两种介质访问控制的优点而形成的,其是在物理总线上建立一个逻辑环,令牌在逻辑环上依次传递,操作原理与令牌环相似。这样既保持了争用协议总线网结构简单、接入方便、可靠性高的特点,又具有了令牌环网的无冲突、访问公平、发送延时有固定上限等优点,它是一种简单、公平、性能良好的介质访问控制方法(图 4.10)。

逻辑环中的站点只有取得令牌后才能发送帧,当站点发送完就将令牌送给下一个站。从逻辑上看,令牌是按地址递减的顺序传送的,图 4.10 为 5 个站点的令牌总线网,虚线部分表示

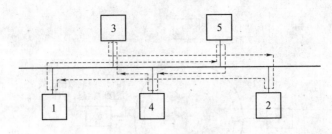

图 4.10　令牌总线网

了令牌的传递过程,但从物理上看,带有目的地址的令牌帧广播到总线上所有的站点,当目的站识别出是符合的地址,才接收帧。取得令牌的站若没有信息发送,则立刻把令牌送到下一个站。为使站点等待取得令牌的时间是确定的,对每个站发送帧的最大长度都做了限定。

令牌总线网络的正常操作十分简单,归纳起来其应具备以下功能:

(1) 逻辑环的初始化:网络启动,或者由于某些原因网络中所有站点不活动的时间超时的时候,需要进行逻辑环的初始化。初始化的过程是令牌争用的过程,争用的结果是其中一个站取得令牌,其他站用插入算法加入逻辑环中。

(2) 令牌传递算法:发送完帧的站要将令牌立即传送给后继站,后继站拿上令牌后要么立即发送数据帧,要么立即发送令牌,原来传送令牌的站在总线上侦听到发送数据帧和令牌的信号,方可以确认后继站获得令牌,否则,超时需要重新传送令牌。

(3) 站的插入算法:逻辑环上的每个站点要周期地使新的站点有机会插入,当有多个站同时插入时,采用带有响应窗口的争用处理算法。

(4) 站的删除算法:将不活动的站从逻辑环上删除,需要通过修改逻辑环的递降站地址次序来完成。

IEEE802.4 标准规定的令牌总线 MAC 帧格式如图 4.11 所示。其中,PA 表示前导码,与 CSMA/CD 中的前导码作用相同;SD 表示起始定界符,表明一帧的开始;FC 表示帧控制字段,用来表示发送帧的类别,包括 MAC 控制帧、LLC 数据帧、站管理数据帧,其中令牌就是一种控制帧;DA 和 SA 分别表示目的地址和源地址字段,长度为 16 位或 48 位,目的地址可分为单地址和组地址(多目地址或广播地址);INFO 表示数据字段,根据帧控制字段规定的模式可能包括 LLC 协议数据单元、MAC 管理数据帧、MAC 控制帧等;FCS 表示帧校验字段使用 32 位的循环冗余校验码(CRC)来产生 FCS 的冗余码,帧校验序列覆盖起始和结束定界符之间的所有位;ED 表示结束定界符,表示一帧的结束,并决定 FCS 的位置,在起始定界符和结束定界符之间的数据必须为整数字节。

8B	8B	8B	16/48B	16/48B	8L	32B	8B
PA	SD	FC	DA	SA	INFO	FCS	ED

图 4.11　令牌总线 MAC 帧格式

4.6　局域网协议标准

4.6.1　IEEE802 协议标准

局域网协议标准是基于 OSI 参考模型的适于局域网环境的标准协议,自 1980 年许多国家和标准化组织均在进行局域网的标准化工作。其中 1980 年 2 月,IEEE 成立的一个委员会制定的标准被 ISO 采纳,作为 ISO 的国际标准发布。这个标准称为 IEEE802 局域网协议标准。其是一个标准系列(图 4.12),各协议的含义及内容解释如下:

802.1:概述、体系结构和网络互连,以及网络管理和性能测量。

802.2:逻辑链路控制,包括简单无连接、连接方式、带确定无连接服务等,它是高层协议与任何一种局域网 MAC 子层的接口。

802.3:CSMA/CD 以太网的 MAC 子层及其物理层的规范。

802.4:令牌总线网的 MAC 子层及其物理层的规范。

802.5:令牌环网的 MAC 子层及其物理层的规范。

802.6:城域网的 MAC 子层及其物理层的规范。

802.7:宽带网访问控制技术及其物理层的规范。

802.8:光纤网 FDDI 访问控制及其物理层的规范。

802.9:综合话音、数据局域网。

802.10:可互操作的局域网安全标准。

802.11:无线局域网 MAC 子层及其物理层的规范。。

802.12:100VG - AnyLAN 访问控制 MAC 子层及其物理层的规范。

802.14:利用 CATV 宽带通信的标准。

802.15:无线个人网络(Wireless Personal Area Network)。

802.16:宽带无线访问标准,包括固定宽带无线访问的无线界面和宽带无线访问系统的共存。

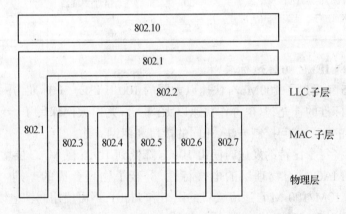

图 4.12　IEEE802 局域网标准一览图

4.6.2　IEEE802.3 以太网协议标准

早期的局域网是于 1980 年由 DEC 公司、Intel 公司和 Xerox 公司联合研发成功的,第一个版本是 DIX V1,1982 年修改为 DIX Ethernet V2,DIX 由三家公司名的首字符组成,Ethernet 就是以太网,是世界上第一个局域网。1983 年 IEEE 接纳了 DIX Ethernet V2,制定了 802.3 系列标准,20 多年来以太局域网不断取得飞速的发展,占领了局域网 90% 以上的市场,逐渐成为局域网的代名词,并具备了进入城域网、广域网的竞争实力。

以太网标准的发展主要是:

1982 年 DEC 公司、INTEL 公司、Xerox 公司研发成功以太网,82 年公布 802.3 标准;

1995 年通过 IEEE 802.3u 百兆以太网标准;

1998 年通过 IEEE 802.3z 千兆以太网标准;

2002 年通过 IEEE 802.3ae 万兆以太网标准。

1. 10M 以太网 802.3 标准

10M 以太网 802.3 标准如表 4.1 所列。以太网以 10Mb/s 的数据率进行传输。每一项标准都有它自己的优势和局限。10BASE－5 和 10BASE－2 能够比 10BASE－T 提供更远的距离,但它们必须以总线拓扑进行布线,这种结构和令牌环一样同样,存在一旦出现电缆故障就将失效的问题。10BASE－T 能在容错的拓扑结构上提供一个高速的数据传输率,然而它的距离却很有限,10BASE－5 能使用廉价的双绞线电缆连接较远的距离,但它的数据传输率只限于 10Mb/s。10BASE－F 能高速长距离传输数据,是最好的选择,但与其他几个标准相比较为昂贵。其中 10BASE－2 的组网规则:5、4、3、2、1,即 5 个网段、4 个中继器、3 个网段可安装 PC(每段最多 30 台)、2 个网段可用来扩长、1 个总线网。

表 4.1　10M 以太网 802.3 标准内容

特性	10BASE－5	10BASE－2	10BASE－F	10BASE－T
网线	50Ω 粗同轴电缆	50Ω 细同轴电缆	多模光纤	UTP/STP
最大网段长/m	500	185	500～2000	100
拓扑结构	总线型	总线型	星型	星型
站数/段	100	30	4 个中继器	24 中继器
最大网段数	5	5	5	5

2. 百兆以太网 IEEE 802.3u 标准

IEEE 于 1995 年通过了 100Mb/s 快速以太网的 100 BASE－T 标准,并命名为 802.3u 标准,作为对 802.3 标准的补充,其也称作快速以太网。百兆以太网保留了传统的基本特征:相同的帧格式、相同的介质访问控制方法、相同的接口和组网方法。

主要改进有:将每个比特的发送时间由 100ns 降低到 10ns;在 MAC 层增加了介质无关接口(MII),确定了 MAC 层与物理层的电气特性,屏蔽了物理介质的差别,允许使用不同的 UTP(由此出现了 10M/100 M 自适应接口的网卡和 Hub),不再使用同轴电缆。

百兆以太网有以下三种具体标准:

(1) 100BASE－TX:采用 2 对 5 类 100m UTP、超 5 类 100m UTP 或 1 类 STP,使用 8 针 RJ－45 插头;

(2) 100BASE－T4:采用 4 对 3 类 UTP,其中 3 对用于传输数据,1 对用于冲突检测;

(3) 100BASE－FX:采用 2 芯的光纤,一芯用于发送,另一芯用于接收。采用 4B/5B 编码;可用 412m 多模光缆或 5km～10km 单模光缆连接下级 Hub(图 4.13)。

3. 千兆以太网 IEEE 803.3z 标准

千兆以太网使用原有以太网的帧结构、帧长及 CSMA/CD 协议,只是在低层将数据速率提高到了 1Gb/s,因此,它与标准以太网(10Mb/s)及快速以太网(100Mb/s)兼容。千兆以太网将每个比特的发送时间由 100ns 降低到 1ns;增加了 GM II 接口,使交换机、路由器都升级到 1000Mb/s,可以使用 1000M 网卡、10Mb/s/100Mb/s/1000Mb/s 自适应设备;提供单模/多模

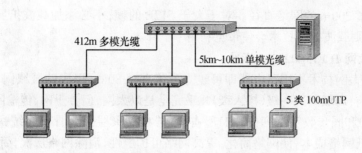

图 4.13 百兆以太网连接示意图

光纤、UTP、短铜线四种连接,保留了 5 类 UTP,既可作水平布线也可做垂直布线,做到百兆到桌面。图 4.14 是千兆以太网连接示意图。

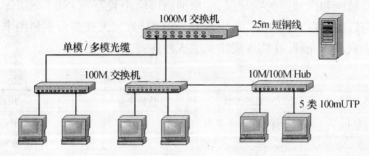

图 4.14 千兆以太网连接示意图

千兆以太网的物理层协议包括 1000BASE – T、1000BASE – CX、1000BASE – LX 和 1000BASE – SX 等标准。

(1) 1000BASE – T:使用 4 对 5 类非平衡屏蔽双绞线(UTP),传输距离为 100m,主要用于结构化布线中同一层建筑的通信,从而可以利用以太网或快速以太网已敷设的 UTP 电缆。

(2) 1000BASE – CX:使用短铜线(15Ω 平衡屏蔽双绞线),采用 8B/10B 编码方式,传输速率为 1.25Gb/s,传输距离为 25m,主要用于集群设备的连接,如一个交换机房的设备互连。

(3) 1000BASE – LX:使用芯径为 $50\mu m$ 或 $62.5\mu m$ 的多模/单模光纤,工作波长为 1300m,采用 8B/10B 编码方式,传输距离分别是 525m、550m 和 3000m,主要用于校园主干网。

(4) 1000BASE – SX:使用芯径为 $50\mu m$ 及 $6.2\mu m$,工作波长为 850nm 的多模光纤,采用 8B/10B 编码方式,传输距离分别为 525m 和 260m,适用于建筑物中同一层的短距离主干网。

MAC 子层的主要功能包括数据帧的封装与卸载、帧的寻址与识别,帧的接收与发送,链路的管理、帧的差错控制及 MAC 协议的维护。千兆以太网对媒体的访问采用全双工和半双工两种方式。全双工方式适用于交换机到交换机或交换机到站点之间点到点连接,两点间可以同时进行发送与接收,不存在共享信道的争用问题,所以不需采用 CSMA/CD 协议;半双工协议则适用于共享媒体的连接方式,仍采用 CSMA/CD 协议解决信道的争用问题。

千兆以太网的数据传输率为快速以太网的 10 倍,若要保持两者最小帧长的一致性,势必大大缩小千兆以太网的网络直径;若要维持网络直径为 200m,则最小帧长为 512B。为了确保最小帧长为 64B,同时维持网络直径为 200m,千兆以太网采用了载波扩展和数据报分组两种技术。载波扩展技术用于半双工的 CSMA/CD 方式,实现方法是对小于 512B 的帧进行载波扩展,使这种帧占用的时间等同于长度为 512B 的帧所占用的时间。虽然载波扩展信号不携

87

带数据,但保证了 200m 的网络直径。对于大于 512B 的帧,不必添加载波扩展信号。若大多数帧小于 512B,则载波扩展技术会使带宽利用率下降。

4. 万兆以太网 IEEE 802.3ae 标准

使用万兆以太网技术不用路由器即可建立覆盖直径 80km 以内的城域网,连接多个企业网、园区网。目前,局域网这一级(接入级)几乎完全是以太网,但骨干网、传输网却完全由同步光纤网(SONET)和同步数字序列(SDH)所占领,若在汇聚层乃至骨干层统一使用以太网技术,必能大大降低网络成本,使网络简化,提高网络可扩展性,消除网络层次,简化管理,使网络扩容变得较为容易。

万兆以太网的主要技术有:

(1) 只定义全双工通信方式,不存在争用问题,摆脱了 CSMA/CD 的距离限制;

(2) 定义了局域网和广域网的物理层,广域网物理层中兼容 SONET/SDH;

(3) 帧格式与以前的以太网相同,采用 64B/66B 编码,大大提高带宽利用率;

(4) 传输介质只使用光纤,在物理层定义了 5 种连接方式,见表 4.2。

表 4.2　万兆以太网的连接方式

接口类型	光纤类型	传输距离/m	应用目标
850nm LAN 接口	$50\mu m/125\mu m$ 多模	65	数据中心、存储网络
1310nm 宽频波分复用 LAN 接口	$62.5\mu m/125\mu m$ 多模	300	企业网、园区网
1310nm WAN 接口	单模	10000	城域网、园区网
1550nm LAN 接口	单模	40000	城域网、园区网
1550nm WAN 接口	单模	40000	城域网、广域网

从以太网的发展可以出,10Mb/s 以太网的使用普及最终超过了 16Mb/s 的令牌环网,100Mb/s 的快速以太网使曾经是最快的 FDDI 局域/城域网变成历史,1000Mb/s 以太网的问世,使 ATM 在城域网、广域网的地位受到威胁和挑战,10000Mb/s 将更加证明了以太网的实力,其速度可扩展性、灵活性、稳健性、安装方便等特性将成为网络技术发展的基本要求。

4.7　交换式局域网

近年来,随着多媒体通信的不断发展和上网用户数量的增加,人们对网络带宽的要求越来越高,原来的共享式局域网(以太网、快速以太网、令牌环网等)已逐渐不能满足要求。这是因为共享式局域网是建立在共享传输介质的基础上,一方面,随着用户数的增多,每个用户分到的网络带宽必然会减少,且任何时候最多只允许一个用户占用信道,其他用户只能等待;另一方面,介质访问控制协议增加了网络时延,降低了网络带宽的利用率。为了解决网络带宽的问题,人们提出了交换式局域网,用来代替共享式局域网。

1. 交换式局域网的基本结构

交换式局域网的核心部分是局域网交换机,其一般是针对某一类局域网而设计的,如按照 802.3 以太网标准、802.5 令牌环标准设计交换机。图 4.15 是用典型的以太网交换机组成的交换式以太网。

以太网交换机有多个端口,每个端口可以单独与一个结点连接,这时的结点可以独享

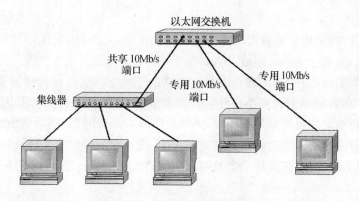

图 4.15　交换式以太网结构

10Mb/s 的带宽,端口成为专用的 10Mb/s 端口;端口也可以与一个共享式集线器相连,这时称其为共享 10Mb/s 端口。

　　以太网交换机端口之间可以实现多个并发连接,进行多个结点之间的同时传输,增加网络带宽,提高网络性能和服务质量。

2．交换机的工作原理

　　交换机的工作原理如图 4.16 所示。交换机的端口 1、5、6 分别连接了 A、D、E 三个结点,端口 3 是一个共享端口,通过集线器连接了 B、C 两个结点,交换机根据端口的连接状况建立地址映射表。

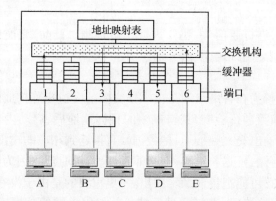

端口	结点的 MAC 地址
1	结点 A 的 MAC 地址
2	
3	结点 B、C 的 MAC 地址
4	
5	结点 D 的 MAC 地址
6	结点 E 的 MAC 地址

图 4.16　交换机工作原理示意图

　　如果端口 1 的结点 A 向结点 D、端口 6 的结点 E 向结点 B 要分别同时发送帧,交换机控制部分根据地址映射表检查出结点 D、B 分别在端口 5 和端口 2 后,在端口 1 和端口 5、端口 6 和端口 2 之间同时建立两条连接,连接建立后,结点 A 向结点 D、结点 E 向结点 B 可以同时发送帧了。当然,可以根据需要建立多条连接,同时进行多路通信。

　　如果结点 B 要向结点 C 发送帧,交换机发现它们在同一个端口,因此接收到结点 B 的帧后并不转发,而是丢弃。结点 C 与结点 B 在同一集线器上,自然能收到结点 B 的帧。这样交换机隔离了本地信息,避免了网络上不必要的数据流动。

　　如果结点 E 要向结点 F 发送帧,交换机就在端口 6 检查地址映射表,发现结点 F 不在表中,这时,为保证帧的正确传输,交换机向除端口 6 以外的所有端口转发帧。当结点 F 发送应答信息或其他帧时,交换机就很容易获得结点 F 的端口连接信息,并将其增加到地址映射表中,以便以后使用。

从以上可以看出,地址映射表的建立和维护很重要。交换机是采用地址学习的方法来完成此项工作的。当交换机接收到结点 A 的帧后,便取得发送结点 A 的源地址(MAC 地址),且知道来自哪一个端口,这样就知道了结点 A 的 MAC 地址和端口号的映射关系。然后检查地址映射表,若结点 A 的映射关系不在地址映射表中,则将其加入;若在,但不一样,则更新。在每次加入或更新地址映射表的某一项时,该项被赋予一个计时器,使得该地址映射关系能够存储一段时间。若计时器溢出之前没有再更新该项,则该地址映射关系将被删除。这样,通过删除不用的、过时的项,交换机保持一个及时有用的地址映射表。图 4.17 为某一 24 口交换机的实物图。

图 4.17 交换机的实物图

3. 交换机的帧转发方式

交换机除了尽可能快地建立连接,进行通信外,还要进行差错检测。目前,交换机通常采用直通式、存储转发和碎片隔离三种帧交换方式,下面分别说明。

1) 直通方式

直通方式的以太网交换机可以理解为在各端口间是由纵横交叉的交换矩阵构成的。它在输入端口检测到一个数据帧时,只对帧头进行检查,获得该帧的目标地址后,启动内部的地址映射表找到相应的输出端口,在输入/输出交叉处接通,把数据帧直接送到相应的输出端口,实现交换功能。其优点是:由于不需要存储,延迟非常小、交换非常快。其缺点是:因为数据帧没有被存储下来,无法提供错误检测能力,可能把错误帧转发出去;更重要的是由于没有缓存,不能将具有不同速率的输入/输出端口直接接通,而且容易丢帧。例如以太网的数据率与 ATM 网不同,需要速率匹配,直通方式就无法实现。

2) 存储转发方式

存储转发方式在计算机网络领域应用最为广泛。它把输入端口的数据帧先存储起来,然后进行 CRC 校验,在对错误帧处理后才取出数据帧的目的地址,通过查找地址映射表找到输出端口送出帧。正因如此,存储转发方式在数据处理时延时大,但是它可以对进入交换机的数据帧进行错误检测,有效地改善网络性能。尤其重要的是它可以支持不同速度的端口间的转换,保持高速端口与低速端口间的协同工作。

3) 碎片隔离方式

碎片隔离是介于前两者之间的一种解决方案。它在接收到帧的前 64B 时就对它们进行错误检查,若正确,再根据目的地址转发整个帧。如果帧小于 64B,说明是假帧,则丢弃该帧。它的数据处理速度比存储转发方式快,但比直通方式稍慢。

4. 交换式局域网的特点

(1) 独占信道,独享带宽。交换式局域网的总带宽通常为交换机各个端口带宽之和,其随着用户数的增多而增加,即使在网络负载很重时一般也不会导致网络性能下降。

(2) 多对结点之间可以各自同时进行通信。共享式局域网中,任何时候只能一个结点占用信道,而交换式局域网允许接入的多个结点间同时建立多条链路,同时进行通信,大大提高了网络的利用率。

(3) 端口速度配置灵活。由于结点独占信道,用户可以按需要配置端口速度,可以配置 10Mb/s、100Mb/s 或 10Mb/s/100Mb/s 自适应的。这在共享式局域网中是不可能实现的。

(4) 便于网络管理和均衡负载。使用共享式局域网时,不同的网段、不同位置的终端一般不能组成一个工作组而方便进行通信,需要通过网桥、路由器等交换数据,网络管理很不方便。在交换式局域网中,可以采用虚拟局域网 VLAN 技术将不同网段、不同位置的结点组成一个逻辑工作组,其中的结点的移动或撤离只需软件设定,可以方便地管理网络用户,合理调整网络负载的分布。

(5) 兼容原有网络。以太交换技术是基于以太网的,其不必淘汰原有的网络设备,有效保护了用户的投资,实现了与以太网、快速以太网的无缝连接。

4.8 光纤分布式数据接口与 100VG – AnyLAN

4.8.1 光纤分布式数据接口

光纤分布式数据接口(Fiber Distributed Data Interface,FDDI)是以光纤为传输介质的局域网标准,美国国家标准化协会(ANSI)的 X3T9.5 委员会于 1982 年开始制定的。在 IEEE 中,其编号为 IEEE802.8,是一种高性能的光纤标记环局域网,运行速率为 100Mb/s,最大距离可达 200km,可最多连接 1000 个站点。它的适用范围可类同于其他的 802LAN,只是具有更高频宽。另一种广泛的用途是作为主干网,连接各类速率为 10Mb/s 的局域网。FDDI – Ⅱ是对 FDDI 的改进,能处理同步线路交换的、用于声音的 PCM 数据或 ISDN 通信,以及传统的数据传输。

FDDI 采用多模光纤,包含两个光纤环:一个是顺时针方向传输,另一个是逆时针方向传输。任意一个环发生故障,另一个可作为后备。如果两个环在同一点发生故障,则两个环可合成一个单环,每个站具有能加入两个环或旁路站点功能的开关。FDDI 定义了 A 和 B 两类站点,A 类站点能连到两个环上,而 B 类站点只能连到其中一个环上,比较便宜。用户可根据站点的重要性及可靠性的要求来选择。

下面分别介绍 FDDI 的数据编码、时钟偏移、可靠性、帧格式和容量分配。

1. 数据编码

前面已讨论过编码的问题,数字数据需编码成某种信号形式再传输,编码的形式又取决于传输介质的性质、数据速率等因素。光纤本质上是模拟介质,信号只能在光谱范围内传输,因此,将在几种数字数据编码为模拟信号的编码技术中选择,即 ASK、FSK 和 PSK。由于 FSK 和 PSK 很难做到很高的数据速率,且用这种编码技术的光设备很贵、不可靠,因此,在光纤局域网中采用 ASK 编码技术,信号频率是固定的,最简单的编码是有载波信号表示"1",没有载波信号表示"0"。在光纤中,有光脉冲表示"1",没有光脉冲表示"0",但这种简单编码的缺点是没有同步功能,可以采用曼彻斯特编码方法,利用信号的瞬变作同步信号。但是,这种方法的缺点是效率低 50%,因为在每一位的时间有两次瞬变。例如,一个 200MHz 的元件只能得到 100Mb/s 的数据速率,对高速的 FDDI 来说,这个效率太低。

FDDI 采用 4B/5B 编码的编码技术。在这种编码技术中,每次对 4 位数据进行编码,每 4 位数据编码成 5 位符号,用光存在表示"1",光不存在表示"0"。这种编码技术使效率提高为 80%,对 100Mb/s 的光纤网只需 125MHz 的元件就可实现,这个效率的提高十分可观,可以大大节省元件的费用,一对 200MHz 的 LED 和 PIN 元件比 125MHz 的元件贵 5 倍~10 倍。

为了得到信号同步,采用二极编码的方法,先按 4B/5B 编码,然后再用倒相不归零(Non Return to Zero Inverted,NRZI)编码。表 4.3 列出 4B/5B 编码(数据部分),所有 16 个 4 位编码中编码后的 5 位码中 0 码都不超过 3 位,按 NRZI 编码原理,至少有两次瞬变,因此可得到足够的同步信息。那些不代表数据的码组或是无效的,或是被用作控制标志而有其特殊含义。

4B/5B 的编码方法也可以推广到 5B/6B、5B/7B、8B/10B 等编码。

表 4.3　4B/5B 编码(数据部分)

数据输入(4 位)	码组(5 位)	NRZI 波形	说　明
0000	11110		数据 0
0001	01001		数据 1
0010	10100		数据 2
0011	10101		数据 3
0100	01010		数据 4
0101	01011		数据 5
0110	01110		数据 6
0111	01111		数据 7
1000	10010		数据 8
1001	10011		数据 9
1010	10110		数据 A
1011	10111		数据 B
1100	11010		数据 C
1101	11011		数据 D
1110	11100		数据 E
1111	11101		数据 F

2. 时钟偏移

环形网中一般只有一个主时钟,在绕环运行时,时钟信号会偏移,每个站点产生偏移,积累起来,可能会造成数据传输错误,这种偏移积累的因素,限制了环形网的规模。

对于 100Mb/s 高速光纤网,这种集中式的时钟方案是不适用的,因为每一位的时间是 10ns,而在 4Mb/s 的环形网中,一位时间达 250ns,因此,时钟偏移现象更为严重。如每个站点配置锁相环电路后也可采用集中式时钟方案,但成本很高。因此,FDDI 标准规定使用分布式方案。每个站有独立的时钟和弹性缓冲器,进入站点缓冲器的数据时钟是按照输入信号的时钟确定的,但是,从缓冲器输出的信号时钟是根据站的时钟确定的,这种方案使环中的中继器的数目不受时钟偏移因素的限制。

3. 可靠性

FDDI 采用了提高可靠性的措施,主要有:

(1) 站的旁路:故障的站由自动光纤旁路开关路;

(2) 双环:采用双环结构,这样,任何一个站点或中继器发生故障,可以重新配置,以保证环网的正常运行;采用星环型拓扑结构:需要使用连接集中器。

4. 帧格式

FDDI 帧格式如图 4.18 所示。其中 PA 表示前文,用以和站的时钟同步;SD 表示起始定界符,1B;FC 表示帧控制,格式为"CLFFZZZZ",C 指示是同步帧还是异步帧,L 指示使用 16 位地址还是 48 位地址,FF 指示是 LLC 帧还是 MAC 控制帧,最后几位指示控制帧的类型;DA 表示目的地址,16 位或 48 位地址,可以是单一的地址和组地址,或广播地址;SA 表示源地址;INFO 表示 LLC 和站的管理信息;FCS 表示帧校验序列,4B;ED 表示结束定界符,标记是 8 位,其他帧是 4 位;FS 表示帧状态,1B,指示检错,识别的地址和复制的帧等。FDDI 帧没有优先位和保留位,它用别的方法分配容量。

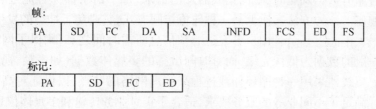

图 4.18 FDDI 帧格式

5. 容量分配

FDDI 和令牌环都采用标记(令牌)传递的协议,二者主要有如下区别:

(1) FDDI 协议规定发送完数据帧后,发送站要立即发送一个新的标记帧;而令牌环规定当发送出去的帧的前沿回送至发送站时,才发送新的令牌。因此,FDDI 协议具有高的利用率,尤其是在大的环网中更为明显。

(2) 容量分配方案不同。两者都可采用单个标记形式,对环上各站点提供公平的访问权,也可优先分配给某些站点,令牌环使用优先级和预约方案,有 8 个优先级;FDDI 需要提供更强的功能进行容量分配,它既要支持长的通信流,又要支持猝发式通信,还要支持多帧的对话。

FDDI 为了同时满足两种通信类型的要求,定义了同步和异步两种通信类型,定义一个目标标记循环时间(TTRT),每个站点都存有同样一个 TTRT 值。各个站都可提供一个同步分配的时间 SA,以发送同步类型的通信容量。当一个站接到标记,它测量从上一次接收标记到目前的时间,这是由一个标记循环计时器(TRT)测定的。将测定的值保存在标记保持计时器

93

中。然后,将 TRT 设置成零,重新开始计时。

站点的发送规则是:

① 可以在时间 SA 内发送同步帧;

② 在发送同步帧后,无同步帧发送时,THT 从保存的值开始计时,在 THT<TTRT 的区间内,站点可以发送异步数据。这样确保各站点总有一段时间可发送同步帧,而余下的时间可发送异步帧。

为满足多帧对话的要求,FDDI 还提供了一种机制。当一个站要进行多帧对话时,可以使用一个限制标记控制环上全部未分配的容量。该站获取一个无限制的标记,发送第一个帧到对话的目的站时,发一个限制标记。接收站接收到最后一个帧后,用限制标记发送异步帧。两个站在一段时间内可交换数据帧和限制标记。在这期间,其余站都不能发送异步帧,从而保证了多帧对话的进行。

4.8.2　100VG‐AnyLAN

100VG‐AnyLAN 是基于 100BASE‐VG 的技术,这里 VG(Voice Grade)代表声音级,表示采用声频非屏蔽双绞线作为传输介质。美国联邦通信委员会规定非屏蔽双绞线上的信号频率必须低于 30MHz,为了利用现有声频非屏蔽双绞线传输 100Mb/s 的数据流,100VG‐AnyLAN 采用了四重信号技术。这种技术在每个结点和集线器间连接有 4 对非屏蔽双绞线,信息分 4 路在 4 对双绞线上同时传输,进行半双工通信。目前,由于多采用 4 对非屏蔽双绞线,所以 100VG‐AnyLAN 又称为 4‐UT P100VG‐AnyLAN。

100VG‐AnyLAN 的网络拓扑结构都为星型结构。在信道上,采用了 5B/6B、不归零制和扰码技术,这组技术不但编码效率高,并且增强了数据抗噪声和抗错码的能力。

100VG‐AnyLAN 的 MAC 层和以太网采用的 CSMA/CD 完全不同,它是采用需求优先权访问方法。各站有数据发送时,要向集线器发出请求,每个请求都标有优先级别,根据优先级确定发送的顺序。这种方法实质上是一种轮流访问方式,它避免了冲突的发生,而且能保证用户等待时间最大不超过其余各用户各发送一帧信息所需时间之和,确保了网络在重负载时的时延性能。一般的数据为低优先级,而对时间敏感的多媒体数据(如声频、视频、动画等)则定为高优先级。集线器采用一种循环仲裁过程来管理网络的结点,以保证对高优先级数据的实时服务。这样满足了不同业务的服务要求,适合于实时业务传输和多媒体信息传输。

100VG‐AnyLAN 的协议主要定义了三个子层:物理介质相关(PMD)子层、物理介质独立(PMI)子层、介质访问控制(MAC)子层。PMD 子层的功能主要包括信道复用、NRZ 编码、链路操作模式和连接状态控制等;PMI 子层的功能主要包括通道选择、数据截取、5B/6B 编码以及填加帧前导码、起始结束定界符,为 PMD 子层传输数据帧做好准备;MAC 子层的功能主要包括优先级协议控制、连接准备和 MAC 帧准备。

100VG‐AnyLAN 的不足之处是其 MAC 层与以太网不兼容,因而现有大量 10Mb/s 以太网的用户难以向 100VG‐AnyLAN 过渡。另外,该技术虽然在初期得到 IBM、AT&T 和 HP 等公司的推动和支持,但目前只有 HP 等少数公司提供有关产品。

习　题

一、名词解释

介质访问控制方法,令牌总线网。

二、填空

1. FDDI 采用了_____、_____和_____可靠性规范。

2. 与以太网不同,100VG－AnyLAN 采用了_____介质访问控制方法。

3. 交换式局域网的主要特点有_____、_____、_____、_____。

4. _____以太网不存在争用问题,摆脱了 CSMA/CD 的距离限制,主要用了_____编码,大大提高了带宽利用率。

5. 局域网的参考模型中有_____子层和_____子层、_____子层。

6. _____、_____、_____是决定网络性能的三个基本因素,其中最主要的因素是_____。

7. _____地址固化在网卡的 ROM 中,网卡装入计算机后,就代表了这台计算机在网络中的身份。

8. 百兆以太网也称为_____以太网,其保留了以太网传统的基本特征,但不再使用_____。

9. LLC 子层的帧主要分为_____、_____、_____和_____四个字段。

10. 令牌总线网在物理上是_____结构,在逻辑上是_____结构。

三、论述

1. 逻辑链路控制子层向上可提供哪几种类型的操作?

2. 把单信道分配给多个竞争信道的用户使用的方法通常划分为哪两类? 并简要说明。

3. 说明 CSMA/CD 介质访问控制方法的具体过程。

4. CSMA/CD 中的冲突域是什么?

5. 简要说明千兆以太网包括哪几项具体标准?

6. 试述令牌环网的操作原理。

7. 令牌总线网络的操作应具备哪几项功能?

8. IEEE802 协议标准主要包含哪些内容?

9. 简述交换式局域网的工作原理,说明交换机的帧交换方式有哪些?

10. 为什么 FDDI 中要采用 4B/5B 编码?

四、画出局域网参考模型,其各层主要功能是什么?

第 5 章　无线局域网

无线局域网(Wireless Local Area Networks,WLAN)近年来取得了巨大的发展和应用,下一代网络的特征之一就是移动超过固定。本章在概述无线局域网的优点和技术要求的基础上,分析了无线局域网采用的调制解调技术以及扩频通信技术,介绍了 802.11、802.16、蓝牙三个重要的无线局域网协议。本章的重点内容是无线局域网的技术要求及其三个协议。

5.1　无线局域网概述

无线局域网络是利用无线电磁波在空气中发送和接收数据而无需线缆介质的局域网。WLAN 的数据传输速率原先已经能够达到 11Mb/s (802.11b),现在最高速率可达 54Mb/s (802.11g),传输距离可远至 20km 以上。WLAN 是对有线连网方式的一种补充和扩展,使网上的计算机具有可移动性,能快速方便地解决使用有线方式不易实现的网络连通问题。

无线局域网采用的传输介质是红外线和无线电波。红外线的波长是 750nm~1mm 之间、频率高于微波而低于可见光的电磁波,是人的肉眼看不见的光线。利用红外进行数据传输就是视距传输,对临近的类似系统不会产生干扰,也很难窃听。红外数据协会为了使不同厂商的产品之间获得最佳的传输效果,规定了波长范围为 850nm~900nm。无线电波一般使用三个频段:L 频段(902MHz~928MHz)、S 频段(2.4GHz~2.4835GHz)、C 频段(5.725GHz~5.85GHz)。S 频段也叫做工业科学医疗(Industry Science Medical,ISM)频段,该频段在不受美国通信委员会(Federal Communications Commission,FCC)的限制,大多数的无线产品使用该频段。

5.1.1　无线局域网的优点

1. 移动性

无线网络设置允许用户在任何时间、任何地点访问网络数据,不需要指定访问地点,用户可以在网络中漫游。移动性让用户在使用笔记本计算机、掌上计算机或数据采集器等设备的同时能自由的变换位置,这极大地方便了工作时需要不断移动位置的人员,如仓库管理员、司机等。而有线网络用户走动或离开网络终端时,就会失去与网络的连接。

在有线网络环境中,一旦电缆设施安装完成,当一个机构要搬到另外的一个地方的时候,需要重新安装电缆,这是一件很费时、费力、费财的工作。拥有无线局域网以后,在搬离的时候将无线局域网的接入点(Access Point,AP)从电源插座上拔下来,然后再到新地方的时候重新部署即可。虽然每到一个地方可能重新进行联网设置,但是要省事得多。

同时,无线网络的移动性能大幅度提高用户信息访问的及时性和有效性,提高工作效率。

2. 可靠性

有线网络中的线缆故障常常是网络故障的主要原因。例如,用户在连接和断开网络时,偶尔会意外地损坏连接器;线缆的断开或者扭曲等都可能会干扰用户的正常工作。使用无线网络技术由于没有线缆,就彻底避免了由于线缆造成地网络故障问题。

无线局域网采用直接序列扩展频谱系统(Direct Sequence Spread Spectrum System,DSSS)传输,并采用补偿编码键控调制等编码技术进行无线通信,具有强的抗射频干扰的特点。同时大部分的放大器和天线产品具有良好的接收灵敏度,能够保证可靠的无线传输。

3. 低成本

使用无线网络可以避免敷设线缆的高成本费用、租用线路的费用以及当设备需要移动而增加的相关费用,所以无线局域网可以极大地降低组网成本。

在物理布线困难的地方选择无线网络往往会节省大量费用。对于那些需要动态布网的环境,无线的方案可以省去大量的安装和布线费用;对于那些固定墙体或者老的建筑物来说,有线的方案难以实施,无线的方案不失为一种省钱、省力的方案。一些单位为了用物理连线将近距离内的设施连接起来,会需要大量的资金,此时无线方案将比敷设线缆或者租用线路更经济。

用户所处的地理环境可能无法进行有线网络的连接,如河流、高速公路、铁路或其他障碍物阻断了需要互连的建筑物,或者禁止对一些设施进行结构上的改变,不允许在墙上打洞等,此时,无线网络就成了最好的选择。

缩短布线时间。因为无线局域网无需施工许可、布线或开挖沟槽,安装时间少,所以会缩短布线时间,并使网络更快地投入使用。

由于无线技术是今后的网络发展方向,所以采用和标准完全兼容的无线网络将保护用户今后的投资。单位的重组或搬迁、楼层的重新布置以及办公区域的重新划分等,此时无线网络技术只需移动计算机就轻松完成了网络的重新安装。

然而,无线网络和有线网络二者之间是互补的关系,就像既需要听广播又需要看电视、在海底敷设光缆又要在太空放置卫星一样。

5.1.2 无线局域网的技术要求

无线局域网有许多技术上的专门要求,主要有下面几个方面。

(1)可靠性:无线局域网的信道误码率应尽可能低,否则,当误码率高而不能被纠错码纠正时,该错误分组将被重发,这样大量的重发分组会使网络的实际吞吐性能大大降低。根据实验数据表明,系统分组丢失率$\leq 10^{-5}$或误码率$\leq 10^{-8}$时才能保证较好的网络性能。

(2)保密性:无线局域网的数据经无线介质传输,所以必须有更高的通信保密性。可在不同层次采用措施来保证通信的安全性,如采用扩展频谱等技术,使盗听者难以从空中捕捉到有用信号;为防止不同局域网间干扰和数据泄漏,采用网络隔离或设置网络认证措施;在同一网中,设置严密的用户口令和认证措施,防止非法用户进入。另外,还可设置用户可选的数据加密方案,对传输数据进行加密处理。

(3)兼容性:无线局域网应尽可能与现有的有线网络兼容,这样现有的网络操作系统和网络软件才能在无线局域网上不加修改地正常运行。

(4)数据传输速率:为了满足局域网的业务环境,无线局域网至少应具备10Mb/s以上的数据传输速率。

(5)频段范围:在室内使用的无线局域网,应考虑电磁波对人体健康的损害及对其他电磁环境的影响。无线电管理部门需规定无线局域网的使用频段、反射功率及带外辐射等各项技术指标。

(6) 移动性:无线局域网中的站点可分为全移动站和半移动站两种。全移动站指在网络覆盖范围内移动状态下保持与网络的通信;半移动站指在网络覆盖范围内网中的站可自由移动,但在静止状态下才能通信。支持全移动站的网络称为全移动网络,支持半移动站的网络称为半移动网络。

(7) 节能性:由于无线局域网要面向移动设备,为节省移动设备内电池的消耗,网络应具有节能功能。即当某站不处于数据传输状态时,机内收/发信机要处于休眠状态,当要收/发数据时,再被激活。

(8) 小型化:这是无线局域网推广普及的重要因素。随着大规模集成电路,尤其是高性能、高集成度砷化镓微波单片集成电路技术的发展,将出现各种小型、低价格的无线局域网产品。

5.2 无线局域网的调制解调技术

在 WLAN 中,常用的调制解调方法有相对二相调制(DBPSK)、相对四相调制(DQPSK)、频移键控(FSK)、正交幅度调制(Quadrature Amplitude Modulation,QAM)、补偿编码键控(Complementary Code Keying,CCK)、分组二进制卷积编码(Packet Binary Convolutional Code,PBCC)、正交频分多路复用(Orthogonal Frequency Division Multiplexing,OFDM)等,这里主要分析 QAM、CCK、PBCC、OFDM 四种调制解调技术。

5.2.1 QAM

根据调相技术可知,增加载波调相的相位数可以提高信息传输速率,但同时也会使调制解调设备复杂、成本增加,误码率也会提高,所以提出了正交幅度调制技术。

QAM 是利用正交载波对两路信号分别进行双边带抑制载波调幅形成的,通常有二进制QAM(4QAM)、四进制 QAM(16QAM)、八进制 QAM(64QAM)等,对应的空间信号矢量端点图如图 5.1 所示,分别有 4、16、64 个矢量端点。QAM 的已调波可由每个正交通道上的调幅信号组合而成,矢量端点不在一个圆上。解调时,相邻的已调波矢量容易区分,误码率低,QAM是既调幅又调相的方式。

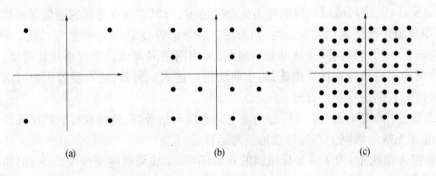

图 5.1 QAM 矢量端点图

(a) 4QAM;(b) 16QAM;(c) 64QAM。

QAM 信号的同相和正交分量可以独立地分别以 ASK 方式传输数字信号,如果两通道的基带信号分别为 $x(t)$ 和 $y(t)$,则 QAM 信号可表示为

$$\varphi_Q(t) = x(t)\cos\omega_0 t + y(t)\sin\omega_0 t$$

$$x(t) = \sum_{k=-\infty}^{\infty} x_k g(t - kT'_s)$$

$$y(t) = \sum_{k=-\infty}^{\infty} y_k g(t - kT'_s)$$

式中:T'_s 为多进制码元间隔。

为传输与检测方便,x_k 和 y_k 一般为双极性 m 进制码元,间隔相等,如取 ± 1、± 3、$\cdots$、$\pm(m-1)$,这样形成的 QAM 信号是多进制的。一般原始信号是二进制的,为了得到多进制的 QAM 信号,首先将二进制信号转换成 m 进制信号,然后进行正交调制,再相加。图 5.2(a) 为产生 m 进制 QAM 信号的原理图,$x''(t)$ 由二进制序列 a_i 组成,$y'(t)$ 由二进制序列 b_i 组成,a_i 与 b_i 相互独立,$i = 1, 2, \cdots, k$,经 2/m 变换器变为多进制的信号 $x(t)$ 和 $y(t)$。

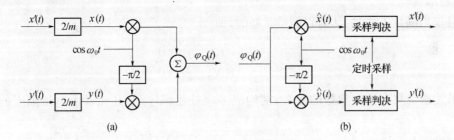

图 5.2 QAM 调制与解调过程

(a) 调制; (b) 解调。

图 5.2(b) 为 QAM 采用正交相干解调的过程。解调后输出的两路相互独立的多电平基带信号为 $\hat{x}(t)$ 和 $\hat{y}(t)$,由于 x_k 和 y_k 取值为 ± 1、± 3、$\cdots$、$\pm(m-1)$,所以判决电平应设在信号电平间隔的中点,取值为 ± 2、± 4、$\cdots$、$\pm(m-2)$。判决准则为

$$\hat{x}(t) = \begin{cases} 0, & x_k > V_T \\ 1, & x_k \leqslant V_T \end{cases}$$

$$\hat{y}(t) = \begin{cases} 0 & y_k > V_T \\ 1, & y_k \leqslant V_T \end{cases}$$

根据多进制和二进制的关系,经采样判决后可恢复出二进制码元。

QAM 的频带利用率比较高,在频带受限的情况下是一种很有发展前途的调制方法。

5.2.2 CCK 调制

CCK 调制是无线局域网标准 IEEE802.11b 中采用的一种先进的编码技术。补偿码的概念是 Marcel J.E.Golay 于 1951 年提出来的,也称补偿码序列。对于一对有两个元素组成的等长序列,如果对应位中相同码的个数和不相同码的个数相等,则这两个序列就是补偿码序列。如 1001010001 和 1000000110,对应位相同的是第 1、2、3、5、7 位,共 5 个;对应位不同的是第 4、6、8、9、10 位,共 5 个,所以是补偿码序列。二进制补偿码是由"−1"和"1"两个元素组成的

具有互补特性的序列。给定一对补偿码序列 a_i 和 b_i, $i = 1,2,\cdots,N$, N 为序列长度。它们对应的非周期自相关序列为 c_j 和 d_j:

$$c_j = \sum_{i=1}^{N-j} a_i a_{i+j}$$

$$d_j = \sum_{i=1}^{N-j} b_i b_{i+j}$$

并有互补性

$$c_j + d_j = \begin{cases} 0, & j \neq 0 \\ 2N, & j = 0 \end{cases}$$

若一个码组中有 K 个序列,则自相关序列为

$$r_j^k = \sum_{j=1}^{N-j} s_i^k (s_{i+j}^k)^*$$

式中: $*$ 表示共轭。

当且仅当满足下式时,认为它们是互补的,即

$$\sum_{k=1}^{K} r_j^k = \begin{cases} 0, & j \neq 0 \\ KN, & j = 0 \end{cases}$$

如果元素是具有相位参数的复数,则构成多项补偿码序列,其元素由单位幅度的复数组成,即

$$s_i^k(t) = p(t - iT) e^{j(\omega_0 t + \varphi_i)}$$

$$p(t) = \begin{cases} 1, & 0 \leqslant t \leqslant T \\ 0, & \text{其他} \end{cases}$$

IEEE802.11b 定义的 CCK 码组包含了四个相位 0、$\pi/2$、π、$-\pi/2$, 序列元素分别为 $\{1, -1, j, -j\}$。在无线数字通信中,多径会导致接收的信号具有多个反射,从而导致串扰,理论和实践表明补偿码具有优良的抗多径性能,这也是无线数字通信采用 CCK 的原因。

CCK 采用正交的复扩频码,码字由下式确定:

$$c = \{ e^{j(\varphi_1 + \varphi_2 + \varphi_3 + \varphi_4)}, e^{j(\varphi_1 + \varphi_3 + \varphi_4)}, e^{j(\varphi_1 + \varphi_2 + \varphi_4)}, -e^{j(\varphi_1 + \varphi_4)},$$
$$e^{j(\varphi_1 + \varphi_2 + \varphi_3)}, e^{j(\varphi_1 + \varphi_3)}, -e^{j(\varphi_1 + \varphi_2)}, e^{j\varphi_1} \}$$

式中:相位参数 $\varphi_i \in \{0, \pi/2, \pi, -\pi/2\}$, $i = 1,2,3,4$ 决定复数码字的相位值。

CCK 调制中的序列由复数平面上的 8 个数值组成,共有 65536 种可能性,从中选择出 256 种彼此正交的组合来映射 8 位一组的传输数据。8 个输入的比特进一步分 4 个双比特复数四相符号,其对应关系见表 5.1。这样就得到 8 个复数编码的波形,再串行送到 QPSK 调制器中进行调制。

表 5.1 输入数据与相位的对应关系

双比特	相位参数	双比特	相位参数
(d_1, d_0)	φ_1	(d_5, d_4)	φ_3
(d_3, d_2)	φ_2	(d_7, d_6)	φ_4

在 IEEE802.11b 标准中规定 11Mb/s 数据传输速率采用的 CCK 基本原理方框图如图 5.3 所示,输入的数据分成 8bit 一组,共有 256 个符号,速率为 $11/8 = 1.375$(MSymbol/s)(符号/秒)。

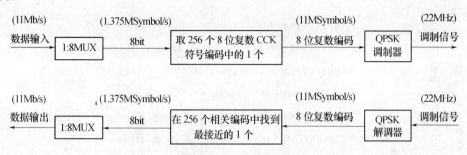

图 5.3　IEEE802.11b CCK 调制解调过程

5.2.3　PBCC 调制

PBCC 调制是 IEEE802.11b、802.11g 规定的可选调制方式。11Mb/s 时的 PBCC 原理如图 5.4 所示。

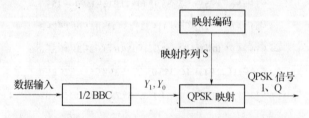

图 5.4　11Mb/s 数据传输率时的 PBCC 调制原理示意图

在 PBCC 调制时,经过扰码后的数据进行 BBC,然后映射到 BPSK 或 QPSK 调制的点群图上,映射规则由映射序列决定,最后再进行 BPSK 或 QPSK 调制。二进制卷积编码的生成矩阵为

$$G = [D^6 + D^4 + D^3 + D + 1, D^6 + D^5 + D^4 + D^3 + D^2 + 1]$$

生成矩阵还可以用八进制表示为 $G = [133175]$。BCC 编码器由 6 个寄存器组成,每输入一位,编码器生成 2 个位输出。网络中,数据是基于帧传输的,所以 BCC 编码器的初始状态是全零状态。在一帧数据结束时 BCC 编码器必须回到一个已知状态,以保证最后数据的可靠性。为了在帧数据结束时把 BCC 置于一个已知状态,在最后一位输入到卷积编码器时要求同时输入 6 个确定的位。具体过程是:发送端在每帧最后附加一个字节的 0,接收端再丢掉帧的最后一个字节的 0,这样 BCC 编码器的处理在帧的最后一位都能可靠地完成。

BCC 后的输出数据根据传输速率的不同再用不同的调制方式,5.5Mb/s 速率时采用 BP-SK 调制,11Mb/s 速率时采用 QPSK 调制。QPSK 调制时,BCC 输出的一对比特数据产生一个 QPSK 符号;BPSK 调制时,BCC 输出的一对比特先进行并串变换(Y_0 是第一位),然后生成两个 BPSK 符号。QPSK 调制一个符号的吞吐量是 BPSK 的 2 倍。

BCC 的输出到 BPSK 和 QPSK 点群图的映射由伪随机的映射序列决定,用于映射的伪随机序列由一个种子序列产生,16 位的种子序列是 0011001110001011,其用来产生 256 位的伪随机映射序列,用于决定当前 BBC 的输出数据与 PSK 符号的映射关系。256 位映射序列中的第一个 16 位与种子序列相同,第二个 16 位是种子序列向左循环移 3 位组成,第三个 16 位是由种子序列向左循环移 6 位组成,依次类推。如果 c_i 是种子序列的第 i 位,那么其产生的映射序列按行排列为

$$c_0 c_1 c_2 c_3 c_4 c_5 c_6 c_7 c_8 c_9 c_{10} c_{11} c_{12} c_{13} c_{14} c_{15}$$
$$c_3 c_4 c_5 c_6 c_7 c_8 c_9 c_{10} c_{11} c_{12} c_{13} c_{14} c_{15} c_0 c_1 c_2$$
$$c_6 c_7 c_8 c_9 c_{10} c_{11} c_{12} c_{13} c_{14} c_{15} c_0 c_1 c_2 c_3 c_4 c_5$$
$$c_9 c_{10} c_{11} c_{12} c_{13} c_{14} c_{15} c_0 c_1 c_2 c_3 c_4 c_5 c_6 c_7 c_8$$
$$c_{12} c_{13} c_{14} c_{15} c_0 c_1 c_2 c_3 c_4 c_5 c_6 c_7 c_8 c_9 c_{10} c_{11}$$
$$c_{15} c_0 c_1 c_2 c_3 c_4 c_5 c_6 c_7 c_8 c_9 c_{10} c_{11} c_{12} c_{13} c_{14}$$
$$c_2 c_3 c_4 c_5 c_6 c_7 c_8 c_9 c_{10} c_{11} c_{12} c_{13} c_{14} c_{15} c_0 c_1$$
$$c_5 c_6 c_7 c_8 c_9 c_{10} c_{11} c_{12} c_{13} c_{14} c_{15} c_0 c_1 c_2 c_3 c_4$$
$$c_8 c_9 c_{10} c_{11} c_{12} c_{13} c_{14} c_{15} c_0 c_1 c_2 c_3 c_4 c_5 c_6 c_7$$
$$c_{11} c_{12} c_{13} c_{14} c_{15} c_0 c_1 c_2 c_3 c_4 c_5 c_6 c_7 c_8 c_9 c_{10}$$
$$c_{14} c_{15} c_0 c_1 c_2 c_3 c_4 c_5 c_6 c_7 c_8 c_9 c_{10} c_{11} c_{12} c_{13}$$
$$c_1 c_2 c_3 c_4 c_5 c_6 c_7 c_8 c_9 c_{10} c_{11} c_{12} c_{13} c_{14} c_{15} c_0$$
$$c_4 c_5 c_6 c_7 c_8 c_9 c_{10} c_{11} c_{12} c_{13} c_{14} c_{15} c_0 c_1 c_2 c_3$$
$$c_7 c_8 c_9 c_{10} c_{11} c_{12} c_{13} c_{14} c_{15} c_0 c_1 c_2 c_3 c_4 c_5 c_6$$
$$c_{10} c_{11} c_{12} c_{13} c_{14} c_{15} c_0 c_1 c_2 c_3 c_4 c_5 c_6 c_7 c_8 c_9$$
$$c_{13} c_{14} c_{15} c_0 c_1 c_2 c_3 c_4 c_5 c_6 c_7 c_8 c_9 c_{10} c_{11} c_{12}$$

5.2.4 OFDM 调制

在 IEEE802.11a、802.11g 中使用的编码技术叫 OFDM 技术,这是一种多载波传输技术,其特点是把窄带信号分割成频率较低的多个正交的子载波在信道上并行传输。由于它的正交性,OFDM 信号可由多个子载波信号重叠并行传输而不相互干扰。OFDM 比非正交的多载波频分复用技术的带宽利用效率高很多,这种传输方式具有一定的抗多径干扰能力,同时又能保持高的频率效益。每个子载波的频点都必须和相邻载波的零点重叠才能维持正交的关系,这重叠的带宽正是 OFDM 添加的频谱效益的原因之一,OFDM 编码、解码过程如图 5.5 所示。

图 5.5 OFDM 编码、解码过程

OFDM 载波间隔一般取符号周期 T_s 的倒数,当每个子信道的符号由矩形时间脉冲组成时,每个调制载波的频谱为 $(\sin x)/x$ 形状,其峰值相应于所有其他载波的频谱中的零点。

OFDM 是采用多载波并传体制,通过多载波的并行传输将每个码同时传输来代替通常的串行脉冲序列传送,有效地防止了因频率选择性衰落而造成的码间干扰。

5.3 扩频通信技术

5.3.1 扩频通信的基本概念

扩频通信(Spread Spectrum Communication)是一种信息传输方式,其将待传送的信息数据用伪随机编码调制,实现频谱扩展后再传输,接收端采用同样的编码进行解调及相关处理,恢复出原始信息数据。显然,这种通信方式与一般常见的窄带通信方式相反,是在扩展频谱后,宽带通信,再相关处理恢复成窄带后解调数据。

为什么要采用扩频通信的方式呢? 其基本理论基础来源于信息论和抗干扰理论。

在信息论中关于信息容量的香农(Shannon)公式为

$$R = B\log_2(1 + S/N)$$

式中: R 为信道容量; B 为信号频带宽度; S/N 为信噪比。

该式说明:当信道容量 R 不变时,信号带宽和信噪比是可以互换的,即信噪比较低的情况下,增加信号的带宽仍可以保证较好信道容量,宽带系统具有更好的抗干扰性。因此,当信噪比太小,不能保证通信质量时,可采用宽带系统,也就是增加带宽来提高信道容量,以改善通信质量。

柯捷尔尼可夫关于信息传输差错概率的公式为

$$P_e \approx f(E_b/n_0)$$

式中: P_e 为差错概率; E_b 为信号能量; n_0 为噪声功率谱密度。

而信号功率 $S = E_b/T$(T 为信息持续时间),信息带宽 $B = 1/T$,噪声功率为 N,传输信号的带宽为 W,所以有

$$P_e \approx f(E_b/n_0) = f\left(\frac{S/B}{N/W}\right) = f\left(\frac{S}{N}G_p\right)$$

式中: $G_p = W/B$,称为扩频通信的处理增益,表示传输信号的带宽与原始信号带宽的比值,是扩频通信的重要参数,反映扩频通信的扩频能力。

上式说明:对于一定带宽 B 的信息而言,用 G_p 值较大的宽带信号传输,可以提高通信的抗干扰能力。当信噪比 S/N 很小时,只要 G_p 足够大,仍可以保证一定的差错率。

从此可以看出采用扩频通信技术是为了提高系统的抗干扰能力,除此之外还有其他优点,综述如下:

(1) 利于重复使用频率,提高频谱利用率。无线频谱资源十分宝贵,扩频通信发送功率低,且可以工作在强噪声环境中,易于同一地区使用同一频率。

(2) 抗干扰能力强,误码率低。

(3) 保密性好。由于扩频信号在相对较宽的频带上被展开,单位频带的功率很小,信号淹没在噪声里,一般不易发现,想进一步检测信号的参数就更困难,所以保密性好。

(4) 可实现码分多址(CDMA)。扩频通信中采用扩频码序列的扩频调制,在分配给不同用户码型的情况下可以区分出不同用户的信号,这样,可以在同一频带上有多对用户同时通话而互不干扰。

(5) 抗多径干扰。多径干扰是无线通信中的难题之一,扩频通信中利用扩频码的自相关特性,在接收端从多径信号中分离提取最强的有用信号,或把多个路径的同一码序列的波形相加合成,均能起到抗多径干扰的作用,实际上也起到频率分集的作用。

(6) 可以精确定时和测距。在扩频通信中若扩展的频率很宽,则扩频码速率很高,每个码片占用的时间就很短,当发射出的扩频信号遇被测物体反射回来后,在接收端解调出扩频码序列,然后比较两个码序列的相位之差,就可以精确测量出扩频信号往返的时间,从而计算出二者的距离。码片越窄,扩展频谱越宽,精度越高。

扩频通信系统的基本工作方式主要有以下四种:

(1) 直接序列扩频(DSSS)工作方式,或称直扩方式。直接用具有高码率的扩频码序列扩展发送信号的频谱,在接收端用相同的扩频序列进行解扩,把展开的扩频信号恢复成原始信号。这种方式实现扩频方便,是用的较多、较典型的一种。

(2) 跳变频率(Frequency Hopping, FH)工作方式,或称跳频方式。其实际上是用一定码序列进行选择的多频率移频键控技术,用扩频码序列进行移频键控调制,使载波频率不断改变。简单的移频键控只有两个频率,而扩频系统有多个、几十个、甚至上千个频率。扩展频带由整个频率合成器生成的最小频率间隔和频率间隔数目决定。跳频速度由信号种类、信息数据速率、纠错方法等决定,一般有高速跳频、中速跳频、低速跳频之分。

(3) 跳变时间(Time Hopping, TH)工作方式,或称跳时方式。把时间轴分成许多时间片,在哪个时间片发射信号由扩频码序列决定。即让发射信号在时间轴上跳变,相当于用一定码序列进行选择的多时间片的时移键控。这种工作方式允许在随机时分多址通信中,发射机和接收机使用同一天线。实际中,单独使用这种方式的比较少。

(4) 宽带线性调频(Chirp Modulation)工作方式,或称 Chirp 方式。若在发射的射频脉冲信号的一个周期内,载频的频率作线性变化,则称为线性调频。该工作方式的频率在较宽的范围内变化,所以称为宽带线性调频。其过去是用于雷达测距的一种工作方式,也有用于通信中克服多普勒效应的影响。

上述四种基本方式中最常用的是直扩方式和跳频方式。在实际通信系统中,采用单一的方式不能达到希望的性能时,往往采用两种及其以上的混合方式,如 DSSS/FH、DSSS/TH、DSSS/FH/TH 等。

5.3.2 直接序列扩频

直接序列扩频系统的组成框图如图 5.6 所示。将要发送带宽为 B 的窄带信息利用某一载波调制,得到中心频率为 f_0 的中频带宽的调制信号,再对之进行扩频调制。常用的一种扩频的方法是用一高码率 f_c 的伪随机码序列对窄带信号进行二相移相调制,要求 $f_c \gg f_0 > B$。这样就可以得到带宽为 $2f_c$ 的载波抑制的宽带信号,最后将这一宽带信号送到发射机中对射频进行调制后用天线发送出去。

接收机接收到宽带信号后进行解扩处理(即扩频调制的逆过程),采用与发送端完全相同的伪随机码序列,得到中心频率为 f_0 的中频带宽信号。若接收信号中含有噪声,其一般为窄带信号,同时被解扩处理后,但噪声的带宽反被展开了,所以利用一滤波器就可将被带宽展开噪声滤掉。滤波后的中频带宽信号再通过解调就可恢复成原来的发送信号。

从直接序列扩频的发射与接收过程可以看出噪声的去除处理,反映了其抗干扰的缘由。

直接序列扩频通信的主要特点是扩频调制和解扩处理。扩频调制采用高速率的 PN 码脉

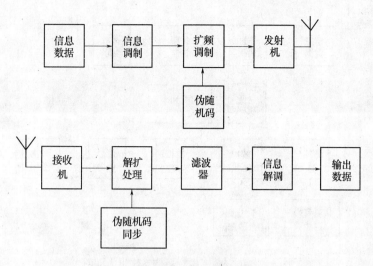

图 5.6 直接列扩频系统的组成框图

冲序列和二相移相键控(BPSK)来调制,输入信号和 PN 码在平衡调制器调制后输出频带展开的信号,其中的 BPSK 还可以采用 QPSK、MSK 调制方法来代替。

解扩一般采用相关检测和匹配滤波的方法实现。相关检测就是在接收端产生一个相同的信号,用它与接收信号对比,进行相关运算,相关函数最大的信号最可能是所要的有用信号。检测到有用信号后,在平衡调制器中再一次进行二相移相调制。采用与信号相匹配的滤波器,在多种信号或干扰中把与之匹配的信号检测出来。相关检测需要在接收端产生 PN 码序列,技术上很不方便;匹配滤波器制作上有一定难度,工艺要求严。

同步是数字通信顺利进行的基本要求,扩频通信系统若要进行正常通信,收/发两端必须实现信息码元同步、PN 码码元和序列同步、射频载频同步等。其中最主要的同步就是保证本地产生的 PN 码与接收信号中的 PN 码在频率上相同、相位上一致。

直接序列扩频通信同步系统的同步过程包括初始捕捉和跟踪两个阶段。

(1)捕捉阶段:接收机起初并不了解发送端是否发送了信号,所以需要有一个捕捉过程,在一定的频率和时间范围内搜索有用的信号。具体来说,就是对接收端的本地信号与接收的信号进行相关处理,相似性度量与阈值相比较,判断是否捕捉的是有用信号,如果是,则开始跟踪,否则重新捕捉。其中常用的捕捉方法有滑动相关法和序列估值法。

(2)跟踪阶段:捕获到有用信号,无论什么原因引起收/发两端 PN 码的频率和相位发生偏移,跟踪能根据误差大小进行自动调整以减少误差,跟踪多采用锁相技术进行。

5.3.3 跳变频率扩频

跳变频率扩频通信系统组成如图 5.7 所示。其主要为了抗干扰和防止截获而提出来的,实际上是一个瞬时窄带通信系统,通信中载波频率在一个宽带范围内不断改变,所以宏观上其为一个宽带通信系统,具有扩展频谱的效果。通信中载波频率变化的规律,即跳变频率序列,称为跳变图案。其随机性越大,抗干扰能力就越强。这取决于跳变带宽、跳变频率的数目、跳变速率、跳变码的长度等因素。

如何产生跳变信号和接收跳变信号呢? 为了得到载波频率是跳变的跳变信号,要求主振荡器的频率能按照控制指令而改变,这种产生跳变信号的装置叫做跳变器,其主要有可变频

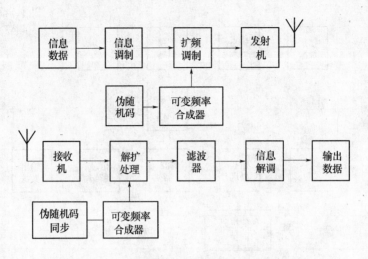

图 5.7 跳变频率扩频通信系统组成框图

率合成器和跳频指令（伪随机码）发生器构成的。跳变信号的接收过程与定频相似，定频接收中一般采用超外差方式，即接收机本地振荡器的频率与接收信号的载波频率相差一个中频，经混频后产生一个固定的中频信号，再通过中频滤波进入解调器。为保证混频后获得中频信号，要求频率合成器的输出频率要比外来信号高出一个中频。因为外来信号的载波频率是跳变的，所以本地频率合成器输出的频率也要随之跳变，这样才能通过混频获得一个固定的中频信号。

跳频同步是跳频系统的核心技术，其包括跳变的频率序列(跳频图案)相同、跳变的起止时刻(相位)相同，收发端的跳变频率在接收端产生固定的中频信号，传送数据时还应保持帧同步、位同步。

跳频同步信息的基本传递方法有以下三种：

(1) 独立信道法：利用一个专门的信道传送同步信息，这需要专门的信道，有时系统无法提供；

(2) 同步字头法：在跳频通信前，选定一个频道或多个频道先传送携带同步信息的码字，接收端按同步信息码字进行时钟校准和跳频；

(3) 自同步法：将同步信息隐含在发送的数字信息中，在接收端提取同步信息，这无须专门的信道和同步码字。

除了根据传送的同步信息接收端完成同步功能外，还可以采用参考时钟的方法进行同步，具体实现方法是在跳频通信网络中设置一个参考时钟站点，播发高精度的时钟信息，网络内的其他站点依照此标准时钟控制收/发的同步定时，以达到同步的目的。

这些方法各有特点，实际中常将几种方法结合起来使用。

5.4 无线局域网协议

笔记本计算机的出现促进了各种无线局域网的发展，但起初这些局域网相互不兼容，于是 IEEE 委员会开始起草无线局域网标准，此标准称为 802.11，俗称 Wi-Fi（Wireless Fidelity），Wi-Fi 是由无线以太网兼容性联盟（Wireless Ethernet Compatibility Alliance，WECA）所创造的品牌名称。

802.11 在数据链路层上与以太网兼容,尤其是在无线局域网上发送 IP 包和在有线网上一样。但物理层和数据链路层与以太网有内在的不同:

(1) 以太网上的计算机一直侦听介质,如空闲马上发送。无线局域网则不能这样,例如,B在 A、C 的通信范围内,但 C、A 不在相互的通信范围内,A 正与 B 通信,C 要向 B 发送,它无法侦听到介质忙而发送,结果不成功。802.11 必须解决这些问题。

(2) 必须解决遇到固体物体无线电信号的多次反射,从而造成的多次接收的相互干扰问题。

(3) 大量的软件系统不兼容移动问题。

(4) 正上网的笔记本计算机从一个基站移到另一个不同的基站范围,需要研究脱离原基站的方法。

起初的无线局域网标准的数据率为 1Mb/s 和 2Mb/s,1999 年发布了两个新的标准:802.11a 标准采用了宽频带 5GHz,速度达 54Mb/s;802.11b 标准的频带为 2.4GHz,但采用了不同的调制技术,速度达 11Mb/s,于是原来的 802.11 被淘汰了。802.11a 标准不仅将带宽从11Mb/s 增加到了 54Mb/s,又工作在 5GHz 频段,避免了严重的干扰。在较高的频率上进行传输缩短了覆盖范围半径,同时也导致信号穿越墙壁的能力也有所减弱,因而减少了外部侦听网络的可能性。

然而,存在的问题是基于 802.11a 的无线局域网设备出现时,802.11b 已经得到了广泛的认可,二者之间无法实现向后兼容。因此升级到 802.11a 将会需要新的访问点设备和网络接口卡,这种情况制约了 WLAN 的推广应用。于是业界致力于开发 802.11g 标准。2003 年,新的 802.11g 标准在 802.11b 标准上做了修订,从而在 2.4G 频段上兼容 802.11b,并可以提供高达 54Mb/s 的传输速率,进一步拓展了无线应用的灵活性。

如图 5.8 所示,无线局域网包括有基站的结构和无基站的结构两种。

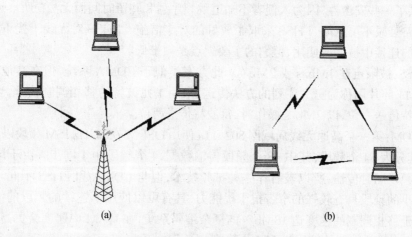

图 5.8　无线局域网的结构
(a) 有基站的 WLAN; (b) 无基站的 WLAN。

802.11 的物理层与 OSI 物理层是一致的,但是数据链路层被分为两个或两个以上的子层。在 802.11 中,介质访问控制(MAC)子层决定如何分配信道,决定下一个发送信息的站点,逻辑链路控制(LLC)子层用来屏蔽 802 不同系列 MAC 的不同,使之对网络层来说是无差别的。

5.4.1 802.11 物理层

1997 年,802.11 标准在物理层确定了三种传送技术,其中红外方法用的与电视遥控相同的技术,另外两种方法使用了短距离无线电中的 FHSS(Frequency Hopping Spread Spectrum)和 DSSS 技术。这两种方法都使用一部分不需要无线电管理部门许可证的频谱资源(2.4GHz ISM 频段)。由于无线控制门的开关、无绳电话和微波炉也要使用这一频段,所以笔记本计算机会与之发生冲突,但这些技术均在 1Mb/s 或 2Mb/s 和足够低的电源下工作,冲突不会太多。1999 年,引入了 OFDM 和 HRDSSS 两种新技术来使用更高的带宽,数据率分别达到 54Mb/s 和 11Mb/s。2001 年,又引入了另一种 OFDM 调制,使用不同于前边的 OFDM 的频段。

上述五种无线传输方法都可以将一个 MAC 帧从一个站送到另一个站,然而它们使用的技术和实现的速度不同。

(1) 红外方法:红外方法一般使用 $0.85\mu m$ 和或 $0.95\mu m$ 的发射光,数据率为 1Mb/s 和 2Mb/s。数据率为 1Mb/s 时,系统采用的编码方案是将 4 位码编成 16 位码,16 位码中有 15 个 0 和 1 个 1,这种编码叫做格雷码(Gray Code)。其特点是输出时少量的时间同步错误只会导致一位错误。数据率为 2Mb/s 时,采用的编码方案是将 2 位码编成 4 位码,4 位编码中只有 1 个 1,它们是 0001、0010、0100 或 1000。因为红外线不能穿透墙,所以在不同的房间内通信小组信元之间是互不影响的,然而,由于它频带很低(太阳光就可以淹没红外信号),所以限制了它的使用。

(2) FHSS:使用了 79 信道,每个信道带宽 1MHz,从 2.4GHz ISM 频段的低端开始。伪随机数生成器是用来生成跳频序列,当所有的站点都使用相同的基数来产生伪随机数且保持同步时,这些站点将同时跳到相同的频率,花费在每个频率的时间,即驻留时间是一个可调整参数,但必须小于 400ms。FHSS 的随机性为不规则的 ISM 频段的分配频谱提供了一个公平的方法,且提供了一些安全性,因为入侵者不知道跳频序列和驻留时间而无法窃听。远距离传输时信号的多路衰减不可忽略,FHSS 采取了较好的对应措施。FHSS 对无线干扰不敏感,这使其在楼与楼的连接中被普遍使用,但它的主要缺点是频带低。

(3) DSSS:被限定在 1Mb/s 或 2Mb/s。此方案类似于 CDMA 系统,但在其他方面不同。每一位作为 11 碎片用称为劈分序列的方法传送,采用 1 兆波特的移相调制技术,当以 1Mb/s 操作时每波特传送一位,以 2Mb/s 操作时,每波特传送两位。

(4) OFDM:第一个高速无线局域网 802.11a 使用 OFDM 在 5GHz ISM 频段以 54Mb/s 的速率传输,其分为 54 个频段,其中 48 个频段传输数据,4 个频段用于同步。由于该技术在同一时间多个频段同时传输,所以被看作一种扩频技术,但与 CDMA 和 FHSS 不同。将单个频段分成若干小的频段具有较强的窄带抗干扰能力,具有可以使用不连续的频段的优点。该技术采用了基于移相调制的速度达 18Mb/s 的复杂编码系统,在 QAM 中速度会更高,数据率为 54Mb/s 时,216 位的数据被编码为 288 位数据。

(5) HR - DSSS:可以用 11000000 chip/s 在 2.4GHz 频段完成 11Mb/s 的数据传输。802.11b 标准一经批准就进入市场,它所支持的速率是 1Mb/s、2Mb/s、5.5Mb/s 和 11Mb/s。两个较慢的速度在 1M 波特下使用移相调制(兼容 DSSS)分别以每波特 1 位或 2 位运行,两个较快速度在 1.375M 波特下分别以每波特 4 位或 8 位运行,采用的编码是 Walsh/Hadamard 码。这些速率可动态调整,以达到在当前负载和噪声下最佳速度,实际应用中 802.11b 的速度一般为 11Mb/s。

5.4.2 802.11 MAC 子层协议

802.11MAC 子层与以太网有着很大的不同。在以太网,一个站只需要等到介质闲便可以开始发送,如果它没有在前 64B 收到返回的阻塞信号,帧基本传输成功,但在无线上却没有把握。

首先,有站隐藏问题,当所有的站点不全在相互之间无线范围内时,组内部分站点发送的信息另一部分站点接收不到(图 5.9(a)),站点 C 给站点 B 传送,如果站点 A 在检测信道,将听不到任何传送的信息,于是它会错误的认为现在可以开始向站点 B 发送。

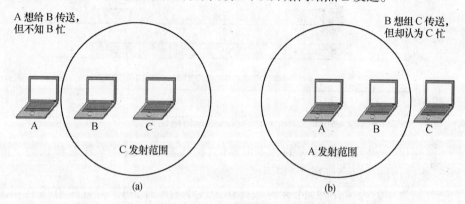

图 5.9 站隐藏与站曝露问题

还有另一个相反的问题,那就是站曝露问题。如图 5.9(b)所示,站点 B 想向站点 C 传送,所以站点 B 在检测信道,当它听到有传送时,错误的认为不可以向站点 C 发送,即使是站点 A 可能向站点 D 发送(图中未标出站点 D)。另外,许多无线传输是半双工的,在单一频率下不能同时传送和检测阻塞噪声,所以,802.11 不能像以太网那样使用 CSMA/CD。

为了解决这些问题,802.11 支持两种操作模式:一种是 DCF(Distributed Coordination Function),不需要任何的集中控制(与以太网相似);另一种是 PCF(Point Coordination Function),利用基站来控制组内的所有活动。所有的实现必须支持 DCF,但 PCF 是可选的。

1. DCF 模式

采用 DCF 模式时,802.11 使用 CSMA/CA 协议,其支持物理信道检测方法,也支持虚拟信道检测方法。在第一种方法中,若站点想要发送,则检测信道,如果信道空闲,立即开始传送,在发送过程中不检测信道,但发送的整个帧可能在接收端被干扰破坏了;如果信道忙的,延时等到信道闲时开始发送。有冲突发生,则冲突站点将使用以太网的二进制指数退避算法等待一随机时间后重试。

CAMA/CA 的其他操作模式是基于 MACAW 的且使用虚拟信道检测,如图 5.9 所示,站点 A 想向站点 B 发送,站点 C 是站点 A 传输范围的一个站,站点 D 是站点 B 传输范围但不在站点 A 传输范围的一个站。

协议开始时站点 A 决定给站点 B 发送数据,站点 A 先向站点 B 发送一个 RTS 帧请求发送数据帧,站点 B 收到请求后将向站点 A 返送一个 CTS 帧作为确定的应答,站点 A 收到 CTS 后,开始向站点 B 发送帧并启动 ACK 计时器。正确收到数据帧后,站点 B 用 ACK 帧响应站点 A,结束数据交换。如果在收到 ACK 响应帧以前站点 A 的 ACK 计时器超时,整个协议重来。

现在从站点 C 和站点 D 的角度来考虑上述交换过程,站点 C 在站点 A 的传输范围内,可能收到 RTS 帧,如果收到,它认为有站点在要传送数据,所以好的办法是在交换完成前站点 C 要终止传送。根据 RTS 中的信息,站点 C 可以判断包括最后一个 ACK 在内的传送需要的时间,因此站点 C 为自己生命一个虚拟通道忙的信号,在图 5.10 中用 NAV(Network Allocation Vector)表示。站点 D 听不到 RTS,但能听到 CTS,所以它也需要为自己要一个 NAV 信号,NAV 信号是不被传送的,它仅仅是内部提示在一定时间内保持安静。

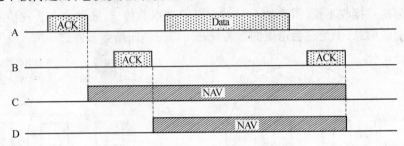

图 5.10   CSMA/CA 虚拟信道检测

同有线网相比,无线网是有噪声的和不可靠的,帧传输成功的概率随着帧长而下降,如果一个帧太长,正确传输的机会则减少,很可能需重传。

为了处理信道中的噪声,802.11 允许帧被切为很小的碎片,每个碎片带有检验和,这些碎片被单独编号,并使用停止—等待协议确认(发送站不可以发送碎片 $k+1$ 直到接收到碎片 k 的确认)。被成行发送(图 5.11),碎片序列被称为碎片串(Fragment Burst)。

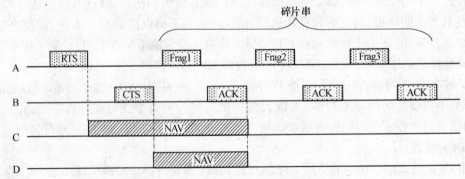

图 5.11   碎片串

通过限制错误碎片的重发提高碎片的吞吐量,标准中没有固定碎片的大小,但它是每个通信单元的参数,可以由基站调节。NAV 机制将保持其他的站点停止直到下一个确认信号传完,但另一机制允许一个整体的碎片串无干扰地发送。

2．PCF 模式

PCF 模式中,基站轮询其他站看它们是否有帧要发送,由于发送顺序完全在基站控制下进行,就不会再有冲突发生。这种标准规定了轮询的机制,但轮询的频率、次序、是否所有的站点都得到相同的服务没有规定。

基站的基本运行机制是周期性地广播标志帧(10 次/s～100 次/s)。标志帧中包含跳频次序、暂停延时(用于 FHSS)、同步时钟等系统参数。这种机制同时邀请新的站点预约轮询服务。一旦站点以某一速率预约上轮询服务,保证它拥有一定的有效带宽,给予它服务质

110

量的保证。

电池寿命一直是无线移动通信设备的一个关键问题,802.11注重电源管理,基站可以指定移动站点进入休眠状态,直到被基站或用户唤醒。

PCF和DCF可以共存于一个通信单元中。中央控制和分布式控制同时运行起初看起来是不可能的,但是802.11提供了实现这一目的的办法。这种办法详细定义了帧间时间间隔,一帧发送之后,其他站发送帧之前,空留一定量的暂停时间。定义了四种的时间间隔(图5.12),每一个都有特定的用途。

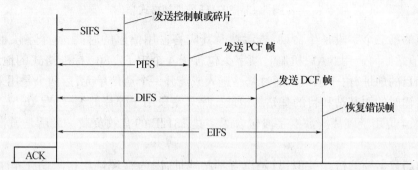

图 5.12　802.11 帧间时间间隔

最短的间隔是 SIFS(Short InterFrame Spacing),它通常允许简单对话的参与者有机会进行,包括接收端发送 CTS 来响应 RTS、接收端为碎片或整个数据帧发送 ACK、碎片串的发送端不必再发 RTS 来传输下一个碎片。

在一个 SIFS 间隔后,通常正好有一个站可以响应。如果它没有响应,形成了一次 PIFS 间隔(PCF 帧间间隔),基站可以发送一个标志帧或轮询帧。这一机制允许站点发送数据帧或发送碎片序列以完成整个帧,且不需要其他任何方式。但给基站一个机会:当先前的发送者发送时获取信道,不用和其他的用户竞争。

如果基站没有发信号,接着形成一次 DIFS 间隔(DCF 帧间间隔),任何站可以获取信道发送新的帧。通常采用冲突规则,如果冲突发生,需要采用二进制指数退避方法。

最后的时间间隔为 EIFS 间隔(扩展的帧间间隔),仅被用于站正好收到坏的或未知的帧时报告坏帧。给这一情况最低的优先级是因为接收端可能不知道正在进行的什么,它应该等待一个必要的时间以避免两个正在进行对话的站点之间的干扰。

5.4.3　802.11 帧格式

802.11 标准定义了三种不同的帧:数据帧、控制帧和管理帧。每种帧包含有用于 MAC 子层的一些字段的头。

802.11 数据帧的格式如图 5.13 所示。首先是帧的控制字段,包含 11 部分。其中第一部分是协议版本,它允许两种版本协议在同一时间、同一通信单元运行;接着是帧类型(如数据帧、控制帧或管理帧)和子类型(如 RTS 或 CTS);TD 位表示该帧是发送到其他通信单元;FD 位表示该帧是来自其他通信单元;MF 位表示更多的碎片将要传输;RT 位标记重发先前的帧;PW 位表示基站将接收端置为休眠状态还是退出休眠状态;M 位表示是否发送端还有帧发向接收端;W 位帧体是否使用了 WEP(Wired Equivalent Privacy)算法加密;O 位告诉接收端帧序列是否必须严格按顺序处理。

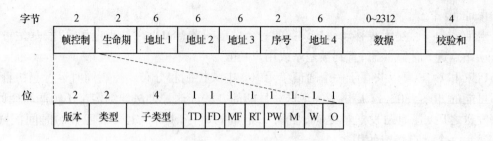

图 5.13　802.11 数据帧格式

数据帧的第二个字段是生命期,告诉帧及其应答占用信道的时间,这个字段也用于控制帧,说明其他站如何运用 NAV 机制。帧字头包含了 4 个 IEEE 802 标准格式的地址,前两个是源地址和目的地址;由于帧可以通过基站进入或离开一个通信单元,后两个是用来表示通信单元之间传输时的源基站和目的基站的地址。序号字段用于碎片的编号,有 16 位,其中 12 位用于识别帧,4 位用于碎片。数据字段包含了多达 2312B 的有效负载。最后是通常的校验和字段。

管理帧与数据帧的格式类似,只是没有基站地址,因为管理帧严格限制在单个通信单元内。控制帧更短,只有一个或两个地址,没有数据字段,没有序号字段,这里的关键信息是子类型字段,通常是 RTS、CTS 或 ACK。

5.4.4　802.11 服务

802.11 标准规定每个无线局域网必须提供 9 种服务。这些服务分为两类:5 种分布服务和 4 种站点服务。前者是用于通信单元成员资格管理和通信单元外部站点的交互,后者用于通信单元内部的活动。

5 种分布服务由基站提供,处理移动站加入或离开通信单元,将移动站同基站相连或分离。具体说明如下:

(1) 建立连接:此服务器用于移动站与基站的连接。典型应用是移动站进入基站的无线范围内时,声明自己的身份和容量,容量包括支持的数据传输速率、PCF 服务需求(如轮询)和电源管理需求。基站可以接受或拒绝移动站,如果移动站被接受,其自身必须认证。

(2) 拆除连接:移动站点或基站都可以拆除连接,断开之间的联系。移动站在关闭电源或离开之前使用此服务,基站在进入保持状态前也可以使用此服务。

(3) 重新连接:移动站可以采用此服务改换以前的基站,这种功能用于移动站从一个通信单元移到另一个通信单元。如果使用正确,就不会有数据在移交时丢失。

(4) 分布:此服务决定如何选择路由将帧发送给基站,如果其目的站是基站的本地移动站,则帧直接发送即可;否则,帧被发送到有线网络。

(5) 综合:如果一个帧需要通过的不同寻址方式或帧格式的非 802.11 网络传输,此服务将 802.11 格式转换为目的网络的格式。

剩下的 4 种服务用于通信单元内部,这类服务用于连接建立之后,具体如下所述:

(1) 认证:由于无线通信信息很容易被未认证的站点发送和接收,所以站必须在发送数据前经过认证。移动站和基站建立连接后(被接受进入通信单元),基站发送一个质询帧看移动站是否知道分配给它的密钥,移动站通过解密质询帧并发送给基站来提供密钥信息。若结果是正确的,移动站完全在通信单元内注册。在最初的标准中基站不需向移动站提供它的身份,但这个缺点正在纠正中。

(2) 脱离验证：当先前验证过的站点要离开网络时需要脱离验证,脱离验证后,移动站不能再使用网络。

(3) 保密服务：在无线局域网中传输信息必须加密。

(4) 数据提交：即数据传输,802.11 提供了数据发送和接收的方法,由于 802.11 模仿以太网,在以太网上传输不能保证 100% 的可靠,在 802.11 上传输也不能保证 100% 的可靠,所以高层协议必须发现和纠正错误。

5.5　宽带无线

1999 年 7 月 IEEE 建立了一个委员会起草宽带无线标准 802.16, 2002 年 4 月结束,正式标准名称是"固定宽带无线访问系统的空中接口",也称为无线城域网。对于宽带无线通信,不用 802.11 的原因是由于 802.11 和 802.16 解决的问题不同。

802.11 和 802.16 的操作环境在某种程度上是相似的,都是为提供宽带无线通信而设计的。但在一些主要方面二者不同：首先,802.16 为建筑物提供服务,而建筑物不是移动的,不会经常从一个通信单元移到另一个通信单元;802.11 处理的是移动的站点,这些站点与所处的位置不相关。其次,建筑物内不止一台计算机,会出现终端站仅是一台笔记本计算机时没有的复杂问题,因为建筑物所有者一般比笔记本计算机持有者更愿意在通信设施上花更多的钱,需要更好的无线通信。这些不同意味着 802.16 可以采用全双工通信,而 802.11 为保持通信的低成本避免采用全双工通信。

由于 802.16 运行在城市的局部地区,通信距离有几千米,这表明基站接收到的能量一个站和一个站不同。这种不同影响到信噪比,这需要多级调制方法。并且,城市里开放的通信表明安全和保密是基本的和强制性的。另外,每个通信单元的用户数量要比 802.11 多,需要的带宽也比一般 802.11 多。802.16 工作在 10GHz～66GHz 的高频范围,这是唯一未被使用的频谱段。但是这些毫米波具有与 ISM 波段长波不同的物理特性,其需要完全不同的物理层。毫米波的一个特性是其易被水吸收(尤其是雨,某种程度上还有雪、冰雹,甚至浓雾),所以,差错控制更重要。毫米波能够聚集成有方向的波束(802.11 是全方向的),所以 802.11 选用的多通道传播在此无意义。

另一个问题是服务质量。802.11 支持一些实时传输(采用 PCF 模式),可是其不是为话音和重负载的多媒体传输而设计的;相反,802.16 完全支持这些应用,其将居民用户和企业用户一样考虑。

5.5.1　802.16 协议

802.16 协议栈如图 5.14 所示,通常它的结构与其他 802 网络相似,但多了几个子层。最低的子层是用于传输的,采用传统的调制窄带无线电传输。物理层中的传输汇聚子层用来屏蔽数据链路层的不同技术。

虽然图中没有表示出来,但增加了两个新的物理层协议：802.16a 标准支持 2GHz～11GHz 频率范围的 OFDM,802.16b 标准工作在 5GHz 的 ISM 频段,二者的目的是为了靠近802.11。

数据链路层包含三个子层,最底层是关于加密和安全的,它对于户外公共网络比户内私用

图 5.14　802.16 协议栈

网络要重要的多。它处理加密、解密和密钥管理。

MAC 子层公用部分是信道管理等主要协议所在部分，其模式是基站控制系统，它有效地确定下传信道，在上传信道的管理中发挥主导作用。与其他 802 网络不一样，MAC 子层的一个基本特征是它完全面向连接，这是为了给电话和多媒体通信提供服务质量保证。

服务专用汇聚子层代替其他 802 协议的逻辑链路子层，其作用是与网络层接口。此处复杂的是 802.16 为数据报协议(如 PPP、IP 和以太网协议)和 ATM 无缝连接而设计的，原因是分组协议是无连接的，而 ATM 是面向连接的，这意味着每个 ATM 连接必须映射成 802.16 连接。但当一个 IP 包到来时 802.16 连接如何被映射呢？此问题在该子层上解决。

5.5.2　802.16 物理层

如上所述，宽带无线网需要很多的频道，且只能使用 10kHz～66kHz 的范围。毫米波不像声音，类似于光，是直线传播的。所以基站应有多个天线，每个指向周围不同的扇行区域，每个扇行区域都有自己的用户且完全独立于与它相邻的扇行区域，不像蜂窝无线的天线是全方向性的。

由于毫米波段信号的强度随离基站的距离的增加而下降，信噪比也随之降低，所以 802.16 根据用户与基站的距离采用了三种调制方案：距离最近的用户采用 64QAM；距离适中的用户，采用 16QAM；距离较远的用户采用 QPSK。例如，一个典型的 25MHz 的频率，64QAM 能提供 150Mb/s 的数据率，16QAM 能提供 100Mb/s 的数据率，QPSK 能提供 50Mb/s 的数据率，即用户距离基站越远数据传输速率越低。

基于以上的实际情况，802.16 设计者为了实现宽带系统的目标，致力于有效使用可利用的频道。没有用 GSM 和 DAMPS 的方式工作，GSM 和 DAMPS 使用了频率相等的不同频带用于上传下载。对声音来说，大部分上传和下载的传输是基本对称的，但对于因特网的访问来说，通常下载的数据比上传的数据多。因此，802.16 提供了一个更灵活的宽带分配方式。采用频分双工通信(FDD)和时分双工通信(TDD)两种方案，后者如图 5.15 所示，基站周期性的发出帧，每帧包含若干时隙，开始的一些时隙用于下载，然后有一个用于站点改变传输方向的保护时隙，最后是用于上传的一些时隙。每个方向上的时隙数量可以根据传输所需的带宽动态的调整。

由基站将下载传输映射到相应的时隙，基站是完全控制这个方向的传输。上传比较复杂，而且依赖于被要求服务的质量。

物理层还可将多个 MAC 帧紧连成一个简单物理传输，其通过用减少前导码和物理层头

114

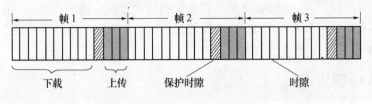

图 5.15 时分双工通信的帧和时隙

的数量来提高频带的有效使用。物理层采用汉明码作为前向纠错,当接收的帧出错时几乎所有的其他网络仅采用校验和检测错误并要求重发,但是在广域宽带环境里,除了高层的校验和,许多传输错误期望能在物理层纠正,纠错的网络效果要使信道比实际的要好。

5.5.3 802.16 MAC 子层

从图 5.14 中可以看到数据链路层分为三个子层,其中安全子层用于数据加密解密,加密是为了保持所有数据的安全性,只有帧中被传输的数据被加密,表头没有被加密。这意味着窃听者可以知道是谁与谁在交谈,但不知交谈的内容。

当一个用户连接到基站时,其会用 X.509 证书的 RSA 公钥密码系统来互相认证。被传输的数据自身会通过对称密钥系统加密。

现在分析 MAC 子层公用部分。MAC 帧拥有一个关于物理层时隙的完整数据。每一帧都由若干子帧组成,前两个子帧是上传和下载的映射。这些映射说明时隙中是什么和哪些时隙是空的。当新站点加入时,下载映射中含有各种系统参数以告诉新的站点。

下载信道是直通的,基站仅决定子帧的内容。上传信道比较复杂,因为有很多需要访问的、竞争的用户。这些用户的分配与服务质量是紧密联系的。有四种服务:固定位率服务、实时可变位率服务、非实时可变位率服务和尽力服务。802.16 所有的服务都是面向连接的,每个连接在连接建立时选定的上述的一个服务。

(1) 固定位率服务:是用来传输未压缩的声音的,如 T1 信道。这种服务需要在预置确定的时间间隔里传输预先确定的大量数据,通过给每个连接确定时隙来实现的。一旦这个带宽被分配,那么时隙自动可用,不需要相互请求。

(2) 实时可变位率服务:是为了压缩的多媒体和其他软件实时应用而设计的,它们每个瞬时对带宽的容量需求是变化的。它是通过基站在固定时间间隔向用户轮询当时所需的带宽来实现的。

(3) 非实时可变位率服务:是为诸如大的文件传输等传输负载重、但不需实时的情况而设计的。这种服务中,基站常常轮询用户,但轮询不在预先固定的时间间隔内,固定位率的用户可以在它的某一帧内设置一个请求轮询位,用于进行发送另外的通信量。

如果一组的站多次没有响应轮询,则基站将其列入广播组,去掉它的专用轮询;当广播组被轮询时,其中的任何一个站点可以响应、竞争服务。这种方式中,小通信量的站点不浪费有用的轮询。

(4) 尽力服务:是面对其他所有情况的。没有轮询,用户必须和其他用户竞争带宽,带宽请求在用于竞争的上传映射的时隙里进行。如果请求成功,其结果会在下一组下载映射中标明;如果请求不成功,请求失败的用户等待一段时间后重试。为了减少冲突,采用了以太网的二进制指数退避算法。

带宽分配有两种形式：分配给每个站和分配给每个连接。前一种情况，用户站将所有用户的需要汇聚起来并收集对它们的请求，当得到带宽时，用户站向每一位用户分配适合的带宽；后一种情况，基站直接管理每一个连接。

5.5.4　802.16 帧格式

目前，MAC 帧以通用的头开始，后面是可选择的有效负载位和可选择的校验和(CRC)，如图 5.16 所示。例如，控制帧中不需要有效负载，它们用于请求信道；校验和也是根据物理层的差错检验可选的，事实上如果没有重传实时帧的必要，校验和可省略。

图 5.16(a)中，EC 位表明有效负载是否加密，类型字段定义该帧的类型，通常说明当前是打包的还是分段的；CI 位指明是否最后的校验和；EK 段标明采用了哪一个加密密钥，长度字段标明包括帧头在内的帧的长度，连接标志表明该帧属于哪一个连接；头 CRC 段是帧头的校验和，采用的多项式是 $x^8 + x^2 + x + 1$。

图 5.16(b)是带宽请求帧的帧头，开头一位是由 1 代替普通帧的 0，第二、三字节共 16 位表明传输专门的数据时需要的带宽，带宽请求帧没有效负载和整帧的 CRC 校验。

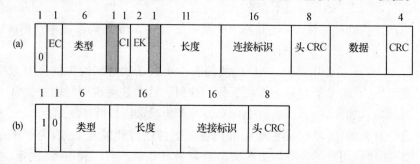

图 5.16　802.16 帧格式
(a) 普通帧；(b) 带宽请求。

5.6　蓝 牙 技 术

1994 年，L.M.Ericsson 公司与 IBM、Intel、Nokia 和 Toshiba 四家公司成立一个特殊利益集团(SIG，联合财团)，开发计算机和通信设备互连的无线标准和利用小范围、低功耗、低费用的无线收/发装置的附件，这个项目命名为蓝牙。

经过努力，1999 年 7 月 SIG 发表了一份长达 1500 页的说明书 1.0 版。不久，IEEE 标准化组织关注无线个人区域网络，即 802.15，以蓝牙文本为基础开始修改。蓝牙说明书是一个从物理层到应用层很完整的系统，而 IEEE802.15 委员会仅仅标准化了物理层和数据链路层，其余的协议都超出了它的规定范围。2002 年 IEEE 批准通过了第一个 PAN 标准 802.15.1 协议，但 SIG 仍在继续改进。

1. 蓝牙网络结构

蓝牙系统的基本单元是皮网(Pico net，或叫微微网)，包括了 1 个主结点和距离在 10m 内的 7 个活动的从结点，多个皮网可以并存，且可通过桥接点相连，如图 5.17 所示，一个互连的皮网集合成为弥网(Scatter net，或叫散布网)。

116

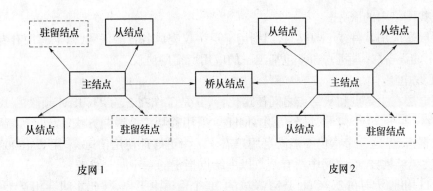

图 5.17 两个皮网连接成弥网

皮网中除了 7 个可活动的从结点,还可以有多达 255 个的驻留结点,这些驻留结点可以被主结点切换到低功耗状态以减少电池的消耗。在驻留状态,设备只能响应主接点的激活或查询信号,不能进行其他工作。皮网是集中的时分复用系统,主结点控制时间,决定哪个设备在哪些时隙内通信,所有的传输都在主结点和从结点之间进行,任何两个从结点之间不可能直接通信;从结点完全被动,仅是执行主结点发送的命令。

2. 蓝牙协议结构

802.15 蓝牙协议结构如图 5.18 所示。

图 5.18　802.15 蓝牙协议结构

最底层是物理无线电层,完全对应 OSI 和 802 模型的物理层,它处理无线电的传输与调制,该层的一个要点就是提出廉价的系统,以便能广泛使用。

基带层某种程度上类似 MAC 子层,但也包含了物理层的一些因素,其处理主机如何控制时隙、时隙如何组合成帧等问题。

第三层包含一组相关的协议,链接管理进行设备之间逻辑通道的建立,包括电源管理、认证和服务质量等。逻辑链接控制适配协议(L2CAP)屏蔽上层传输的细节,其类似于标准的 802LLC 子层,但在技术上不同。声频和控制协议分别处理声频和控制,不需通过 L2CAP 协议,直接可为应用服务。

中间件层是不同协议的混合,为了与其他 802 网络兼容,IEEE 将 802 LLC 插入到该层,射频(Radio Frequency,RF)通信、电话和服务发现协议是蓝牙本身的,射频通信是模仿 PC 用于连接键盘、鼠标和调制解调器等设备的标准串口的一种协议,设计目的是为了传统的设备方便使用。电话协议用于面向话音的三个 profile,同时处理通话建立和拆除。服务发现协议用于直接查找网络内的服务。

最顶层是应用软件或 profile,它们利用下层协议完成各自的任务,每个应用有专用的协议子集、专用的设备(如耳机),通常包括唯一的应用所需的协议。

1) 无线电层

无线电层在主结点和从结点之间传送比特,其是工作在 2.4GHz ISM 频段的 10m 范围的低功耗系统,共分 79 个信道,每个信道 1MHz。采用移频键控调制方法,以每赫调制 1 位实现 1Mb/s 数据率,但这一带宽仍不能满足用户需求。为更好地使用信道,采用了 1600 跳/s、间隔 625μs 的跳频扩频技术,皮网中所有结点以主结点指定的顺序同时跳频。

802.11 和蓝牙均在 2.4GHz ISM 频段的 79 个信道上工作,彼此之间会相互干扰,跳频更快一些,蓝牙设备会破坏 802.11 的数据传输。由于 802.11 和 802.15 都是 IEEE 标准,IEEE 一直在寻找解决这个问题的办法。虽然 802.11a 标准使用其他(5GHz)ISM 频段,但其比 802.11b 频段窄。一些公司采用禁止蓝牙同时使用的方法。

2) 基带层

基带层将比特流转换成帧并定义一些关键格式,最简单的方式是:每个皮网的主结点定义一串 625μs 的时隙,主结点在第偶数个时隙传送,从结点在第奇数个时隙传送,这是一般的分时多路复用,主结点和从结点各使用一半的时隙,帧可以是 1 个、3 个或 5 个时隙长。

跳频计时允许每次跳频有 250μs ~ 260μs 的停留时间以便稳定无线电线路。更短的停留时间是可以的,不过成本较高。对于单时隙帧,停留时间后,625 位中的 366 位是留下了,其中 126 位用于访问代码和帧头,240 位用于数据。对于 5 个时隙的帧,只需要一个停留周期且停留周期稍微短一些,在 5 个时间间隙内存在 5 个时隙的 5 × 625 = 3125 位中,2781 位可用于基带层。帧越长,效率越高。

在主、从结点之间传输帧的逻辑信道叫做链接。其有两种:

(1) 异步无连接(Asynchronous Connection – Less,ACL)的链接,用于无规律间隔的分组交换数据,这些来自发送端的 L2CAP 层的数据被传送到接收端的 L2CAP 层。ACL 传输是基于尽力而为、没有保证的,帧可能丢失而须重发,从结点只有一个到主结点的 ACL 链接。

(2) 同步面向连接(Synchronous Connection Oriented,SCO)的链接,应用于诸如电话连接的实时传输的数据。这种信道在每个方向分配有固定的时隙。SCO 链接发送的帧不会被重发,取而代之的是前向纠错用于提高可靠性,从结点与主结点间有三个以内的 SCO 链接,每个 SCO 链接能用做 64000b/s 的 PCM 声频通道。

(3) L2CAP 层

L2CAP 层有三个主要的功能:

(1) 接收来自上层达 64KB 的分组并分段成用来传输的帧,在接收端再重装成分组;

(2) 进行多路复用和多路选择,分组被重装后,L2CAP 层决定传送到上层哪一个协议,如射频通信或电话协议;

(3) L2CAP 处理链接建立正常操作时的服务质量需求,建立链接和普通操作。同时确定允许的最大负载长度,防止大的分组包设备淹没小的分组设备,这是很必要,因为并非所有设备都处理 64KB 的最大分组。

3. 蓝牙帧格式

典型的蓝牙帧格式如图 5.19 所示。开始是访问代码,通常用于在两个主结点通信范围的从结点确定与哪一个主结点通信;接下来是包含典型 MAC 子层域的 54 位的帧头;然后是数据域,对应于 5 个时隙传输,数据位可达 2744 位,对于一个时隙传输,帧格式相同,但数据位有 240 位。

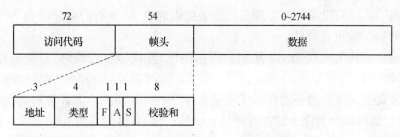

图 5.19 典型的蓝牙数据帧格式

在帧头中,地址字段指明帧发向 8 个结点中的哪一个;类型字段指明帧的类型(ACL、SCO、轮询或空)、差错校验的类型以及帧所占的时隙数;当缓冲区满、不能再接收数据时,从结点将 F 位置位,这是流量控制的基本形式;A 是帧的确认位;S 用于检测重发的帧的编号,由于采用的是等待与停止协议,所以一位就够了;然后是 8 位的校验和。上述 18 位内容重复 3 次构成了 54 位的帧,接收端的简易电路可以检验 3 个复制的每一位,如果 3 个相同,此帧被接收。如果不是,少数服从多数。用 54 位传送 18 位帧头信息,目的是为了在多噪声的环境里使廉价、低功耗(2.5mV)的设备能可靠地传输,大量的冗余是需要的。

ACL 帧的数据域有多种格式,SCO 帧数据域总是 240 位。定义 3 个变量,允许 80 位、160 位或 240 位的实际有效负载,剩下的用于错误校正。在多数可靠性样式(80 位有效负载)中,像帧头一样内容刚好重复 3 次。

由于从结点使用的是第奇数个时隙,其每秒可得到 800 个时隙,对于 80 位的有效负载,从接点的信道容量为 64000b/s,主结点也是同样情况,正好足够一个全双工 PCM 声音通道(这是选择跳频速率为 1600 次/s 的原因)。尽管只有 1Mb/s 的带宽,这些数字意味着使用可靠格式的每个方向上 64000b/s 的全双工声音通道可以充满皮网,对于可靠性最小的变量(每个时隙 240 位无冗余这一级),能够支持 3 个全双工声道,这就是每个从结点允许 3 个链接的原因。

4. 蓝牙技术应用

大多数的网络协议仅提供通信实体之间的信道,让应用者决定如何利用这些信道。例如,802.11 协议指定用户是否利用笔记本计算机进行收发 E-mail、网上冲浪或其他操作,相反,蓝牙 1.1 版本指定了 13 种支持的具体应用和各自相应的协议栈,被称为 profile 的 13 种应用如表 5.2 所列。

表 5.2 蓝牙技术的应用 Profile

编号	名称	功能描述	编号	名称	功能描述
1	普通访问	连接管理的过程	8	无绳电话	手持电话与其本地基站的连接
2	服务发现	发现提供服务的协议	9	互通	数字步话机
3	串口	替代串口连接电缆	10	耳机	允许免操作的话音通信
4	普通对象交换	定义对象活动的客户间的关系	11	对象推	提供一种交换简单对象的方法
5	局域网访问	移动计算机与固定 LAN 之间的协议	12	文件传输	提供更多文件传输的工具
6	拨号上网	允许笔记本计算机通过移动电话呼叫	13	同步	准许个人数字助理(PDA)与计算机同步
7	传真	允许移动传真机与移动电话对话			

119

普通访问 profile 并不是真实的应用,但是真实应用的基础主要作用是在主接点和从接点之间建立和维持安全的链接(信道)。

服务发现 profile 被设备用来发现其他设备提供的服务,所有的蓝牙设备均能实现这两个 profile,其余的 profile 可选择的。

串口 profile 是其他多数 profile 用到的传输协议,其模拟串行线路,对期望有串行线路的其他应用非常有用。

普通对象交换 profile 为移动数据传输定义客户—服务器关系。客户初始化操作,从结点可以作为客户,也可以作为服务器。像串口 profile 一样,其是为其他 profile 服务的。

第 5~7 号 profile 是关于上网的,局域网访问 profile 允许蓝牙设备连接到固定网络,这个 profile 是 802.11 协议直接竞争者。拨号上网 profile 体现了蓝牙最初的动机,其允许笔记本计算机无线连接到具有内置调制解调器的移动电话上。传真 profile 与拨号上网 profile 相似,还允许无线传真机利用移动电话收发传真。

第 8~10 号 profile 是关于电话系统的,无绳电话 profile 提供手持电话和基站之间的连接技术。互通 profile 可以将两台电话机连接成步话机。最后,耳机 profile 在耳机和基站之间提供自动话音通信,例如,在驾驶汽车时的免提电话。

第 11~13 号 profile 是关于两个无线设备之间进行实际的对象交换,这些对象可能是商用卡片、图片和数据文件。同步 profile,用于个人数字助理(Personal Digital Assistant,PDA)和笔记本计算机离家时安装数据或回家时下载数据。

习 题

一、名词解释

OFDM 调制,直扩,跳频,补偿码序列。

二、填空

1. 无线局域网中的站点可以分为全移动站和_____站两种。前者是指在移动状态下仍可保持与网络的通信,后者是指在_____状态下才可以在网络覆盖范围内通信。

2. WLAN 常用的调制解调方法有_____、_____、_____、_____、_____、_____等。

3. 扩频通信的基础理论来源于_____论和_____理论。

4. 蓝牙系统的基本单元是_____,其包括了一个主结点和距离在 10m 内的_____个从结点。多个基本单元通过桥结点相连形成_____网。

5. 802.11 标准定义了三种不同的帧,分别是_____、_____和_____。在 MAC 子层支持两种操作模式:_____和_____。

6. 802.11 物理层主要采用_____、_____、_____、_____、_____五种传输方法。

7. 802.16 根据用户于基站的距离采用了三种调制方案,距离最近的用户采用_____,波特率达 6b/band,距离较远的用户采用_____,波特率为 2b/band _____。

三、论述

1. 简要说明无线局域网有哪些优点?

2. 无线局域网需解决哪些主要的技术需求?

3．简述 QAM 的调制解调过程。

4．简述 PBCC 的调制过程。

5．简述 OFDM 调制解调过程。

6．简要说明扩频通信系统的基本工作方式？

7．跳频系统中如何产生跳变信号和接收跳变信号？

8．802.11MAC 子层协议同以太网的 MAC 子层相比需要解决哪些问题？

9．802.11 标准规定每个无线局域网必须提供哪几种服务？

10．试从解决问题的角度比较 802.11 和 802.16 的不同。

11．蓝牙协议 1.1 版本指定了哪些具体的应用？

四、画图

1．画出 CCK 调制解调过程的方框图。

2．给出直扩系统的组成框图,并简述直扩通信过程。

3．画出 802.16 协议栈结构图,并简述各层的功能。

4．画出蓝牙结构协议图,并简述各层的功能。

五、上网查阅

1．上网检索目前市场上主要有哪些蓝牙产品,并记录每类产品的主要性能指标。

2．上网检索相关资料,提出你所在学校建立一个无线校园网的简要方案。

第6章 网络互连

网络互连可以使不同网络上的用户能够相互通信、相互享受各自的网络资源。本章首先介绍网络互连的优点、技术要求和类型；然后从 OSI 分层的角度分析了中继器、网桥、路由器、网关等；最后对广泛应用的三层交换机技术进行讨论。本章重点是网桥、路由器、三层交换机技术。

6.1 网络互连的基本概述

6.1.1 网络互连的优点

计算机网络在得到广泛应用的同时，在商业需求、新的网络应用不断出现、网络技术的进步、信息高速公路的发展等方面的推动下，网络互连成为一项日益被人们重视的网络技术。网络互连，是指将分布在不同地理位置的多个网络，通过网络互连设备进行连接，使之成为一个更大规模的互联网络系统，以实现更大范围的信息交换、资源共享和协同工作。所以，网络互连的目的是使处于不同网络上的用户间能够相互通信和相互交流，以实现更大范围的数据通信和相互交流。

网络互连有如下优点：

(1) 提高网络的性能。网络随着用户数的增多，冲突概率和数据发送延迟会显著增大，网络性能也会随之降低。但如果采用子网自治以网络互连的方法就可以缩小冲突域，有效提高网络性能。

(2) 扩大资源共享的范围。将多个计算机网互连起来，就构成了一个更大的网络，在互联网上的用户只要遵循相同的互连协议，就能相互通信，并且互联网上的资源也可以被更多的用户所共享。

(3) 降低连网的成本。当同一地区的多台主机希望接入另一个地区的某个网络时，一般都采用主机先行联网（构成局域网），再通过网络互连技术和其他网络连接的方法，这样可以大大降低连网的成本。例如，某个部门有 N 台主机要接入公共数据网，它可以向电信部门申请 N 个端口，连接 N 条线路来实现连网的目的，但成本远比 N 台主机先行联网，再通过一条或少数几条线路连入公共数据网要高。

(4) 提高网络的可靠性。设备故障可能导致整个网络的瘫痪，而通过子网的划分可以有效地限制设备故障对网络的影响范围。

(5) 提高网络的安全性。将具有相同权限的用户主机连成一个网络，在网络互连设备上严格控制其他用户对该网的访问，可以实现提高网络的安全机制。

6.1.2 网络互连的要求

互连在一起的网络要进行通信，需要解决许多问题。网络互连的基本指导思想是：在不修改互连在一起的各网络原有结构和协议的基础上，利用网间互连设备协调和适配各个网络的

差异,避免因互连而影响原有各个网络内部的传输功能和传输性能。具体有如下要求:

(1) 在网络之间提供互连链路,至少需要一条物理和链路控制的链路。

(2) 在不同的网络结点的进程之间提供路由选择和数据传输功能。

(3) 提供网络使用与状态信息的记录服务,记录网络的资源使用情况。

(4) 在不修改原有各网络的结构时,协调各个网络的不同特性,提供互连服务。

在互连时,主要遇到的不同网络之间的特性差异问题主要表现在以下几个方面:

(1) 不同的编址方案:每个网络有不同的主机名、编址办法、目录保持方案,需要提供全局网络编址方法和寻址服务。

(2) 不同的网络访问机制:不同网络的介质访问控制方法可能不一样,对不同网络的多个结点之间、结点和网络之间的访问机制是有差异的。

(3) 不同的最大段长度:在互联网络中,数据从一个网络传到另一个网络,常常需要分成几部分,即分段。不同的网络,每个分段的最大长度是不相同的。

(4) 不同的超时设定:面向连接的传输服务总要等待回答响应,若超时后仍没有接到响应,则需要重传。但在互联网络中,数据传输有时需要通过多个网络,需要比原来更长的时间。因此,需要重新设定合适的超时值,以防不必要的重传。

(5) 不同的状态报告:不同的网络,有不同的状态报告,对互联网络还应该提供网络互连的动态信息。

(6) 路由选择:网内的路由选择一般依靠各个网络的故障检测和拥塞控制技术,而互联网络要提供不同网上结点之间的路径。

(7) 差错控制:各个网络的差错恢复功能不同,互联网络不能依赖也不要影响原来各个网络的差错恢复能力。

(8) 用户访问控制:不同的网络可能采用不同的用户访问控制技术管理用户的访问权限,互联网络也需要具有对不同的网络的用户访问权限的控制能力。

(9) 连接与无连接服务:各个网络可能提供的是面向连接的服务,也可能是面向无连接的服务。互联网络的服务不应该依赖于原来各个网络提供的连接服务性质。

综合考虑,可以将网络互连的功能分成两类:基本功能和扩展功能。前者指的是网络互连必备的功能,即使互连相同的网络也应该具备的功能,包括网络之间传送信息时的寻址和路由选择等;后者指的是当各个互连的网络提供不同的服务级别时所需要的功能,包括协议转换、分组的分段与重装、分组的重定序以及差错检测等。

6.1.3 网络互连的类型和层次

1. 网络互连的类型

计算机网络可以分为局域网、城域网、广域网三种,相应的网络互连类型主要有以下几种。

(1) 局域网—局域网互连(LAN-LAN):在实际的网络应用中,局域网—局域网互连是最常见的一种,它又分为两种:同种局域网互连和异种局域网互连。同种局域网互连是指符合相同协议的局域网之间的互连,例如,两个以太网之间的互连或是两个令牌环网之间的互连;异种局域网互连是指不符合相同协议的局域网之间的互连,例如,一个以太网和一个令牌环网之间的互连或是令牌环网和 ATM 网络之间的互连。

局域网—局域网互连可利用网桥来实现,但是网桥必须要支持互联网络使用的协议。

(2) 局域网—广域网互连(LAN-WAN):局域网—广域网互连也是常见的网络互连方式

之一,这种互连一般可以通过路由器或网关来实现。

(3)局域网—广域网—局域网互连(LAN－WAN－LAN):将两个分布在不同地理位置的局域网通过广域网进行互连,也是使用较多的网络互连方式,这种互连也可以通过路由器或网关来实现。

(4)广域网—广域网互连(WAN－WAN):广域网—广域网之间的互连可以通过路由器和网关来实现。

网络互连的类型如图6.1所示。

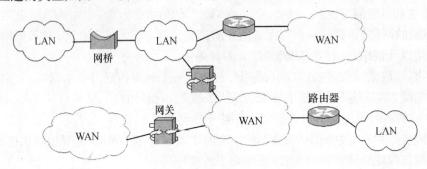

图6.1　网络互连的类型

2.网络互连的层次

根据 OSI 参考模型,网络协议分别属于不同的层次,因此,网络互连存在着互连层次的问题。根据网络层次结构模型,网络互连的层次划分如下:

(1)物理层互连。物理层互连的设备是中继器(Repeater)。中继器在物理层互连中起到的作用是将一个网段传输的数据信号进行放大和整形,然后发送到另一个网段上,克服信号经过长距离传输后引起的衰减。

(2)数据链路层互连。数据链路层互连的设备是网桥(Bridge)。网桥一般用于互连两个或多个类型相近的局域网,它的作用是对数据进行存储和转发,并且根据 MAC 地址对数据进行过滤,以实现多个网络系统之间的数据交换。

(3)网络层互连。网络层互连的设备是路由器(Router)。网络层互连主要是解决路由选择、拥塞控制、差错处理和分段技术等问题。若两个互连网络的网络层协议相同,路由器主要解决路由选择问题;若网络层协议不同,则需要使用多协议路由器。

(4)高层互连。高层互连的设备是网关(Gateway)。高层互连是指传输层以上各层协议不同的网络之间的互连,高层互连所使用的网关大多是应用层网关,或称为应用网关(Application Gateway)。采用应用网关,允许两个网络应用层以下各层的协议不同。

所以,网络互连的层次不同,相应的网络互连的设备也不相同。常用的网络互连设备由中继器、网桥、路由器、网关、交换机等。

6.2 中 继 器

1.中继器的功能和特点

中继器是最简单的网络互连设备,常用于两个网络结点之间物理信号的双向转发工作。它工作在 OSI 参考模型的最底层——物理层,所以只能用来连接具有相同物理层协议的局域网,或者用来延长某一局域网的作用距离。

由于数据信号在长距离的传输过程中存在损耗,因此在线路上传输的信号功率会逐渐衰减,衰减到一定程度时将造成信号失真,从而导致接收错误。中继器就是为解决这一问题而设计的,它的主要作用就是负责将一个网段上传输的数据信号进行复制、整形和放大后再发送到另一个网段上去,依此来延长信号的传输距离。

中继器的使用从理论上讲是无限制的,网络也因此可以无限延长。但事实上这是不可能的,因为网络标准中都对信号的延时范围作了具体的规定,中继器只能在此规定范围内进行有效的工作,否则会引起网络故障。例如,在 10BASE-5 粗同轴电缆以太网的组网规则中规定:每个网段的最大长度为 500m,最多可用 4 个中继器连接 5 个网段,其中只有 3 个网段可以挂接计算机终端,延长后的最大网络长度为 2500m。

中继器的主要特点可以归结为以下几点:

(1) 中继器在数据信号传输过程中只是起到一个放大整形信号、延伸传输介质、将一个网络的范围扩大的作用,它并不具备检查错误和纠正错误的功能。

(2) 中继器主要完成物理层的功能,所以中继器只能连接相同的局域网,即用中继器互连的局域网应具有相同的协议(如 CSMA/CD)和数据传输速率。

(3) 中继器既可以用于连接相同传输介质的局域网(如细缆以太网之间的连接),也可以用于连接不同传输介质的局域网(如细缆以太网与双绞线以太网之间的连接)。

(4) 中继器支持数据链路层及其以上各层的任何协议。

2. 集线器

集线器(Hub)是一种特殊的中继器,它是一种多端口的中继器,用于连接双绞线、同轴电缆或光纤以太网系统,是组成 10BASE-T、100BASE-T、10BASE-F 和 100BASE-F 以太网的核心设备。常用来组建星型拓扑结构的局域网。

Hub 的使用源于 20 世纪 90 年代初 10BASE-T(双绞线以太网)标准的应用。由于双绞线的价格较低,而且 Hub 的可靠性和可扩充性很强,因此得到了迅速的普及。Hub 除了能够进行信号的转发之外,它还克服了总线型网络的局限,提高了网络可靠性。例如,在使用总线连接时,往往会因为 T 形接头的接触不良或者碰线,使得整个网络无法正常工作,改用 Hub 就可以保证连接的可靠性,减少结点之间的互相干扰。

如图 6.2 所示,Hub 像中继器一样能够将输入的失真信号进行整形放大,并且可以滤掉外界的干扰,恢复原先的数字信号波形。图 6.3 所示的堆叠 Hub 则是将多个 Hub 的总线串接起来。

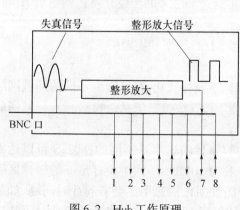

图 6.2　Hub 工作原理

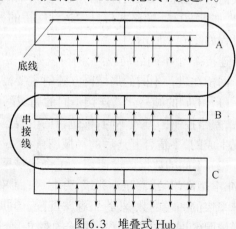

图 6.3　堆叠式 Hub

Hub 分为无源 Hub、有源 Hub 和智能 Hub。无源 Hub 的功能是:只负责将多段传输媒体连在一起,而不对信号本身做任何处理,这样它对每一段传输媒体,只允许扩展到最大有效距离的一半(通常为 100m)。有源 Hub 和无源 Hub 相似,但它还具有信号放大,延伸网段的能力,起着中继器的作用。智能 Hub 除具有有源 Hub 的功能外,还将网络的很多功能集成到 Hub 中,如网络管理功能、路径选择功能等。

图 6.4 为 8 口有源 Hub 的实物图,其中最右边的第 9 个口为级联口,可用于 Hub 堆叠时 Hub 间的连接。

图 6.4　8 口有源 Hub 实物图

6.3　网　桥

网桥是一种存储转发设备,用来连接类型相似的局域网,属于 DCE 级的端到端的连接。对于不同类型的网络,如以太网与 X.25 之间,网桥就无能为力了。从协议的层次上来说,网桥是在逻辑链路层将数据帧进行存储转发。网桥接收数据,并送到数据链路层,然后送至物理层,通过物理介质传送到另一个局域网。

网桥对帧的内容格式不做修改或少修改,其应该有足够的缓冲空间,以满足高峰负载的要求;同时,网桥必须具备寻址、路径选择的功能。

6.3.1　网桥的工作原理

1. 工作原理

下面以 IEEE 系列的两个局域网 802.3 和 802.4 用网桥互连为例说明网桥的工作原理,假如 802.3 局域网上的一台主机 A 向 802.4 局域网上的一台主机 B 发送分组 PKT,分组先传到主机 A 的 LLC 子层,按 LLC 分组格式增加 LLC 分组信息,送给 MAC 子层,再加上 MAC 帧格式信息,通过 802.3 的传输介质送到网桥的一端。网桥的 MAC 子层去掉 802.3 的帧格式信息,加上 802.4 帧格式信息发送到网桥的另一端,再通过 802.4 的传输介质传到主机 B。具体过程如图 6.5 所示。

连接 n 个不同的局域网,网桥就要有 n 个不同的 MAC 子层和物理层。

网桥在进行不同的局域网互连时主要需要解决三个问题:

(1) 不同的帧格式。连接不同的局域网,需要对帧重新格式化,这是因为不同的局域网的格式,差错控制的方式不同,帧包含的内容也不完全相同,有些控制信息是根据原来局域网的情况生成的,不适合互连后的局域网。

(2) 不同的数据传输速率。每个局域网规定的数据传输速率是不同的:802.3 可以达到 10Mb/s、100Mb/s,甚至千兆级、万兆级;而 802.4 一般为 10Mb/s。网桥要有足够的缓冲区缓存速率快的一端的数据,进行速率匹配。同时,不同的数据传输速率还会引起计时问题,如某一局域网的网络层要发送一个长的报文,分成若干帧发送,发完最后一帧后开始计时等待应

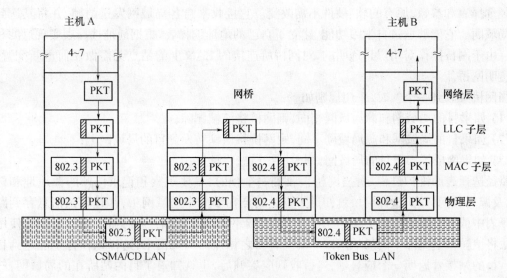

图 6.5　网桥的工作原理示意图

答,由于通过网桥传到另一速率较慢的局域网,有可能最后一帧传到前已经超时,所以重新发送一系列的帧,但仍是超时,发送几次失败后则放弃并报告目的站有故障,这显然是错误的。网桥要根据每个局域网计时的要求进行应答。

(3) 不同的帧长。不同的局域网的最大帧长是不一样的,有的是1518B,有的是8191B,有的帧长没有规定上限。互连时,帧长超过规定的范围,则简单地除去,这肯定会造成错误。网桥需要根据不同的帧长要求进行存储、帧的转换等处理。

2. 网桥的功能

(1) 存储和过滤。网桥比中继器(集线器)更智能,可以把 LAN 与 LAN 连接起来,根据内部的地址选择表,进行存储和过滤,然后把数据帧按目标 MAC 地址进行转发。

(2) 定制过滤。若网桥连接着不同协议的 LAN,网桥可以通过设置只把数据转发到相同协议的 LAN,对其他协议的 LAN 不予转发。

(3) 网桥可以连接不止两个 LAN,可以扩展网络的地理范围,把局域网扩展成交换网,同时对于站点过多的局域网可以分割成几个独立的局域网。

(4) 特定安全选择。网桥可以通过软件将其他 LAN 中的目标地址配置为转发/隐蔽,(实质是配置 VLAN 的方法之一)。

(5) 服务分级。对转发的数据帧指定优先级,优先级高的帧要尽快转发。

(6) 维护地址选择表。

6.3.2　网桥的路径选择

网桥的核心功能之一是路径选择,IEEE802 委员会制定了三种路径选择算法:透明网桥(Transparent Bridge)、源路径网桥(Source Routing Bridge)和源路径透明网桥(Source Routing Transparent Bridge)。源路径透明网桥的工作原理是透明网桥和源路径网桥的结合,所以下面只介绍透明网桥和源路径网桥。

1. 透明网桥

透明网桥使用非常方便,当将其接入互连的局域网中,即可运行,不需要设置地址开关、加载路径选择表和参数,原有的软、硬件不需改变。它接收来自各局域网发送的帧,并将其送到目的局域网。它能够通过自学习功能,建立了自己的地址选择表,根据地址选择表实现过滤和转发。由于网桥操作对用户是透明的,对网桥所连接的 LAN 上的站点无需做任何重新配置,故称透明网桥。

当网桥接收到一个帧时,采用规则如下:

(1) 如果目的局域网和源局域网相同,则网桥将该帧删除;

(2) 如果目的局域网和源局域网不同,则网桥将该帧转发到目的局域网上;

(3) 如果网桥不知道目的局域网,则采用扩散法将帧发送。

路径选择表的维护过程是:当网桥接收到一个帧时,其要观察和记录该帧的源地址和标志,以及源局域网标志,这样网桥就知道了发送站点在哪一个局域网中,并且将该信息存到路径选择表中或者根据该信息更新路径选择表。如果网桥不知道某一帧的目的局域网时,使用扩散法将该帧发送到除了源局域网以外的所有与之相连的局域网中,这样该帧肯定能送到目的站。目的站接着返回一个应答帧,网桥收到应答帧后,也就知道了目的站所在的局域网,然后把该路径信息加入到桥的路径选择表中。当桥刚接入网中,路径选择表是空的,就使用扩散法转发帧。经过一段时间路径选择表的信息就丰富了,提高了网桥的工作效率。

当互连的网络中具有多个网桥时,会出现环路网桥的情况,如图 6.6 所示。当站 A 的帧经过桥 B1、B2 时,其路径选择表中没有站 B 的地址,两个网桥都使用扩散法广播;站 B 发送应答帧时,也只好将自己的数据包向两个网桥广播,于是在网中形成混乱的广播。这样可能会形成无休止的广播,造成广播风暴。

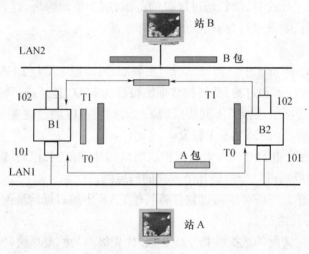

图 6.6 环路网桥示例

为解决此问题,在网桥中采用了生成树(Spanning Tree)算法,可以在物理上保持环路而在逻辑上切断环路,也就是逻辑上断开一个网桥,形成一个逻辑上的树型结构。

生成树算法基于以下概念:

(1) 根桥:每个网桥及其所有端口都有唯一的标志,网桥有唯一的 MAC 地址。以 MAC 地址最小的网桥作为根桥,当系统启动后每个网桥通过相互传递网桥协议数据单元(BPDU)来发现根桥。根桥就是生成树的根。

(2) 桥协议数据单元:用来交换网桥的生成树信息的协议数据单元。其含有桥地址、所有端口标志、可选的地址标志、端口通路费用等。BPDU 分为两种类型,一种是包含配置信息的配置 BPDU(Configuration BPDU),另一种是拓扑变化指示 BPDU(Topolbgy Change Notifica-tion BPDU),当检测道网络拓扑结构发生变化时网桥要发送拓扑变化指示 BPDU。

(3) 端口通路费用:是一个网桥端口向所连接的 LAN 上的站点转发数据帧时的开销或延迟,每个网桥端口都有自己的通路费用。

(4) 通路费用:从 LAN 到根桥所经过的网桥各端口通路费用的总和。一般,通路上网桥的数目越多,通路费用越高。

(5) 根通路:从 LAN 到根桥的通路费用最低的路径。

(6) 选定桥:根通路中的网桥。

(7) 根端口:选定网桥的通路费用最低的端口。若存在多个端口具有相同的最低通路费用,选择端口标志最小的为根端口。

(8) 选定端口:根通路中的 LAN 到根桥的、与该 LAN 相连的网桥的端口。

下面结合图 6.7 说明透明网桥的生成树算法的执行过程:

(1) 网络启动后每个桥争当根桥,确定 MAC 地址最小的桥作为根桥,例如图 6.7 中桥 3 为根桥。

(2) 根桥通过 BPDU 向与之相连的 LAN 广播,使这些 LAN 上的网桥为选定桥,例如图 6.7 中的桥 4、桥 1,并确定各自的根端口,相应的根桥端口为选定端口。

(3) 每个选定桥通过 BPDU 向与之相连的 LAN 广播,确定这些 LAN 的根通路及其选定桥的选定端口,非根通路上的桥不再是选定桥,逻辑断开其根端口一侧。同时使这些 LAN 上的、未考虑的网桥为新的选定桥,并确定各自的根端口,对应的原指定桥端口为选定端口。

(4) 执行(3)直到找到所有 LAN 的根通路,逻辑断开(封闭)环路网桥,如图 6.7 中的桥 1、桥 6。

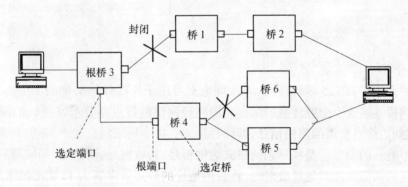

图 6.7　环路转化为生成树的图解示意图

图 6.8 为生成树的示例:设 B4 为根桥,第一步:根桥通过交换 BPDU 选定与 LAN1 相连的 B1、B5、B6 为选定桥。第二步:B1、B5、B6 通过 BPDU 确定 LAN5 的根通路为 B5－LAN1－B4,其通路费用为 20,其他通路 B6－LAN1－B4 的费用为 30,逻辑断开(封闭)B6 的根端口一侧;LAN2 只有一条通路 B1－LAN1－B4,通路费用为 30;同时确定 B2、B3 为新的选定桥。第三步:B2、B3 继续通过 BPDU,确定 LAN2 的根通路为 B3－LAN5－B5－LAN1－B4,通路费用为 28,其他通路 B1－LAN1－B4 的费用为 30,B2－LAN5－B5－LAN1－B4 的费用为 35,分别逻辑断开(封闭)B1、B6 的根端口一侧。结果形成的网桥生成树如图 6.9 所示。

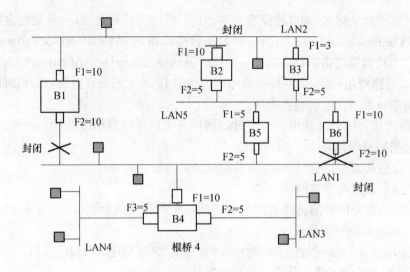

图 6.8 生成树的示例

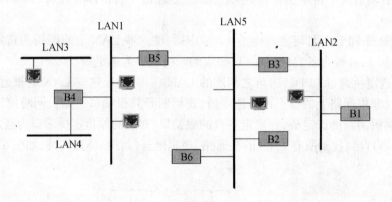

图 6.9 网桥生成树

2．源路径桥

源路径桥多用于 802.5 令牌环网，但在理论上可用于连接任何类型的 LAN。图 6.10 是使用源路径网桥互连 5 个令牌环网的示例。源路径网桥的特点是要求发送帧的源站（不是网桥本身）提供到达终点所需的路由信息，即路径标志。每个局域网有一个 12 位的唯一编号，每个网桥有一个唯一的编号。路径标志的格式为网桥号、局域网号、网桥号、局域网号、……。

源站发送的帧是送往其他局域网时，将目的地址的最高位设置为 1，且在帧格式的头内包含该帧的路径标志。网桥只对目的地址最高位是 1 的帧按照路径标志进行转发。源路径网桥不需要存储数据，它对帧进行转发和过滤的依据是帧内已经包括的路径标志。

如果源站不知道目的站的路径标志时，需要通过"路由探询"来获得。路由探询可用几个方法来实现，其方法之一参看图 6.10 的结构。假定 LAN1 站 A 有报文向 LAN5 上的站 B 发送。LAN1 上的站通过发送探询帧来启动路径发现过程。探询帧使用独一无二的格式，只有源路径网桥才能识别。每个源路径网桥一旦收到探询帧，便打开接收该探询帧的连接和自身的名字到路由选择信息字段，随后网桥便将帧四处扩散到除了接收的连接之外的所有连接上。

因此，同一探询帧的多个复制可能出现在 LAN 上，探询帧接收者也将收到多个复制，从源点到终点每一可能的通路都有一个复制。每个接收到的帧都包括由连接/网桥名字构成的

130

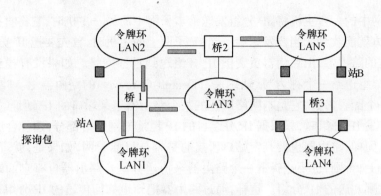

图 6.10　5 个令牌环网的示例

系列表,该系列表列出了从源到终点的可能路径。

LAN5 的接收者可能收到多个探询帧,于是根据最快、最直接的原则选择一个路径,并向 LAN1 的发信者发回一个响应。该响应列出源和目标站点间的、由中间桥和 LAN 连接组成的特定路径。

LAN1 的源站点 A 发现此路径后,将其存储在存储器中,供其随后使用。这些帧包括在源路径网桥可以识别的不同类型的列表中。网桥接收到这种列表,只需对连接和网桥组成的表进行扫描才可获得转发信息。

源路径桥能寻找到最佳路径,但存在帧爆发的现象。如果互连的网络规模很大,包含较多的局域网,广播帧数量会激增,造成拥塞。

6.4　路　由　器

6.4.1　路由器的功能

路由器工作在 OSI 参考模型的网络层,属于网络层的一种设备。一般说来,异种网络互连与多个子网互连都是采用路由器来完成的。因特网就是使用路由器加专线技术将分布在各个国家成千上万的计算机网络互连起来的。

路由器的功能主要有两个:路径选择和数据转发。

1. 路径选择

路由器的主要工作就是为经过路由器的每个数据包寻找一条最佳传输路径,并将该数据包有效地传送到目的站点,因此,选择最佳路径的策略及路由算法是路由器的关键。

为了路由选择,在路由器中保存着各种传输路径的相关数据——路由表(Routing Table),路由表中保存着子网的标志信息、网上路由器的个数以及下一个路由器的地址等内容。路由表一般分为两种:

(1) 静态路由表(Static Routing Table):由系统管理员事先设置好固定的传输路径,一般是在系统安装时就根据网络的配置情况预先设定好的,它不随未来网络结构的变化而改变。

(2) 动态路由表(Dynamic Routing Table):根据网络系统的运行情况而自动调整的路由表。

路由器根据路由选择协议(Routing Protocol)提供的功能,自动学习和记忆网络运行情况,在需要时自动计算数据传输的最佳路径。

当 IP 子网中的一台主机将 IP 分组发送给本子网中的另一主机时,它将直接把 IP 分组送到网络上,对方就能收到。当要发送给不同 IP 子网上的主机时,首先要把 IP 分组送到一个能到达目的子网的路由器,由路由器负责把 IP 分组送到目标网络。如果没有找到这样路由器,主机就把 IP 分组送给一个称为"默认网关"(Default Gateway)的路由器上。"默认网关"是每台主机上的一个配置参数,它是本网络所连的某个路由器上某端口的 IP 地址。

路由器转发 IP 分组时,只根据 IP 分组目的 IP 地址的网络号部分,选择合适的端口,把 IP 分组送出去。同样,路由器也要判定端口所接的是否是目标子网,如果是,就直接把分组通过端口送到网络上,否则,也要选择下一个路由器来传送分组。路由器也有它的缺省网关,用来传送不知道往哪儿送的 IP 分组。这样,通过路由器把知道如何传送的 IP 分组正确转发出去,不知道的 IP 分组送给"缺省网关"路由器,如此一级级地传送,IP 分组最终将送到目的地,送不到目的地的 IP 分组则被网络丢弃了。

2. 数据转发

网络上各类信息的传送都是以数据包为单位进行的,数据包中除了包括要传送的数据信息外,还有传送信息的目的 IP 地址(网络层地址)。当一个路由器收到一个数据包时,它将根据数据包中的目的 IP 地址查找路由表,根据查找的结果将此数据包送往对应端口。下一个路由器收到此数据包后继续转发,直至到达目的地。通常情况下,为每一个远程网络都建立一张路由表是不现实的,为了简化路由表,一般还要在网络上设置一个默认路由器。一旦路由表中找不到目的 IP 地址所对应的路由器,就将该数据包交给网络的默认路由器,让它来完成下一级的路由选择。通过下面的例子来说明。

例如,工作站 A 需要向工作站 B 传送信息,它们之间需要通过多个路由器的接力传递,路由器的分布如图 6.11 所示。

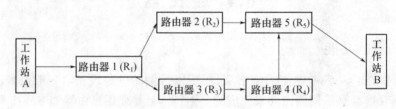

图 6.11　工作站 A、B 之间的路由选择示意图

其工作原理如下:

(1) 工作站 A 将工作站 B 的地址连同数据信息以及数据包的形式发送给路由器 1。

(2) 路由器 1 收到工作站 A 的数据包以后,先从包头中取出工作站 B 的地址,并根据路由表计算出发往工作站 B 的最佳路径:$R_1 \rightarrow R_2 \rightarrow R_5 \rightarrow B$,并将该数据包发往路由器 2。

(3) 路由器 2 重复路由器 1 工作,并将数据包转发给路由器 5。

(4) 路由器 5 同样取出工作站 B 的地址,发现工作站 B 就在该路由器所连接的网络上,于是将该数据包直接交给工作站 B。

(5) 工作站 A 将数据包一级级转发给了目的工作站 B,一次通信过程宣告结束。

路由器还可以充当数据包的过滤器,将来自其他网络的不需要的数据包阻挡在网络之外,从而减少网络之间的传送量,提高网络的利用率。

路径选择和数据转发是相互独立又相互配合的概念,数据转发使用路径选择维持的路由表,路径选择利用数据转发的功能来发布路由信息。

132

6.4.2 路由协议

在路由器中,路由选择是通过路由器中的路由表来进行的,路由表中定义了从该路由器到目的地的下一个路由器路径。因此,路由选择是通过在当前路由器的路由表中找出对应于该数据包目的地址的下一个路由器来实现的。

为了判定到达目的地的最佳路径,就要靠路由选择算法来实现。路由选择算法将收集到的不同信息填入路由表中,并通过不断更新和维护路由表使之正确反映网络的拓扑变化,最后由路由器根据量度来决定最佳路径。路由协议(Routing Protocol)实际上是指实现路由选择算法的协议,常见的路由协议有路由信息协议(RIP)、开放式最短路径优先协议(OSPF)和边界网关协议(BGP)等。

由一个互联网供应商(ISP)运营的网络称为一个自治系统(Autonomous System,AS),自治系统是一个具有统一管理机构、统一路由策略的网络。根据是否在一个自治系统内部使用,路由协议又分为内部网关协议(IGP)和外部网关协议(EGP)。RIP 和 OSFP 是自治系统内部使用的路由协议,属于内部网关协议。BGP 是多个自治系统之间的路由协议,是一种外部网关协议。下面分别作简要的介绍。

1. RIP

RIP 是推出时间最长的路由协议,也是最简单的路由协议,它最初是为 Xerox 网络系统而设计的,是因特网中常用的路由协议。

RIP 采用分布式路由选择算法(又称距离向量算法)。其工作原理是:每隔一定的时间间隔(如 30s),每个路由器都要把自己到网络中其他路由器的距离通知直接相邻的路由器;每个路由器收到其直接相邻的路由器发来的路径信息后可以计算出到网络中其他路由器的多个路径距离,然后选择最短的路径距离更新路由表,这样,正确的路由信息逐渐扩散到全网。RIP 的"距离"定义是:从一个路由器到直接相连的网络的距离为 1,到非直接相连的网络的距离为所经过的路由器的数量再加 1。

RIP 的优点是简单、可靠、便于配置。但是 RIP 只适用于小型的同构网络,因为其允许的网络中最多的路由器数量为 15,任何超过 15 个的路由器站点的目的地均被标记为不能到达。而且 RIP 每隔 30s 一次的路由信息广播也是造成网络广播风暴的重要原因之一。

2. OSPF

20 世纪 80 年代中期,RIP 已不能适应大规模异构网络的互连,OSPF 随之产生。它是网间工程任务组织的内部网关协议工作组为 IP 网络而开发的一种路由协议。

OSPF 是一种基于链路状态的路由协议,其基本工作原理是:每个路由器每隔一定时间间隔向其统一管理域的所有其他路由器发送其到其他路由器的路径信息,包括所有接口信息、所有的量度和其他一些变量等。每个路由器收到其他路由器发来的路径信息后,根据最短路径选择选择算法计算出到达每个站点的最短路径。OSPF 同 RIP 的原理主要不同之处在于路径信息发给所有的域内的路由器,不像 RIP 只发给直接相邻的路由器。

与 RIP 不同的另一方面是,OSPF 将一个自治系统在划分为区(Area),如图 6.12 所示。相应地产生了两种路由选择方式:当源工作站和目的工作站在同一区时,采用区内路由选择;当源工作站和目的工作站不在同一个区时,采用区间路由选择。这样大大减少了网络开销,并增强了网络的稳定性。当一个区内的路由器发生故障时并不影响自治域内其他区路由器的正常工作,这样给网络的管理、维护带来了方便。

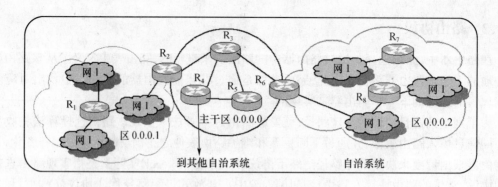

图 6.12　OSPF 自治系统中区的划分

3. BGP

BGP 是为 TCP/IP 互联网设计的 1989 年公布的外部网管协议,用于不同 AS 之间,运行 BGP 协议的路由器常称为边界网关。

BGP 要求每个 AS 都有一个唯一的编号,其使用的既不是基于纯粹的链路状态算法,也不是基于纯粹的距离向量算法。两台边界网关建立连接后,相互交换通过本 AS 可到达的网络,包括到达本 AS 内部的网络的路径、经过路由策略过滤后通过本 AS 可以到达其他网络的信息;在 BGP 传输的路径信息中不仅包含到达目的地的距离信息,还包含到达目的地所要穿越的各个 AS 的编号。只有路由状态发生变化时,边界网关才把变化的信息传输给对方;边界网关根据得到的路由信息,计算到其他目的地的路径,选择最佳的一条,在通过路由策略过滤后向其他 BGP 邻居广播,同时还要经过 IGP 向自制系统内部的路由器进行广播。BGP 使用 TCP 作为传输协议,使用的端口号为 179。

路由策略是各个 AS 根据政治、安全、经济等因素对路由控制的设置。一般路由策略分为三类:

(1) 控制从本 AS 到其他 AS 的路径,如 AS1 中的网络通过 AS2、AS3 都可以到达 AS4,由于 AS2 属于敌对方,只能选择通过 AS3 到 AS4,也许通过 AS2 路径更短。

(2) 控制本 AS 是否为某相邻的 AS 传递过境数据。

(3) 实现本 AS 内部的协调。

根据对过境数据的处理,AS 为以下三种:

(1) Stub AS:只有一条到其他 AS 的连接,因而仅能传输本地的数据,没有过境数据的问题。

(2) Multi－homed AS:与多个 AS 相连,但拒绝过境数据。

(3) Transit AS:与多个 AS 相连,愿意或部分愿意传输过境数据。

路由器是局域网与因特网连接或远程网络之间互连的关键产品,随着网络互连需求的不断增加,用户对路由器的需求量也随之大幅度增长。在国内路由器市场上,思科(Cisco)公司一直是市场的领导者,其在高端路由器市场上处于绝对领导地位,3COM、Nortel 和 Intel 等国外一些著名的路由器厂商也不断涌入中国市场。在中、低端市场,国产路由器在近年来也迅速崛起,大唐、华为、康达等已经占据了一定市场份额,而一些知名的 IT 企业,如方正、明基、清华、神州数码等也加入到了路由器市场,从而形成一个群雄逐鹿的局面。图 6.13 中从下到上分别为 Cisco2501、Cisco2502、Cisco2523 三种路由器。

图 6.13　Cisco2500 系列路由器

6.5　网　关

1．网关的基本概念

网关是让两个不同类型的网络能够互相通信的硬件或软件。在 OSI 参考模型中,网关工作在 OSI 参考模型的 4 层～7 层,它是实现应用系统级网络互连的设备。由于网络互连技术需求的多样性,网关的功能包含了 OSI 模型的 1 层～3 层的功能,且有些具体的网关主要功能也可能是 1 层～3 层的功能。

因特网是由无数相互独立的网络连接在一起构成的,大多数接入因特网的网络使用的通信协议都是 TCP/IP 协议族,可以直接与因特网上的主机进行通信,这样的网络要连入因特网通过路由器即可办到。但也有一些网络使用的不是 TCP/IP 协议族,或者不能运行 TCP/IP 协议族,这样的网络要连接到因特网上,就必须经过某种转换。而实现这种转换功能的可以是硬件,也可以是软件,统称为网关。因此,网关不仅具有路由器功能,还能实现异种网之间的协议转换。

前面介绍的中继器、网桥和路由器都属于通信子网范畴的网间互连设备,它们与实际的应用系统无关,而网关在很多情况下是通过软件方式实现的,并且与特定的应用服务一一对应。换句话说,网关总是针对某种特定的应用,通用型网关是根本不存在的,这是因为网关协议转换总是针对某种特殊的应用协议或者有限的特殊应用,如电子邮件、文件传输和远程登录等。

网关的主要功能是完成传输层以上的协议转换,它一般有传输网关和应用程序网关两类。传输网关是在传输层连接两个网络的网关,应用程序网关是在应用层连接两部分应用程序的网关。

2．网关协议转换方法

网关实现协议转换主要有如下两种方法:

(1) 直接转换法:直接将输入网络信息包的格式转换成输出网络信息包的格式。一个双边网关要能进行两种协议的转换,即从网络 1 到网络 2,从网络 2 到网络 1。同理,对于互连三个网络的网关,则要能进行 6 种协议的转换。如果互连 n 种网络,则网关要进行 $n(n-1)$ 种协议转换。n 值越大,需要的协议转换模块越多,对网关的存储空间和处理速度要求也越高,网关也越复杂。

(2) 间接转换法:先制定一种统一的标准网间信息包格式,在网关的输入端将输入网络信息包的格式转换成标准网间信息包格式,在输出端再将标准网间信息包格式转换成输出网络信息包的格式。其中,标准网间信息包格式只在网关中使用,不会出现在互连的各个网络中,所以不需要修改互联网络的内部协议。采用这种方法的网关,只需要 4 种协议转换:从网络 1 到网间,从网间到网络 2,从网络 2 到网间,从网间到网络 1。如果互连 n 种网络,那么只需要 $2n$ 种协议转换,比前一种方法简单得多。

3.网关的分类

网关既可以是一个专用设备,也可以用计算机作为硬件平台,由软件实现其功能。根据具体网关的不同用途可以分类如下:

(1)层协议网关:可以提供局域网到局域网的转换,它们通常被称为翻译网桥而不是协议网关。在使用不同帧类型或不同时钟频率的局域网间互连时可能就需要这种转换。

(2)网络地址变换:NAT 是减少对全球唯一的 IP 地址需求的机制,NAT 允许一个组织使用非全球唯一的地址连入因特网,但这要通过变换将这些地址变换到全球的可供路由的地址空间,也称作网络地址翻译器。

(3)安全网关:是各种技术有机的融合,具有重要且独特的保护作用,其范围从协议级过滤到十分复杂的应用级过滤。

(4)协议网关:通常在使用不同协议的网络区域间做协议转换。

(5)边界网关协议(Border Gateway Protocol,BGP):是用来连接因特网上独立系统的路由选择协议。它是因特网工程任务组制定的一个加强的、完善的、可伸缩的协议。BGP4 支持 CIDR 寻址方案,该方案增加了因特网上的可用 IP 地址数量。BGP 是为取代最初的外部网关协议 EGP 设计的。

(6)应用网关:是在使用不同数据格式间翻译数据的系统。典型的应用网关接收一种格式的输入,将之翻译,然后以新的格式发送。

(7)管道网关:管道网关是通过不兼容的网络区域传输数据比较通用的技术。数据分组被封装在可以被传输网络识别的帧中,到达目的地时,接收主机解开封装,把封装信息丢弃,这样分组就被恢复到了原先的格式。

(8)专用网关:很多的专用网关能够在传统的大型机系统和迅速发展的分布式处理系统间建立桥梁。典型的专用网关用于把基于 PC 的客户端连到局域网边缘的转换器。该转换器通过 X.25 网络提供对大型机系统的访问。

(9)组合过滤网关:使用组合过滤网关,通过冗余、重叠的过滤器提供相当坚固的访问控制,可以包括包、链路和应用级的过滤机制。

6.6 多层交换机

6.6.1 三层交换机

1.三层交换机的产生

交换机属于链路层设备,是一种低价位、高性能和高端口密集特点的交换产品,在以太网中具有特别重要的地位。实质上,交换机是具有流量控制的多端口网桥,每个端口对应一个结点或 LAN。与网桥一样,交换机按每个数据包中的 MAC 地址进行决策和转发,一般不考虑数据包中的其他信息。与网桥相比较,交换机转发延迟很小,操作接近单个局域网性能,远远超过了普通桥接互连网络之间的转发性能。但是,交换机不能识别网络层地址,若需连接WAN,还需使用路由器,但路由器延迟高达 $100\mu s$ 以上,价格昂贵。当今的企业网或园区网中,同一部门的下属单位的 PC 可能分散在多个不同的楼层里,要把这些地理位置分散的机器连成一个局域网,于是 VLAN 出现了,VLAN 形成了自己的管理域,但 VLAN 之间相互通信又需要路由器来寻由以抑制广播,于是人们希望既具有高速度又具有寻由功能的交换机,因而三层及或多层交换机应运而生。

当前组建的企业网或园区网都采用三层及或多层交换机,既可按 IP 地址,也可用 VLAN技术划分子网,将路由器推到企业网的边缘,10G 以太网更把路由器推到城域网的边缘,没有三层交换机,则企业网或园区网内部就得使用路由器,价格太昂贵了。图 6.14 为国产烽火F-engine S3500 三层交换机。

图 6.14　烽火 F-engineS3500 三层交换机

2. 工作原理

三层交换的工作原理各家公司不尽相同,以 BAY 公司 Switch node 为例说明三层交换的原理。

1) Switch node 的总体结构

Switell node 的总体结构如图 6.15 所示。

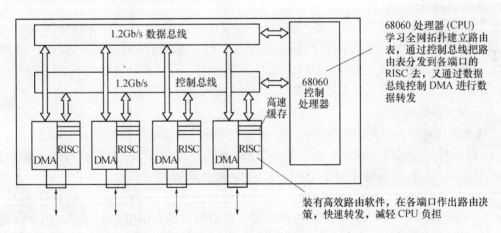

图 6.15　Switch node 的总体结构

2) 获取地址的方式

不同厂家的三层交换机获取网络拓扑的工作过程,即建立 IP 地址、MAC 地址的方法基本相同,主要有 IP 自学习方式和运行路由协议方式。

(1) IP 自学习方式。该方式无须运行路由协议即可获得三层地址,其目标是获取交换机的 IP 地址,如图 6.16 所示。

若 A、B 同在 LAN1 中,若 A 不知 B 的 MAC 地址则发出 ARP 寻址包在 LAN1 中广播,各

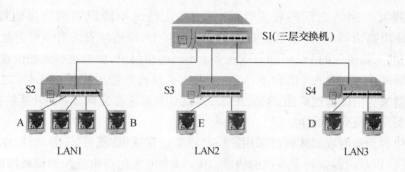

图 6.16　网络拓扑的获取示意图

站都以自己的 IP 地址和 MAC 地址应答,交换机 S2 形成自己的地址表,内容为:"交换机 S2,LAN1,各站的 IP 地址,各站的 MAC 地址"。

当 A 向 D 发送时,若 A 知道 S4 的 MAC 地址,则以 S4 的 MAC 地址为目标地址,并在数据包中写入 D 的 MAC 地址,发送到 S4,由 S4 发送到 D;若 A 不知道 S4 的 MAC 地址,则发一个 ARP 探询包,包中写入 D 的 MAC 地址,广播出去,S3 不予理睬,S4 发现 D 在自己的网内,则 S4 以自己的 IP 地址经过 S1 做应答,原主机将此应答写入自己的地址选择表。

当 E 向其他主机发送时也像前面一样,这是一个反复过程,各个交换机和主机不断修改自己的地址表,则骨干三层交换机 S1 知道了全网的 S2、S3、S4 交换机的 IP 地址,形成全网的路由表,并通过控制总线将此表分配到各端口的 RISC 的缓存器中去。由此 S1 三层交换机具备了路由器的功能。

S2、S3、S4 可以用二层交换机,也可用三层交换机,若下连三层交换机,其内部也可按上述过程形成自己的路由表。

(2) 运行路由协议方式。当组建大型网络时,内部包含多个 VLAN,此时在 VLAN 内部可使用二层交换,在 VLAN 之间须使用三层交换,此时要运行路由协议,如路由网间协议(RIP)、开放式最短路径优先协议(OSFP)等,从而掌握 IP 拓扑,获取目标站的 IP 和 MAC 地址,使得 Switch node 仍可获得低延迟、高线速、低价位的良好性能。

3. 三层交换机的类型

三层交换机可以根据其处理数据的不同而分为纯硬件和纯软件两大类。

(1) 纯硬件的三层技术相对来说技术复杂、成本高,但是速度快、性能好、带负载能力强。其是采用 ASIC 芯片,采用硬件的方式进行路由表的查找和刷新。

当数据由端口接口芯片接收进来以后,首先在二层交换芯片中查找相应的目的 MAC 地址,如果查到,就进行二层转发,否则将数据送至三层引擎。在三层引擎中,ASIC 芯片查找相应的路由表信息,与数据的目的 IP 地址相比对,然后发送 ARP 数据包到目的主机,得到该主机的 MAC 地址,将 MAC 地址发到二层芯片,由二层芯片转发该数据包。

(2) 基于软件的三层交换机技术较简单,但速度较慢,不适合作为主干。其是采用 CPU 用软件的方式查找路由表。

当数据由端口接口芯片接收进来以后,首先在二层交换芯片中查找相应的目的 MAC 地址,如果查到,就进行二层转发否则将数据送至 CPU。CPU 查找相应的路由表信息,与数据的目的 IP 地址相比对,然后发送 ARP 数据包到目的主机得到该主机的 MAC 地址,将 MAC 地址发到二层芯片,由二层芯片转发该数据包。因为低价 CPU 处理速度较慢,因此这种三层交换机处理速度较慢。

6.6.2 四层交换机

1．工作原理

OSI 模型的第 4 层是传输层,负责端对端通信,即在网络源和目标系统之间协调通信。在 TCP/IP 协议族中这是 TCP 和 UDP 所在的协议层。

在第 4 层,TCP 和 UDP 报文头部包含有端口号,它们可以唯一区分每个数据包,包含哪些应用协议(例如 HTTP、FTP 等)。端点系统利用这种信息来区分包中的数据,尤其是端口号使一个接收端计算机系统能够确定它所收到的 IP 包类型,并把它交给相应的高层软件。端口号和设备 IP 地址的组合通常称作"插口"。

1～255 之间的端口号被保留,它们称为"熟知"端口,也就是说,在所有主机 TCP/IP 协议实现中,这些端口号是相同的。除了"熟知"端口外,标准 UNIX 服务分配在 256～1024 端口范围,定制的应用一般在 1024 以上分配端口号。

常用的"熟知"端口号有:FTP 的数据端口号为 20、控制端口号为 21,TELNET 的端口号为 23,SMTP 的端口号为 25,HTTP 的端口号为 80,NNTP 的端口号为 119,NNMP 16 的端口号为 162 等。

TCP/UDP 端口号提供的附加信息可以为网络交换机所利用,这是第 4 层交换的基础。具有第 4 层功能的交换机能够起到与服务器相连接的虚拟 IP 前端的作用。

每台服务器和支持单一或通用应用的服务器组都配置一个虚拟 IP 地址。这个虚拟 IP 地址被发送出去并在域名系统上注册。在发出一个服务请求时,第 4 层交换机通过判定 TCP 开始,来识别一次会话的开始,然后它利用复杂的算法来确定处理这个请求的最佳服务器。一旦做出这种决定,交换机就将会话与一个具体的 IP 地址联系在一起,并用该服务器真正的 IP 地址来代替服务器上的虚拟 IP 地址。

每台第 4 层交换机都保存一个与被选择的服务器相配的源 IP 地址以及源 TCP 端口相关联的连接表,然后第 4 层交换机向这台服务器转发连接请求。所有后续包在客户机与服务器之间重新映射和转发,直到交换机发现会话为止。

在使用第 4 层交换的情况下,接入可以与真正的服务器连接在一起来满足用户制定的规则,诸如使每台服务器上有相等数量的接入或根据不同服务器的容量来分配传输流。

2．性能指标

1) 速度

第 4 层交换必须提供与第 3 层路由器线速可比拟的性能,也就是说,第 4 层交换必须在所有端口以全介质速度操作,即使在多个千兆以太网连接上也如此。千兆以太网速度等于以 1488000 个/s 数据包的最大速度路由(假定最坏的情形),即所有报文定义的最小尺寸,长 64B。

2) 表容量

进行第 4 层交换的交换机需要有区分和存储大量发送表项的能力。交换机在一个企业网的核心时尤其如此。许多第 2 层或第 3 层交换机倾向发送表的大小与网络设备的数量成正比。对第 4 层交换机,这个数量必须乘以网络中使用的不同应用协议和会话的数量,因而发送表的大小随端点设备和应用类型数量的增长而迅速增长。第 4 层交换机设计者在设计其产品时需要考虑表的这种增长。大的表容量对制造支持线速发送第 4 层流量的高性能交换机至关重要。

3）服务器容量平衡算法

依据所希望的容量平衡间隔尺寸，第4层交换机将应用分配给服务器的算法有很多种，有简单的检测环路最近的连接、检测环路时延或检测服务器本身的闭环反馈。在所有的预测中，闭环反馈提供反映服务器现有业务量的最精确的检测。

4）冗余

第4层交换机内部有支持冗余拓扑结构的功能，在具有双链路的网卡容错连接时，就可能建立从一个服务器到网卡，链路和服务器交换器的完全冗余系统。

习　题

一、名词解释

网桥，网关，路由器。

二、填空

1. 网络互连的目的是_____。

2. 在网络层实现互连的设备是_____，在物理层实现互连的设备是_____和_____。

3. Hub 可分为_____、_____和_____三种。

4. 网桥除了存储转发外，还必须具备_____和_____的功能。

5. 网关实现协议转换主要_____和_____两种方法，其中_____需要制定一种统一的标准网间_____。

6. _____是用来连接因特网上独立系统的路由选择协议，其本身不是网关协议。

7. 具有传输层功能的交换机称为_____层交换机，其性能指标主要有_____、_____、_____、_____等。

8. 透明桥采用_____算法来解决环路网桥的问题。

9. 三层交换机主要有_____和_____两大类，前者速度快、性能好，后者成本低。

三、论述

1. 网络互连有哪些优点？

2. 网络互连主要分哪几种？

3. 以 802.3 和 802.4 两个局域网互连为例说明网桥的工作原理，解释网桥主要解决哪些问题。

4. 简要说明透明网桥和源路径网桥的工作原理，并比较二者的优、缺点。

5. 路由器的路径选择是如何进行的？

6. 举例说明路由器是如何进行数据转发的？

7. 常见的路由协议有哪些？并简要说明。

8. 网关的主要功能是什么？

9. 交换机的交换结构分哪几种？

10. 试述交换机的主要功能。

11. 为什么要用三层交换机？

四、交换机的结构包括哪几部分？画出交换机的示意图。

第7章 TCP/IP 协议

TCP/IP 协议后来成为因特网上广泛使用的网络协议,成为事实上的因特网协议标准。本章介绍 TCP/IP 协议模型,分析 TCP/IP 协议族的各个协议,探讨 IPv6 技术,最后介绍虚拟专用网 VPN 技术。本章的重点内容是 TCP/IP 协议模型及 TCP/IP 协议族的各个协议、VPN 技术。

7.1 TCP/IP 协议结构

TCP/IP 协议族目前已经发展成为 OSI 模型的网络层和传输层上协议的业界标准,是因特网最常用的一组网络协议。TCP/IP 是 20 世纪 70 年代末开发的 ARPANET 网络的第二代协议,ARPANET 是美国 1969 年建立的世界上第一个计算机网络。ARPANET 的运行经验表明,TCP/IP 是一个非常可靠实用的协议。

传输控制协议/网际协议(Transmission Conrtol Protocol/Internet Protocol, TCP/IP)的设计几乎可以支持任何规模的网络,是目前大多数数据网络选用的一种网络协议,是因特网的基础,也是 UNIX 系统互连的标准之一。TCP/IP 为不同操作系统和硬件体系结构的互联网提供了通信手段,而不必过多地消耗网络带宽和其他资源。

TCP/IP 通常是指一个协议族,除了包括 TCP 和 IP 两大类协议,还包括远程登录、电子邮件、文件传输等相关协议。TCP/IP 模型与 OSI 模型不完全相同,如图 7.1 所示,但结构上大体和 OSI 模型相互对应。TCP/IP 模型主要包括应用层、传输层、网络层、网络接口层,但是从某种意义上说 TCP/IP 协议的传输层既包含 OSI 模型的会话层,也包含 OSI 模型中的传输层,但也不是所有的情况下都是这样。

应用层	SMTP、FTP、DNS、SNMP
传输层	TCP、UDP
网络层	IP(ICMP、IGMP、ARP、RARP)
网络接口层	与各种网络的接口

图 7.1 TCP/IP 模型

应用层主要是远程登录、电子邮件、文件传输等相关协议;传输层主要包括 TCP、用户数据报协议(User Datagram Protocol, UDP);网络层主要包括 IP 及其因特网控制报文协议(Internet Control Message Protocol, ICMP)、因特网多播管理协议(Internet Grou PManegement Protocol, IGMP)、地址解析协议(Address Resolution Protocol, ARP)、逆向地址解析协议(Reverse ARP, RARP)等;网络接口层主要定义了与各种物理网络的接口,这些物理网络包括以太网、令牌环网等 IEEE 定义的各种标准局域网,且包括 ARPANET、X.25 等广域网。

7.2 网络层协议

7.2.1 IP 地址与子网掩码

1. IP 地址

用于标识 TCP/IP 网络上的系统的 IP 地址是该协议族的一个重要特性。IP 地址是关于各个计算机和计算机所在网络的一个绝对地址。在 TCP/IP 网络上传输的 IP 数据报的 IP 头部中,都包含了生成数据报的源系统和该数据报要发送到的目的系统的 IP 地址。IP 地址的长度是 32 位,分为 4 组,每组 8 位来表示。但是书写时为了方便,都用十进制写出,每组用"."分隔,如地址 11001010 11001111 10111100 10000001 书写成 202.207.188.129。

IP 地址由网络号和主机号组成,用来标识源地址和目的地址,但这种标识只是一种逻辑编号,而不是路由器或计算机的 MAC 地址。所以 IP 地址并不代表每一台计算机,而是代表网络接口。一台计算机在网络上位置的改变,其 IP 地址也需要随之改变。IP 地址由网络信息中心(NIC)来分配。若某局域网没有和因特网连接,那么该网络可以定义自己的 IP 地址,一旦要接入因特网时必须向 NIC 申请正式的 IP 地址。

IP 地址与连网设备并不一定是一对一关系,不同的设备一定有不同的 IP 地址,但同一设备可能同时分配几个 IP 地址。例如,某一路由器若同时连通几个网络,就需要拥有所接各个网络的 IP 地址。

2. IP 地址的分类

当前流行的 IP 协议称为 IPv4,因特网指导委员会(Internet Architecture Board,AB)为 IP 地址定义了 5 种类型,不同类别的 IP 地址的差异表现在子网掩码上,也就是用于代表网络和主机的掩码位数不同,如表 7.1 所列。

表 7.1　IP 地址的分类

	A类	B类	C类	D类	E类
网络地址位数	8	16	24	无	无
主机地址位数	24	16	8	无	无
子网掩码	255.0.0.0	255.255.0.0	255.255.255.0	无	无
起始标识	0	10	110	1110	1111
首字节取值范围	0~127	128~191	192~223	224~239	240~255
网络的数量	127	16384	2097151	无	无
主机的数量	16777214	65534	254	无	无

之所以建立不同类别的 IP 地址,目的是为方便建立不同规模的网络,以适应不同机构和应用的需要。如表 7.1 所示,每个 IP 地址都由网络号和主机号组成,每个 IP 地址占 32 位。由于标识的长度不同,则各类 IP 地址可能容纳的网络数目及每个网络可能容纳的主机数目区别很大。

A 类、B 类、C 类地址分别适用于大规模、中规模、小规模的网络。D 类地址为多点广播地址,用于多点传送给多个主机,主要由 IAB 使用。E 类地址是实验地址,保留给将来使用。

凡接入因特网的网络其网络地址必须是全球唯一的,是经过因特网 NIC 分配的。但其中

有些地址是用于特殊目的的,不能分配。如:

(1) 网络标识的首字节不能是 127(01111111),因为在 A 类地址中,127 保留给内部回送函数。

(2) 网络标识的首字节不能是 255(11111111),因为数字 255 已作为广播地址。

(3) 网络标识的首字节不能是全 0,因为全 0 表示本主机,不能传送。

(4) 主机号不能是全 1,因为全 1 表示广播地址,如 128.58.255.255,表示广播到 128.58 网络中的所有主机。

(5) 主机号不能是全 0,因为全 0 代表整个网络。如 24.0.0.0 代表网络号为 24 的 A 类全网,不代表某个主机;又如 202.99.123.0 代表 202.96.133 C 类网络。

3. 子网划分

为了提高 IP 地址的使用效率,引入了子网的概念。将一个网络划分为子网:采用借位的方式,从主机位最高位开始借位变为新的子网位,所剩余的部分则仍为主机位。这使得 IP 地址的结构分为三级地址结构:网络位、子网位和主机位。这种层次结构便于 IP 地址分配和管理。它的使用关键在于选择合适的层次结构——如何既能适应各种现实的物理网络规模,又能充分地利用 IP 地址空间(从何处分隔子网号和主机号)。

如果此时有一个 IP 地址和子网掩码,就能够确定设备所在的子网。

4. 子网掩码

IP 地址将一些地址位专门用做网络地址,而将另一些地址位用做主机地址,但是用于每种用途的地址位数量不尽相同。许多常用地址用 24 位作为网络标识,8 位用做主机标识,不过网络地址位和主机地址位的分界可以位于地址中的任何位置。为了确定哪些地址用于网络标识,哪些用做主机标识,每个 TCP/IP 系统在使用 IP 地址的同时,还使用了子网掩码。

子网掩码是 32 位二进制数,每个位分别与 IP 地址的相应位对应。如果子网掩码中的某一位为 1,则表示 IP 地址中对应位是网络地址的组成部分;反之,如果为 0,则就是主机地址的组成部分。与 IP 地址相同,子网掩码也同样使用 4 个 8 位十进制数来表示,这 4 个十进制数之间用圆点隔开。例如,IP 地址:202.207.188.129;子网掩码:255.255.255.192。

当 IP 地址和子网掩码用十进制数来表示时,分不清哪个是网络地址,哪个是主机地址,将它们转换为等价的二进制表示形式:IP 地址:11001010 11001111 10111100 10000001;子网掩码:11111111 11111111 11111111 11000000。

可见,将它转换成二进制数来表示就非常清楚地看出网络位和主机位的分界线,网络位与主机位之间的分界线可以位于 32 位掩码中的任何位置,但是不会出现主机位中有网络位或网络位中有主机位的现象,它们之间总是有一条明显的分界线。

7.2.2 IP 协议

IP 是 TCP/IP 协议族中最为核心的协议,所有的数据都以 IP 数据报格式传输(图 7.2)。TCP/IP 对 IP 提供不可靠、无连接的数据报传送服务,不可靠的意思是它不能保证 IP 数据报能成功地到达目的地。IP 仅提供最好的传输服务。如果发生某种错误时,如某个路由器暂时用完了缓冲区,IP 有一个简单的错误处理算法:丢弃该数据报,然后发送 ICMP 消息报给信源端。任何要求的可靠性必须由上层来提供(如 TCP)。无连接的意思是 IP 并不维护任何关于后续数据报的状态信息,每个数据报的处理是相互独立的。这也说明,IP 数据报可以不按发送顺序接收。如果一信源向相同的信宿发送两个连续的数据报(先是 A,后是 B),每个数据报

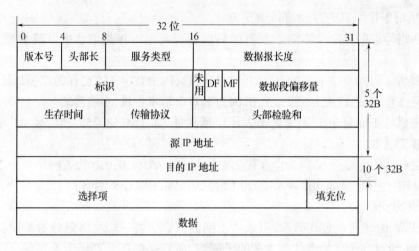

图 7.2 IP 数据报的格式

都是独立地进行路由选择,可能选择不同的路线,因此 B 可能在 A 到达之前先到达。

IP 负责的主要功能有:

(1) 寻址:负责确定将成为数据报的最终接收者的系统。

(2) 数据封装:将传输层的数据封装在数据报中,以便传输到目的地。

(3) 数据报分段:将数据报分割成较小的段,以便在网络中传输。

(4) 路由选择:确定数据报通过网络到达目的地所经过的路径。

1. IP 头部

IP 数据报头部各个字段功能如下:

(1) 版本号:用于设定所有 IP 协议的版本,目前本字段的值为 4,就是 IPv4,不久的将来会过渡到 IPv6。

(2) 头部长:以 32 位(4B)为单位,最小为 5,最大为 15,这说明还可以加入 10 个 32 位的选择项,选择项中包括了路由信息,若不能满足 32 位时,则填入若干个"0",以保证 32 位的整数倍。

(3) 服务类型:占用 8 位,其结构如图 7.3 所示。优先权占用 3 位,取值 0~7,0 为一般优先级,7 为高优先权,D 为低延迟,T 为高吞吐量,R 为高可靠性,置 1 有效,剩两位为保留位。

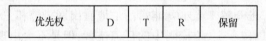

图 7.3 服务类型

(4) 数据报长度:占用 16 位,最大取值 65535,包括头部和数据的长度之和。

(5) 标识:占用 16 位,用来控制数据报的重新组装数据段,当数据报很大时可以分段然后重组,但不论分多少段,同一数据报具有相同的标识;后面的第 17 位未用,第 18 位 DF(Don't Fragment)为 1 时,表示不分段,表示目标主机没有分段重组的能力,故不能分段。第 19 位 MF(More Fragment)为 1 时表示可以分段,后面有分段到达,只有 MF 为 0 时,表示为最后一个分段。后面的数据段位移表示每个分段的偏移顺序,取值为 0~8192,以字节为单位,如 256B 为一段,则第一段偏移量为 0,第二段偏移量为 256,第三段偏移量为 512,依次类推。由于数据报不能保证按序到达,所以利用数据段偏移量进行重组。

（6）生存时间（Time To Live）：占用 8 位，表示数据报在因特网中的传输时间最多允许存活多少秒，其作用是防止数据报在网络的各结点间到处游荡，甚至出现环路循环，无穷延迟。例如，生存周期取值 255s，超时丢弃，然后重发，避免加重网络负载。

（7）传输协议：占用 8 位，表示使用什么传输协议，如 TC P、UDP 或其他协议。

（8）头部检验和：仅仅对头部做检验和校验以保证头部的正确，这体现了数据报尽力尽快传输的思想，其方法是首先将检验和置为 0，然后对每 16 位求异或，结果取反，即得到检验和，接收端相对应，只对对头部做检验和校验之后，将数据的校验留给高层去处理。

（9）源 IP 地址：占用 32 位，用于设定发送数据报的系统的 IP 地址。

（10）目的 IP 地址：占用 32 位，用于设定数据报最终接收的系统的 IP 地址。

（11）选择项的说明：选择项的长度是可变的，第 1 字节为选择项的内容，第 2 字节为选择项的长度，后面是选择项的数据，最后是填充位，使其长度保持为 32 位的倍数，目前定义了 5 种选择项，如表 7.2 所列。这是 IP 数据报中特殊的又是不可缺少的选项，主要用来做网络传输控制和测试。其不可缺少的原因是，它既可以补充原先 IP 协议的不足，又为新概念、新方法的试验留有余地，这种满足不断发展的思维是 IP 协议独有的科学思想和特征。

（12）数据：长度可变，它包含数据段的负载。

表 7.2　选择项

选择项	说　　明
安全性	由军方使用，命令数据报不许通过不友好的国家或地区
严格源路由	指定从源到目标数据报经过的 IP 地址序列，当路由出现问题时由系统管理器发出紧急包进行检测和控制
松散源路由	只是指出数据报应当经过的方向和地区，不指定严格的 IP 地址序列，如只准向南，不准向西，绕过不友好的国家或地区
记录路由	只是把经过的路由表有序地记入选择项内，用来帮助系统分析员考验路由算法的优、缺点。过去的记录证明，尚未发现数据报经过 9 个以上的路由器，现在因特网连通全球，可能超过此历史记录了
时间戳	记录数据报所经过的地区的路由器的时间，单位为 μs，也是用来分析考验路由算法的优、缺点

2. IP 路由选择

从概念上说，IP 路由选择是简单的，特别对于主机而言。如果目的主机与源主机直接相连（如点对点链路）或都在一个共享网络上（以太网或令牌环网），那么 IP 数据报就直接送到目的主机上；否则，主机把数据报发往一默认的路由器上，由路由器来转发该数据报。大多数的主机都是采用这种简单机制。

当今，大多数多用户系统都可以配置成一个路由器，人们可以为它指定主机和路由器都能使用的简单路由算法。本质上的区别在于主机从不把数据报从一个接口转发到另一个接口，而路由器则要转发数据报。内含路由器功能的主机应该从不转发数据报，除非它被设置成那样。在一般的体制中，IP 可以从 TCP、UDP、ICMP 和 IGMP 接收数据报（在本地生成的数据报）并进行发送，或者从一个网络接口接收数据报（待转发的数据报）并进行发送。IP 层在内存中有一个路由表，当收到一份数据报并进行发送时，它都要对该表搜索一次。当数据报来自某个网络接口时，IP 首先检查目的 IP 地址是否为本机的 IP 地址之一或者 IP 广播地址。如果是，数据报就被送到由 IP 头部协议字段所指定的协议模块进行处理。如果数据报的目的不是这些地址,那么如果 IP 层被设置为路由器的功能,对数据报进行转发;否则数据报被丢弃。

路由表中的每一项都包含下面信息:

(1) 目的 IP 地址。它既可以是一个完整的主机地址,也可以是一个网络地址,由该表目中的标志字段来指定。主机地址有一个非 0 的主机号,以指定某一特定的主机,而网络地址中的主机号为 0,以指定网络中的所有主机(如以太网、令牌环网)。

(2) 下一站(或下一跳)路由器(Next-Hop Router)的 IP 地址,或者有直接连接的网络 IP 地址。下一站路由器是指一个在直接相连网络上的路由器,通过它可以转发数据报。下一站路由器不是最终的目的,但是它可以把传送给它的数据报转发到最终目的。

(3) 标志。其中一个标志指明目的 IP 地址是网络地址,还是主机地址;另一个标志指明下一站路由器是否为真正的下一站路由器,还是一个直接相连的接口。

(4) 为数据报的传输指定一个网络接口。

IP 路由选择主要完成以下功能:

(1) 搜索路由表,寻找能与目的 IP 地址完全匹配的表目(网络地址和主机号都要匹配)。如果找到,则把报文发送给该表目指定的下一站路由器或直接连接的网络接口(取决于标志字段的值)。

(2) 搜索路由表,寻找能与目的网络号相匹配的表目。如果找到,则把报文发送给该表目指定的下一站路由器或直接连接的网络接口(取决于标志字段的值)。目的网络上的所有主机都可以通过这个表目来处置。例如,一个以太网上的所有主机都是通过这种表目进行寻径的。这种搜索网络的匹配方法必须考虑可能的子网掩码。

(3) 搜索路由表,寻找标为"默认"的表目。如果找到,则把报文发送给该表目指定的下一站路由器。

如果上面这些步骤都没有成功,那么该数据报就不能被传送。如果不能传送的数据报来自本机,那么一般会向生成数据报的应用程序返回一个"主机不可达"或"网络不可达"的错误。

7.2.3 地址解析协议和逆向地址解析协议

1. ARP

在以太网中,帧里面包含目标主机的 MAC 地址,即 48 位以太网地址来确定目的接口。一个主机要和另一个主机进行直接通信,必须知道目标主机的 MAC 地址。设备驱动程序从不检查 IP 数据报中的目的 IP 地址。这个目标 MAC 地址是通过地址解析协议获得的。"地址解析"是主机在发送帧前将目标 IP 地址转换成目标 MAC 地址的过程。地址解析为这两种不同的地址形式提供映射:32 位的 IP 地址和数据链路层使用的任何类型的地址。ARP 的基本功能就是通过目标设备的 IP 地址,查询目标设备的 MAC 地址,以保证通信的顺利进行。

ARP 为 IP 地址到对应的硬件地址之间提供动态映射。之所以用动态这个词是因为这个过程是自动完成的,一般应用程序用户或系统管理员不必关心。

1) ARP 的分组格式

图 7.4 为 ARP 分组的格式,各个字段功能如下:

(1) 硬件地址类型:两个字节,用于设定发送方硬件地址字段和目标硬件地址字段中的硬件地址类型。

(2) 协议地址类型:两个字节,用于设定发送方协议地址字段和目标协议地址字段中的协议地址类型。

硬件地址类型		协议地址类型
硬件地址长度	协议地址长度	操作码
发送方硬件地址		
发送方硬件地址（续）		发送方协议地址
发送方协议地址（续）		目标硬件地址
目标硬件地址（续）		
目标协议地址		

图 7.4　ARP 分组格式

(3) 硬件地址长度：一个字节，用于设定发送方硬件地址字段与目标硬件地址字段中的硬件地址长度。

(4) 协议地址长度：一个字节，用于设定发送方协议地址字段与目标协议地址字段中的协议地址长度。

(5) 操作码：2 个字节，用于设定数据包中包含的消息类型。

(6) 发送方硬件地址：由硬件地址长度字段的值设定长度，用于设定发送消息的系统在发送请求和应答消息时使用的硬件地址。

(7) 发送方协议地址：由协议地址长度字段的值设定长度，用于设定发送消息的系统在发送请求和应答消息时使用的协议（如 IP）地址。

(8) 目标硬件地址：由硬件地址长度字段的值设定长度，在请求消息时，本字段为空，在应答消息中，它包含了在相关的请求消息中发送方硬件地址。

(9) 目标协议地址：由协议地址长度字段的值设定长度，用于设定请求消息和应答消息发送到的系统的协议地址。

2）ARP 的处理步骤

(1) 应用程序客户端把主机名转换成 32 bit 的 IP 地址，客户端请求 TCP 用得到的 IP 地址建立连接。TCP 发送一个连接请求分段到远端的主机，即用上述 IP 地址发送一份 IP 数据报，如果目的主机在本地网络上（如以太网、令牌环网或点对点链接的另一端），那么 IP 数据报可以直接送到目的主机上。如果目的主机在一个远程网络上，那么就通过 IP 路由选择来确定位于本地网络上的下一站路由器地址，并让它转发 IP 数据报。在这两种情况下，IP 数据报都是被送到位于本地网络上的一台主机或路由器。

(2) 假定是一个以太网，那么发送端主机必须把 32 位的 IP 地址变换成 48 位的以太网地址。从逻辑因特网地址到对应的物理硬件地址需要进行翻译，这就是 ARP 的功能。ARP 本来是用于广播网络的，有许多主机或路由器连在同一个网络上。

(3) ARP 发送一份 ARP 请求的以太网数据帧给以太网上的每个主机，这个过程称作广播。ARP 请求数据帧中包含目的主机的 IP 地址，其意思是"如果你是这个 IP 地址的拥有者，请回答你的硬件地址。"

(4) 目的主机的 ARP 层收到这份广播报文后，识别出这是发送端在寻问它的 IP 地址，于是发送一个 ARP 应答。这个 ARP 应答包含 IP 地址及对应的硬件地址。收到 ARP 应答后，

147

使 ARP 进行请求—应答交换的 IP 数据报现在就可以传送了。发送 IP 数据报到目的主机。

2. RARP

RARP 分组的格式与 ARP 分组基本一致,它们之间主要的差别是 RARP 请求或应答的帧类型代码,而且 RARP 请求的操作代码为 3,应答操作代码为 4。对应于 ARP,RARP 请求以广播方式传送,而 RARP 应答一般是单播传送的。

虽然 RARP 在概念上很简单,但是一个 RARP 服务器的设计与系统相关而且比较复杂。相反,提供一个 ARP 服务器很简单,通常是 TCP/IP 在内核中实现的一部分。由于内核知道 IP 地址和硬件地址,因此当它收到一个询问 IP 地址的 ARP 请求时,只需用相应的硬件地址来提供应答就可以。

1) 作为用户进程的 RARP 服务器

RARP 服务器的复杂性在于,服务器一般要为多个主机(网络上所有的无盘系统)提供硬件地址到 IP 地址的映射,该映射包含在一个磁盘文件中。由于内核一般不读取和分析磁盘文件,因此 RARP 服务器的功能就由用户进程来提供,而不是作为内核的 TCP/IP 实现的一部分。更为复杂的是,RARP 请求是作为一个特殊类型的以太网数据帧来传送的。这说明 RARP 服务器必须能够发送和接收这种类型的以太网数据帧。由于发送和接收这些数据帧与系统有关,因此 RARP 服务器的实现是与系统捆绑在一起的。

2) 每个网络有多个 RARP 服务器

RARP 服务器实现的一个复杂因素是 RARP 请求,是在硬件层上进行广播的,这意味着它们不经过路由器进行转发。为了让无盘系统在 RARP 服务器关机的状态下也能引导,通常在一个网络上(如一根电缆)要提供多个 RARP 服务器。当服务器的数目增加时(以提供冗余备份),网络流量也随之增加,因为每个服务器对每个 RARP 请求都要发送 RARP 应答。发送 RARP 请求的无盘系统一般采用最先收到的 RARP 应答(对于 ARP,从来没有遇到过这种情况,因为只有一台主机发送 ARP 应答)。另外,还有一种可能发生的情况是每个 RARP 服务器同时应答,这样会增加以太网发生冲突的概率。

虽然 RARP 在概念上很简单,但是 RARP 服务器的实现却与系统相关。因此,并不是所有的 TCP/IP 实现都提供 RARP 服务器。

7.2.4　因特网控制报文协议

因特网控制报文协议(ICMP)经常被认为是 IP 层的一个组成部分。它传递差错报文以及其他需要注意的信息。ICMP 报文通常被 I P 层或更高层协议(TCP 或 UDP)使用。一些 ICMP 报文把差错报文返回给用户进程。

当 IP 软件收到 ICMP 报文后,即由 ICMP 模块来处理。ICMP 报文不是一个独立的报文,而是封装在 IP 数据报中,ICMP 报文作为因特网网络层数据报的数据,加上数据报的头部,组成 IP 数据报发送出去。其格式如图 7.5 所示。

IP 数据报头	类型	代码	检验和	不用或按类型确定

图 7.5　ICMP 的报文格式

具体说明如下:

(1) IP 数据报头是因为 ICMP 报文是利用 IP 数据报格式来传输而安排的。

（2）ICMP 类型可以分为差错报告报文和路径询问报文,常用的类型取值如表 7.3 所列。

表 7.3　ICMP 报文类型

类型值	差错报告报文说明	类型值	差错报告报文说明
3	目标不可达	11	超时生存期已经减为零
4	源站抑制,主机放慢发送	12	部门参数出错
5	重定向,改变路由	13	时间戳请求
6	代替主机地址	14	时间戳应答
8/(0)	回应请求目标站能否接通	17	地址掩码请求
9	路由器询问(广播)	18	地址掩码应答
10	路由器通告		

（3）代码是对不同类型的进一步细分。

（4）校验和是对全部 ICMP 报文的校验和。

（5）按照类型而定的四字节:根据 ICMP 报文的类型而定,多数情况下不用。

ICMP 数据部分包含了收到的 IP 数据包的报头,再加上该数据包的前 8B,这一部分的长度可能变化,原则是在保证 ICMP 报文总长度不超过 567B 的条件下可能更长一些,但这一部分是必须的,用来提取传输层的端口号和传输层的发送序号。由此格式可以初步知道,ICMP 的功能是向源主机报告传输过程发现的错误,还可以对链路上的路由信息进行查询。

1. ICMP 的出错报文

出错报文可以进一步细分,下面主要介绍常见的出错报文。

1）目的地无法到达

当路由器无法转发交付 IP 数据报时,ICMP 就产生一个目标不可达报文,其格式如图 7.6 所示。其中类型为 3,代码取值为 0~15,这是对的目标不可达的原因的说明,代码 0 为由硬件原因使目标不可达,代码 1 表示由于硬件原因使主机不可达;代码 2 表示协议不可达;代码 3 表示端口不可达;代码 4 表示需要分段且 DF 置位出错;代码 5 表示源路由器失败;代码 6 表示找不到目标网络;代码 7 表示找不到目标主机;代表 8 表示源主机被隔离;代码 9 表示从管理上禁止与目标网络通信;代码 10 表示在管理上禁止与目标主机通信;代码 11 表示对指定的某种服务类型网络不可达而不是硬件原因,但是若主机请求了另一种可用的服务,则路由器可以为数据报找到另一条路由;代码 12 表示对指定的某种服务类型主机不可达;代码 13 表示由于管理机构在这个主机上设置了过滤器而使主机不可达;代码 14 表示由于主机所设置的优先级受到破坏而主机不可达;代码 15 表示由于优先级被删除而使主机不可达。

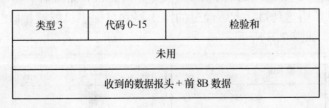

图 7.6　目标不可达报文格式

2）源系统减速发送数据

由于 IP 协议本身没有流量控制功能,当源主机发送速度过快,则会导致拥塞发生,使得数据在中途路由器上或目标主机上被丢弃,这时就由它们向源主机发出 ICMP 源端控制报文,通知源主机必须减速发送数据消息,直到不再收到源端控制报文,才可以恢复原来的发送过程。

3) 重定向

在主机和路由器上都有一张路由表,路由器上的路由表是根据网络链路状态的变化而定期更新的。但是在因特网上的主机数量要比路由器的数量多出几个数量级,所以任何主机都不能定时更新路由表,否则就会产生不可接受的通信量。那么当确实需要主机更新路由表时该如何进行? 原来主机在开始工作时,就由手工设置一个默认路由器的 IP 地址,用来达到任何其他目标主机。同时主机就在自己的路由表中加入一个新表项,此后主机就增加了一个新路由。重定向报文的格式如图 7.7 所示。

类型 5	代码 0~3	检验和
指针	未用或全为 0	
收到的数据报头 + 前 8B 数据		

图 7.7 重定向报文格式

其中类型为 5,代码取值为 0~3,代码 0 表示改变特定网络的路由,代码 1 代表改变特定主机的路由,代码 3 表示按一定服务类型对特定主机改变的路由。

4) 超时

当数据报在传输过程中应发生了环路路由或其他原因使经过的路由器数目过多,每经过一个路由器,则生存期的跳数减 1。当路由器发现生存期为 0 的数据报时,就丢弃这个数据报,并向源主机发出超时报文。当目标主机收到生存期为 0 的数据报时,不仅向源主机发出超时报文,还要将此前已收到的该报文的分段全部丢弃。

5) 报文参数出错

IP 数据报在网上传输时,路由器和目标主机如果发现数据报报头中出现差错,缺少某个字段的取值,就立即向源主机返回参数出错报文,其格式与图 7.7 类似,类型为 12,代码为 0~1,代码 0 表示在报头中出错,指针指出出错的位置;代码 1 表示缺少必要的选项,这时不用指针。

2. ICMP 的查询报文

ICMP 的查询报文用来对网络问题进行诊断,以达到正常通信的目的。目前,共有四对查询报文,下面作简要介绍。

1) 回送请求和回送应答报文

主机或路由器都可以发出回送请求报文,目标方的主机和路由器予以应答,如果发送方和收到了应答,就可以证明达到目标方所经过的路由器和目标主机能够接收、转发和处理 IP 数据包。该报文的格式如图 7.8 所示。

类型 8(0)	代码 0	检验和
标识符	序列号	
请求方发送,应答方回复		

图 7.8 回送请求和应答报文格式

类型 8 代表回送请求,类型 0 代表回送应答。标识符和序列号没有明确定义,可以由发送站任意使用。

2) 时间戳请求和应答报文

任何主机和路由器都可以使用这个报文查知双方之间往返通信所需要的时间,也可以作为双方主机的时钟同步的参照。其格式如图 7.9 所示。

类型 13 或 14	代码 0	检验和
标识符		序列号
原始时间戳		
接收时间戳		
发送时间戳		

图 7.9　时间戳请求和应答报文格式

时间戳以毫秒为单位,可以表示 232 个数字。原始时间戳为源端发送时的标准时间,接收时间戳填为 0。由目标端创建时间戳应答报文,这时,目标端先将原始时间戳复制到应答报文中,在接收时间戳字段中写入收到的请求报文时的标准时间,发送时间戳则为应答报文离开时的标准时间。

3) 地址掩码请求和应答报文

主机 IP 地址包括网络地址子网号和主机号,一台主机可能知道自己完整的 IP 地址,但是可能分不出网络地址、子网号和主机号,这时主机若知道所在网络路由器的 IP 地址,就直接向该路由器发出地址掩码请求报文,路由器收到地址掩码请求报文后,就向请求方主机发回地址掩码应答报文。请求方主机收到应答之后,就地址掩码和已知的 IP 地址做"与"运算,即可获得自己的子网号。地址掩码请求和应答报文的格式如图 7.10 所示。

类型 17 或 18	代码 0	检验和
标识符		序列号
地址掩码		

图 7.10　地址掩码请求和应答报文格式

类型 17 为地址掩码请求报文,这时在地址掩段内填入全 0,类型 18 为地址掩码应答报文,此时,路由器写入请求请求主机所在网络的地址掩码,如掩码为 255.255.240.0,则写成 11111111 11111111 11110000 00000000。

4) 路由询问和通告报文

当主机 X 要与因特网上的其他网络中的主机 Y 通信时,必须知道主机 Y 所在网络的路由器地址,同时需要知道是否可以通达,经过了哪些路由器? 这时就需要由主机 X 用广播或多播的方式发出一个路由询问报文,所有收到该询问文的路由器就用路由从通告报文的形式广播自己所知道的路由选择信息。路由询问报文的格式如图 7.11 所示。

路由通告报文格式如图 7.12 所示,图中,地址数是一个路由器所知道的相邻路由器的数

类型 10	代码 0	检验和
标识符		序列号

图 7.11　路由询问报文格式

目;生存期是以秒为单位的生存时间;地址参考等级表示对应的路由器是否可以作为默认路由器,当其取值为 0 时,就是默认路由器,当取值为 OX 80000000 时,则永远不可能应作为默认路由器。实际上即使没有路由询问报文出现,路由器也会周期地发送路由通告报文,以证明自己的存在和可通达性,也就是说与所要到达那个主机 Y 没有多大的关系。

类型 9	代码 0	检验和
地址数	地址项目长度	生存期
路由器地址 1		
地址参考等级 1		
路由器地址 2		
地址参考等级 2		
…		

图 7.12　路由通告报文格式

7.2.5　IP 多播和 IGMP

随着因特网和多媒体技术的发展,许多业务需要一台计算机向网上的多台计算机分发相同的报文。IP 多播(Multicase)也称组播,简单的含义是由一个源主机发送数据,由多个主机组成多播组来接收。

1. IP 多播的用途

随着因特网和多媒体技术的飞速发展,如视频会议、大规模协作计算、为用户群进行软件升级、远程教学和培训、发布政府公告、一个公司向多个下属公司发布信息等,这种业务都要求因特网具有由一台主机向多台主机(也可以说是多对多关系)分发相同信息的能力,在因特网上分发的数目可能多达几十万台。如果用单播的方法来实现,则将耗费极大的网络资源,有两个原因:一是源主机到达任一目标主机需要一条包括路由器在内的单独路径;二是源主机响应成千上万台目标主机的请求,发送相同的报文,会使源主机不堪重负,响应时间会极大地延长,甚至无法发送多播报文。如果真的这样做,那么网络中的主机、服务器、路由器和交换机都必须提供更高的性能和带宽。但是当使用 IP 多播协议时,情况会发生极大的改善。

2. IGMP 和 CGMP

因特网多播管理协议(IGMP)是用来管理因特网中实现 IP 多播的协议,它是 IP 协议族的一个组成部分,其基本作用是在每个多播路由器的每个端口上形成和维护一张主机路由表。

1) IGMP2 的报文格式

IGMP2 的报文格式如图 7.13 所示。

152

类型	最大响应时间	检验和
IGMP 多播地址		

图 7.13　IGMP2 的报文格式

（1）类型：是 IGMP 信息类别，取值 0x11 时为成员关系询问，取值 0x12 时为 IGMP1 成员关系报告报文，取值 0x16 时为 IGMP2 成员关系报文，取值 0x17 时为退出多播组报文。

（2）最大响应时间：是一台多播路由器向一台主机发出轮询报文后，该主机最大的响应时间，以 0.1s 为单位，默认值为 10s。

（3）校验和：是整个 IGMP 报文的校验和，算法与 IP 数据报相同。

（4）IGMP 多播地址：注意这不是任何主机的 IP 地址或 MAC 地址，是多播地址。

注意通过 IGMP2 协议，多播路由器定期对各个主机进行轮询，非多播组成员不做应答，多播组成员需在最大响应时间内做应答，现有成员也可退出多播组。整个 IGMP 报文利用 IP 数据报做到尽力尽快发送，但不能保证可靠地传输。

2）IGMP 的工作过程

第一步：当任何主机需要加入某个多播组时，就向相应的多播地址发送一个 IGMP 报文，本地多播路由器收到这个报文后，就转发到因特网中的其他多播路由器，可见，多播组成员是可以变化的。

第二步：本地路由器周期性地对本地网络中的主机进行轮询，只要有一个成员做出了响应，则多播路由器就认为该多播组是有效的；相反，若数次轮询没有一个主机响应，则多播路由器就认为本地网络中的成员都退出了这个多播组，于是不再向其他路由器发送这些主机的成员关系。但这并不能证明这个多播组已经消失了，其他网络的成员可能仍然是这个多播组的成员。

每个多播组成员是如何接收多播报文的呢？当任何主机申请成为一个多播组成员之后，该主机的网卡就开始侦听与多播地址相对应的链路层地址。多播报文一跳跳地传到本地多播路由器后，该路由器将多播地址转换为对应的链路层地址，此转换过程尽可能使用硬件来实现，以转送按链路层地址建立的两层多播报文，只有多播组成员可以收到这个报文，并取出该多播报文内的 TCP/IP 协议栈，从而使多播报文恰好是用户需要的报文，非多播组的成员不会收到多播报文，这一多播组成员也不会收到别的多播组成员的多播报文。

为了尽量减少多播过程所付出的开销，IGMP 还采取了如下措施：

（1）多播路由器在询问多播组成员关系时，只向所有多播组发出一个询问报文，不是向每个多播组发出重复的询问报文，询问报文每隔 125s 发送一次，不会对网络资源造成太大的耗费。

（2）当一个网络上连接多个多播路由器时，只有一个路由器成为发出询问报文的路由器，这个概念与多播路由器协议有关。

（3）由于一个主机可能成为多个多播组成员，则 IGMP 报文中的最大响应时间的设置是不同的，当然收到询问报文时，按最小响应时间进行响应。同时对某个多播组来说只要本组内有一个主机发出了响应，其他主机就不再发送响应，这是因为响应报文也是按多播地址发送的，最先发送的响应报文能够被同组的其他成员收到，证明了本多播组成员有效性。

153

7.3 传输层协议

7.3.1 用户数据报协议

TCP/IP 在传输层上有两个协议:一个是 TCP;另一个是用户数据报协议(User Datagram Protocol, UDP)。后者是无连接、不可靠的协议,能以最小的开销为应用层协议提供传输服务。

UDP 只在 IP 数据报服务上增加了很少的功能,即端口功能(有了端口,运输层就能进行复用和分用)和差错检测的功能。虽然 UDP 用户数据报只能提供不可靠的交付,但 UDP 又有自己的某些优点,还是得到了广泛的应用,例如:

首先,UDP 是无连接的协议,在发送数据前无需建立链接,因而就减少了建立链接和拆除链接的额外开销。

第二,UDP 不使用拥塞控制,也不保证可靠交付,因此主机不需要维持 TCP 实现拥塞控制的许多参数和复杂的连接状态表。正是因为不使用拥塞控制,即使发生了拥塞,UDP 也不会降低发送速率,这对于像 IP 电话、实时视频会议等业务,要求以恒定的速率发送又允许丢失一些数据,UDP 正适合这种服务。

第三, UDP 的最大优点是只有 8B 的报头开销,比 TCP 的 20B 的报头要短很多,开销较小有能够快速传输。

1. UDP 报文格式

UDP 报文的头部很小,只有 8B,格式如图 7.14 所示。

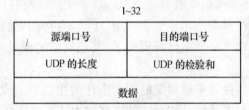

1~32

源端口号	目的端口号
UDP 的长度	UDP 的检验和
数据	

图 7.14 UDP 消息的格式

各个字段功能如下:

(1) 源端口号:2 个字节,用于标识生成 UDP 数据报中携带数据的发送端系统中进程的端口号。

(2) 目的端口号:2 个字节,用于标识负责接收 UDP 数据报中携带的数据的目的系统中进程的端口号。

(3) UDP 的长度:2 个字节,用于设定包括头部和数据字段在内的整个 UDP 消息的长度。

(4) UDP 检验和:2 个字节,包括根据 UDP 头部和数据,以及由 IP 头部的源 IP 地址、目的 IP 地址和协议等字段组成的伪头部,再加上 UDP 长度字段等,计算得出的检验和结果。

(5) 数据:长度可变,包含了应用层协议提供的信息。

2. 端口的概念

UDP 和 TCP 都使用了与应用层接口处的端口与上层的应用进程进行通信。端口号是 TCP 协议与应用层的各种应用进程(应用程序)进行交互的端口编号,在 TCP 的报文段或 UDP 用户数据报的头部中,都要写入源端口号和目的端口号,端口号 TCP/IP 协议中的专用名词,其概念就是应用层从哪个端口向下交付,传输层通过哪个端口上传的通道。也可以说,端口号是本计算机中各种应用进程的标识,是一个软件的概念,与路由器中的出入端口标识是完全不同的概念,路由器的端口是用IP地址来标识的。

在因特网中规定了一个16位端口号作为标识。16位的端口号可以有0~65535个端口号,对一台计算机来说这是绰绰有余的。对于不同的计算机,端口的具体实现方法可能有很大的区别,因为这取决与计算机的操作系统。但端口号只是一个应用进程的标识,只具有本地意义,在因特网中不同计算机的相同端口号是无关的、没有联系的。

因特网"指派名字和号码管理局"(Internet Assigned Number Authority,IANA)将端口号分为三类。第一类是由分配给一些常用的应用层程序固定使用的,称为熟知端口(Well-Know Port),取值范围为0~1023,如表7.4所列。

表 7.4　熟知端口示例

应用程序	FTP	TELNET	SMP	DNS	TFTP	HTTP	SNMP	SNMP(trap)
已知端口	21	23	25	53	69	80	161	162

其中:FTP表示文件传输协议；TELENT表示远程终端协议;SMTP表示简单邮件传送协议；DNS表示域名系统;TFTP表示普通文件传输协议;HTTP表示超文本传输协议;SN-MP表示简单网络管理协议。

表示这些端口号已经由TCP/IP协议确定和公布的,是所有用户进程都知道而共同认同的。当一种新的应用程序出现时,必须为它指派一个已知端口,否则其他的应用进程就无法和它进行交互。应用层中各种不同的服务器进程不断地检测分配给它们的端口,以便发现是否有某个客户进程要和它通信。

第二类为注册端口,取值范围为1024~49151,IANA不做特别规定,只须在IANA进行注册,以防止重复。

第三类为动态端口,取值范围为49152~65535,IANA既不做特别的规定,也不必注册,可以由任何应用程序暂时地自由使用,用来随时分配给请求通信的客户进程。

应用层和传输层都驻留在主机中,端口号也在主机里使用,为了在通信时不致发生混乱,端口号必须和主机的IP地址结合起来使用。一个TCP连接由它的两个端点来标志,而每一个端点又是由IP地址和端口号决定的,所以TCP"连接"又称为插口或套接字、套接口。插口的概念非常重要,图7.15给出了插口和端口、IP地址的关系,即插口=IP地址+端口号,例如(166.56.33.25,1556)。面向连接的TCP使用插口来标识,对于无连接的UDP来说,虽然进程之间没有一条虚连接,但发送端UDP一定由一个发送端口,在接收端UDP也一定有一个接收端口,因而也同样可使用插口的概念,这样才能区分多个主机中同时通信的多个进程。

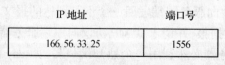

插口(套接字)

图 7.15　插口和端口、IP 地址的关系

3. UDP 的通信过程
UDP通信过程中需要进行封装和拆装,利用队列进行收/发,还具有复用和分发功能。下

面分别介绍。

1）UDP 的封装和拆装

UDP 和 IP 协议族都驻留在主机内部，当一个主机需要发送数据时，要一步步地进行封装，如图 7.16 所示。

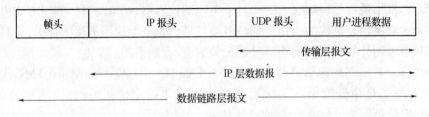

帧头	IP 报头	UDP 报头	用户进程数据

传输层报文

IP 层数据报

数据链路层报文

图 7.16　UDP 的封装和拆装

首先将报文和数据长度及其套接字传给 UDP，UDP 加上 UDP 报头，传给 IP 协议，IP 协议加上 IP 报头，在 IP 协议中的"协议"字段取值为 17，表明传输的是 UDP 报文，形成 IP 数据报，该数据报再传给数据链路层，链路层加上帧头、帧尾交给物理层进行编码后传输到远方目标主机。

当远方主机收到物理层传来的报文后，则一步步地进行拆装，其过程与封装相反，数链路层和 IP 协议都要分别进行差错校验，若无差错，去掉帧头和 IP 报头，最后由 IP 协议将用户数据连同源 IP 地址和目标 IP 地址一起交给 UDP，由 UDP 根据校验和进行校验，若发现错误则予以丢弃，若无错误则去掉 UDP 报头，将数据按端口号交给应用进程接收。

2）队列

出队列是应用进程发出数据的队列，入队列是应用进程接收数据的队列，队列是与应用进程密切相关的。

在客户机上当应用进程开始时，就从操作系统请求一个端口号，这个端口号一般都使用动态端口号，进而按端口号创建一个出队列和一个入队列，有时只创建一个入队列。不管一个进程与多少进程通信，其端口号都只有一个，与端口号对应的入队列和出队列也一直有效，当一个进程结束时，队列也随之撤销。

设客户机的端口号为 55588，客户机要发送数据时，就把源端口号和数据送到出队列中排队，UDP 则从出队列中读出数据，加上 UDP 报头，交给 IP，但出队列的大小是有限的，所以可能发生溢出，溢出时，操作系统会通知应用进程等待片刻。

当有数据报到达客户主机时，UDP 首先检查该数据报中的目标端口号是否已经建立了入队列，如果已经建立了入队列，UDP 就把到达的数据报放在入队列的末尾，不管来自哪个服务器和源端的报文，只要目标端口号相同，都放在同一入队列中，所以入队列也可能溢出，溢出时，UDP 就丢弃该数据报，并向服务器端发回一个不可到达的报文。相反，如果入队列没有建立，则 UDP 也丢弃到来的数据报，并请求 ICMP 协议向原端服务器发回一个不可到达的报文。

在最简单的情况下，服务器必然利用一个熟知端口号，如 daytime 服务为 13，并立刻建立相应的入队列和出队列，在服务器运行期间，这两个队列一直打开。当有数据到达服务器时，UDP 首先检查该数据报中的目标端口号的入队列是否已经建立，若没有建立，UDP 也丢弃到达的数据包，并请求 ICMP 向客户端返回不可到达报文；如果对应的入队列已经建立，UDP 也是将到达的数据报放在入队列的尾部。来自不同客户端的数据报，只要目标端口号正确，那么都放在同一入队列中。入队列也可能溢出，当溢出时，UDP 就丢弃后到的用户数据报，并向该用户主机发回不可到达报文。

服务器必须向请求服务的客户主机做出回答,这就是按照用户数据报中的远端口号,将回答的报文放入出队列,如果出队列溢出,操作系统也会要求服务器进行等待。UDP 从出队列中读取数据,加上 UDP 报头,交给 IP 传输。

3) 复用和分发

复用就是任何主机中只有一个 UDP,但要求利用 UDP 的应用程序可能有多个,UDP 可以按照不同应用进程的不同端口号接收数据,交给 IP 协议去传输。分发就是在接收端的 IP 将收到的数据报进行校验,去掉 IP 报头之后交给 UDP,UDP 按承载的多个不同应用进程的不同端口号,发给不同的应用进程接收处理。

7.3.2 传输控制协议

TCP 是 TCP/IP 体系中面向连接、可靠的传输层协议,它提供全双工的和可靠虚电路连接的交付服务。TCP 把报文分为段(segment)进行传输。

1. TCP 报文段的头部

TCP 把 IP 数据报当作自己的服务数据单元,加上 TCP 的协议控制信息,形成 TCP 报格式,其结构较为复杂,但是 TCP 的全部功能都是由头部中的各个字段体现出来的。TCP 报文段头部的前 20B 是固定的,后面的 $4NB$ 是根据需要而增加的选项(N 是整数)。因此 TCP 报头的最小长度是 20B。TCP 报头加上 TCP 的数据就是 TCP 的报文段,每个报文段加上 IP 报头就是 IP 数据报,也就是 IP 分组,如图 7.17 所示。

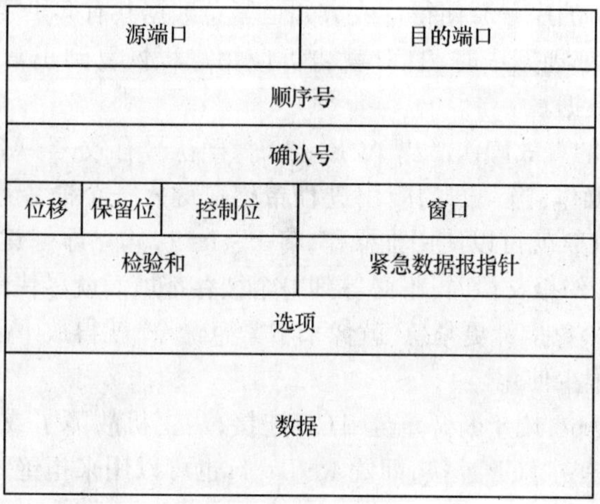

源端口		目的端口	
顺序号			
确认号			
位移	保留位	控制位	窗口
检验和		紧急数据报指针	
选项			
数据			

图 7.17　TCP 报文格式

头部固定部分各字段的意义如下:

(1) 源端口和目的端口:各占 2B。端口是传输层与应用层的服务接口。传输层的复用和分用功能都要通过端口才能实现。它与 IP 地址合成套接字,作为一定进程的唯一访问点,可供指定的进程来使用。

(2) 顺序号:占 4B,TCP 为把每个 TCP 连接中传送的数据流中的每一个字节都编上顺序号。整个数据的起始序号在连接建立时设置。头部中的顺序号指的是本报文段所发送数据的第一个字节的顺序号。若 SYN=1,则顺序号为连接开始时的初始序号 ISN,下一序号则为初始序号加 1,即 ISN+1,例如,一报文段的序号是 201 而携带的数据共有 200B,则其最后一个字节的序号应当是 400。下一个报文段的数据序号应当从 401 开始,因而下一个报文段的序号字段值应为 401。顺序号取值 $2^{32}-1$,约有 43 亿 B,如果网络的数据速率为 1000b/s,则可以连续传输 50 天而没有重复序号,旧序号的数据早已在网络中消失。

(3) 确认号:占 4B,指出接收端主机希望收到对方下一报文段数据的第一个字节的序号,例如,A 正确收到了 B 发送过来的一个报文段的序号值是 401,而数据长度是 200B,则表明 A 已正确收到了 B 发送的 401~600 的数据,A 期望收到 B 的下一个报文段的头部中的序号应为 601,于是 A 在发送给 B 的响应报文段中将确认号置为 601。由此可见,TCP 是按报文段进行收/发,以字节号作为段的起始号来进行确认的。

(4) 位移:或叫头部长度,占 4 位,取值为 5~15,注意头部长度以 4B(32 位)为单位,本字段实质是指明 TCP 报文段的数据从第几个 4B 开始,也就是指出 TCP 报文段头部的长度。由于头部中还有长度不定的选项字段,头部长度不固定,因此头部长度是必要的。头部长度的最大值是 15,说明头部长度的最大值是 60B,这也是 TCP 头部的最大长度。

(5) 保留位:占 6 位,保留为今后使用,目前应置为 0。

(6) 控制位:占 6 位。

① 紧急数据报指针:当 URG = 0 时不起作用,URG = 1 时起作用。当发送方有紧急数据时,就置 URG = 1,并将紧急数据当作高优先级数据,插入到报文段数据的最前面,其余的数据都是普通数据。同时利用 URG = 1 告诉对方报文段中有紧急数据到来,要求立即处理。

紧急事务可能是,如必须终止一个错误的程序、重复丢弃、丢失补足等,这时就要与"紧急指针"(Urgent Pointer)字段配合使用,在"紧急指针"字段中指出在本报文段中的紧急数据的字节数(或最后一个字节的序号),使得接收方知道紧急数据共有多少字节,即可按字节数接收处理。当所有紧急数据处理完毕时,TCP 就告诉应用进程恢复到正常操作。有时,即使窗口为零时,也可发送紧急数据。

② ACK:对确认号的有效确认。当 ACK = 1 时,确认号有效;当 ACK = 0 时,确认号无效。

③ PSH(PuSH)推操作:当一方的应用进程希望在键入一个命令后能够立即收到对方的响应。此时发送端的 TCP 就可以使用推操作,将 PSH = 1,并立即创建一个报文段发送出去。接收 TCP 收到 PSH = 1 的报文段时,不必等到整个缓存都填满就尽快地("推送"出去)交付给接收应用进程,PSH 比紧急指针更紧急,就像来了紧急命令,就得放下手头的工作去执行紧急命令一样,但是推操作很少使用。

④ RST(ReSeT)复位:用于断开重建 TCP 连接,当主机故障了或发生严重差错时,必须释放连接,然后再重新建立 TCP 连接,即置 RST = 1;也可以用来拒绝一个非法的报文段或拒绝打开一个连接。

⑤ SYN 同步位:建立连接请求并使序号同步。当 SYN = 1 且 ACK = 0 时,说明只是一个连接请求报文段。若对方同意建立连接,则使 SYN = 1 和 ACK = 1。

⑥ FIN(FINal)终止位:当一方的报文段数据已发送完毕,要求释放传输连接时,即 FIN = 1,另一方响应即可终止连接。

但应将虚拟头第 4 个字段中的 17 改为 6(TCP 的协议号是 6),将第 5 字段中的 UDP 长度改为 TCP 长度。接收端收到此报文后,仍要加上这个伪头部来计算检验和。若使用 IPv6,则相应的伪头部也要改变。

计算检验和时包括虚拟头部在内,用于段的检验和恢复,但在 TCP 长度中不包括虚拟头部。计算检验和的方法是将全部头部与数据,按 16 位分开,若不足 16 位应以 0 补为 16 位的倍数,但补入的 0 并不传输,对每 16 位进行模 2 加,结果取反,对方收到数据后做同样的处理,若发现错误,则要求重发。

(7) 窗口:用来通告自己当前缓冲区的大小,也就是在确认号之后最多还可以发送多少字节。由于 TCP 是全双工连接,每一方均可作为发送方或接收方,接收方可以利用窗口控制对方的发送量来实现流量控制。当作为接收方时,就根据自己所设置的缓冲区大小和利用情况,用窗口段来通知对方自己能够接收的最大字节数,假设目前为 X 字节,这也就是告诉发送方,"按照我的确认号开始你最多可以发送 X 字节",设上次的确认号为 301,$X=680$,就是告诉发送方,"你从 301 开始可以发送到 680B"。注意窗口为 0 是合法的,那就是让对方暂停发送。

当另一方作为接收方时,则根据自己当前缓冲区的大小,来通知对方自己能够接收的最大字节数,假设目前为 Y 字节,二者可能是不同的。

(8) 选项:长度可变,用来定义 TCP 传输中的一些杂务,目前只定义了一种选项,即最大报文段长度(Maximum Segment Size,MSS)。用来通知对方 TCP:"我能够接收的报文段的数据字段的最大长度是 MSS 字节"。其实,MSS 的选择对网络的利用率是至关重要的。若选择过小,则网络的利用率明显降低。设 TCP 报文段只含有 2B 的数据时,仅仅 TCP 头部和 IP 头部就有 40B,则网络的利用率必然小于 1/21。到了数据链路层还要加上一些开销。相反,若 TCP 报文段很长,则在 IP 层传输时可能要分成多个数据报段,在目的站又要将收到的数据报段组装配成 TCP 报文段。当传输出错时还要进行重传,这些也都会增大开销。所以段长应尽可能大一些为好,只要在 IP 层不需再分段就行。在通信开始时,双方写入自己的 MSS,以较小值为实用值。若主机未填写自己的 MSS,则采用目前默认的 536B,加上 TCP 的头部长度长 20B,故在因特网的主机都应能接收的报文段长度是 536 + 20 = 556B。

(9) 数据:长度可变,包含从应用层协议传输下来的信息段。

2. TCP 协议的特性概述

1) 支持多种高层协议

TCP 可以提供面向连接的可靠的流传输,能够支持各种网络协议,包括 Novell、B - ISDN、NT、ATM、FDDI 等,实现无丢失、无重复、无差错、无乱序的可靠传输。不同协议的报文格式各不相同,TCP 能够支持多种高层协议,在于它将不同协议的报文一律视为净负载,不加任何改变只是进行分段,加上 TCP 头部交给 IP 层去传输,最后由目标方按照自己的协议去接收处理。

2) 按字节号确认

TCP 传输的数据单元是报文段,报文段也就是 IP 分组,TCP 头部中有 32 位的顺序号,足以为每个字节编一个序号来实现累计确认,若甲为接收方时,正确收到乙方一个报文段,其序号为 1001,报文段长度为 500,则甲方的确认号就是 1501。

TCP 在可靠性方面采用了很多技术,按字节号确认就是其中之一。TCP 对每个段进行编号再按段确认,也就是按字节号进行累计确认,接收端发现差错时也是按段进行超时重传。每个段的首字节号,也可用来重组报文。

3) 适应性超时重传

TCP 的超时重传时间也不是固定的,这是因为重传时间取决于分组在链路上的传输延迟,有的分组仅在 LAN 中传输而延迟颇小,有的分组需要经过许多路由器才能到达目标主机而延迟很大,所以不能设置固定的时间,若时间过小,就会使源端误认为数据或应答丢失而多次重发,导致中间结点或目标端的缓冲区被迅速填满造成拥塞;若时间过大,就会使源端长时间等待 ACK 而使传输效率降低。TCP 采用的是适应性超时重传算法,其基本思想是 TCP 不断监视每个链路,根据前段时间的重传时间的估计值来测知分组的往返时间,再计算一个重传时间,对不同的链路设置不同的超时重传时间。

4) 可靠的连接

TCP 通过两次确认、三次握手来实现可靠的连接。

首先是双方都处于接收对请求连接的状态,第一次请求时甲方请求与乙方连接,置 SYN=1,带有数据序号 x,即 SEQ=x;乙方收到此请求后,如果同意建立连接则带上自己的序号 y 发起第二次请求,并对甲方请求予以确认,即置 SYN=1,SEQ=y,ACK=$x+1$;甲方收到此请求后,进行第三次请求并对乙方请求予以确认,置 SEQ=$x+1$,ACK=$y+1$,开始从序号 $x+1$ 发送数据,如图 7.18 所示。

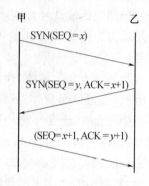

图 7.18　TCP 连接三次握手

甲方请求与乙方连接后,等待乙方的应答,如果乙方的应答在网络中滞留,甲方超时没有收到就又一次发出请求,设这次请求迅速达到乙方,但若过了一会儿乙方又收到了甲方滞留的请求,这叫做延时请求。乙方按照序号 x 来判断,知道是延时请求而予以丢弃,如果不带序号,则乙方无法判断为延时请求,而认为是新的请求。

由乙方的第二次请求也带有自己的序号 y,如果这个带确认的请求也在中途滞留,甲方不能及时得到应答就会发出第三次请求,这次请求迅速得到应答后,再得到带序号 y 的确认,甲方也会判断为延时应答而予以丢弃,只有第三次请求实现后才能证明双方建立了可靠的连接,TCP 的可靠性就是如此保证的。

一般建立连接有两次握手就可以了,为什么这里需要三次握手呢? 假设只有两次握手,乙方在收到甲的请求后,发出应答报文,该应答报文可能在传输中丢失,则甲方不会发出数据报文,而乙方则一直等待甲方的数据报文,这显然是不行的;如果约定乙方等待一定的时间收不到甲方的数据报文后则去进行别的传输任务,这种情况下,有可能甲方又收到应答报文,再向乙方发出数据报文,传到乙方后由于乙方忙无法接收,这些均是乙方不可知道的。如果有第三次握手,乙方明确甲方肯定发来数据报文,一直等待即可,这样通信就可靠得多。

另外,双方建立了连接并完成通信后已经释放连接,由于 TCP 连接是虚连接,如果有连接释放前滞留在网络中的请求或报文到达一台主机,则这台主机也可以根据序号来判断,这时延迟的请求或报文应予以丢弃。

7.4　IPv6

1990 年,因特网工程任务组(Internet Engineering Task Force,IETF)开始了 IPv6 的研究。其目标是:

(1) 扩大网络容量,至少支持上百亿个主机号。

(2) 减少路由表,不要出现 209 万条记录的路由表。

(3) 简化协议使路由器处理分组更迅速。

(4) 提供更好的安全性,能够提供身份认证又能保护个人隐私。

（5）使新旧版本能够并存若干年。

（6）增加服务类型。

（7）能够支持广播组播。

（8）为协议的发展留有空间。

经过数年努力,制定了增强型简单因特网协议,并命名为 IPv6。其特性有:

（1）IPv6 与 IPv4 并不完全兼容,但与其他协议,如 TCP、UDP、ICMP 完全兼容。

（2）把 IPv4 的 32bit 地址加至 128bit(16B),使源地址和目标地址都增加了,其地址范围 2128 = 3.4028E38,达到几百亿个地址,使地球上每平方米之内就 7×1023 个 IP 地址。

（3）地址结构设计成层次结构,使路由表再不会达到 209 万条记录,能顺序查找路由。

（4）扩展头部。不像 IPv4 只使用一种头部格式,IPv6 将信息放于分离的头部之中,为每一功能定义了单独的头部。在 IPv6 的头部后面有零个或多个扩展头部,然后再跟数据。

（5）加强了安全保证,对于需要保密的文件,可选身份验证报头和安全检测报头,普通数据传输则不选安全报头,大大加强了安全性。

（6）增加了服务类型,由 4bit 变成 8bit,优先级也分为 16 级。

（7）能支持多点广播或组播。

（8）可以与 IPv4 共存几十年,然后过渡到 IPv6。

（9）有进一步发展和很大的改进余地。

7.4.1 IPv6 基本头部格式

尽管 IPv6 的基本头部是 IPv4 的 2 倍大,但它包含的信息却比 IPv4 少,其格式如图 7.19 所示。头部大部分空间用于表示发送方的源地址和目标地址,每个地址占用 16B。除了地址,基本头部还包含其他 6 个字段。

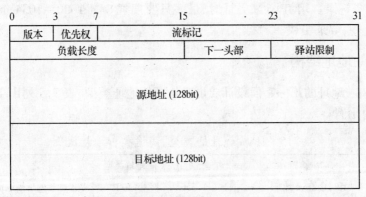

图 7.19　IPv6 基本头部格式

各个字段功能如下:

（1）版本:指明协议是 IPv6。

（2）优先权:由 3 位变成了 4 位,取值 0~15,取值 0~7 时是需要进行流量控制的分组,这也就是说当发生拥塞时需进行控制,或者使分组走另一条未发生拥塞的路径;也可能执行丢弃,重发功能。

取值 8 ~15 时为高优先权保持恒定速率但无需进行拥塞控制的分组/报文,这主要用于影视节目的分组/报文,因为影视节目的传输要求保持恒定的数据传输率,但是,影视节目的冗余量很大,丢弃一些分组也无关紧要。

(3) 流标记:流就是分组序列,数据流占用 24bit,从源到目标的数据流或报文/分组分配一个相同的流标识号,但是一个流可能包含不止一个 TCP 连接,如文件传输,一个流标识只有一个 TCP 连接。但是像多媒体会议就会产生三个流,即话音流、图像流、数据流(发言、图像和文字),这时流标识只一个,但在 24bit 标识中包含了对不同连接所要求的服务,而这种服务,首先可以从源主机事先向路由器请求特定的服务,也可以在传输的过程中通过扩展报头,使每一跳之间进行协商提供特定的服务。总之,流标识既代表了一种数据流的标志,也代表了沿途服务服务器所应提供的服务要求。

(4) 负载长度:对应于 IPv4 中的数据报长度字段,但它只指携带数据的大小,头部长度不包括在内。

(5) 下一头部:即扩展报头,没有则全 0,这样使 IPv6 大大地简化了;有则非全 0,占 8bit,当然可以定义 256 种扩展报头,以提供不同的 QoS,但现在只定义了 6 种扩展报头,在 7.3.4 节将详细介绍。

(6) 驿站限制:对应于 IPv4 的生存时间(255s),IPv6 对驿站限制做了非常严格的解释,在数据报到达其目的地之前,驿站计数至零,则数据报被丢弃。但路由器实际上没有按秒来计时,都是按跳设计的,前面讲述的过去尚未发现超过 9 跳的路由,现在不同了,例如,设量为 20 跳,经过一个路由器就减 1,直到减为 0,则使这种分组丢弃,以防止分组漫游。

(7) 源地址和目标地址:由 32bit 扩展到 128bit,即 16B,头部共占 40B;层次化的地址结构,IPv4 是一点对多点,即一个主机通过路由器寻由时是向网上所有的主机来寻由,或者路由器的一个入口向其他结点的出口寻由,可以说是一个结点向所有网络号寻由。IPv6 做出了重大改进,它是按地理位置或按 ISP 提供者来标识地址的,如我国现有 30 个行政单位,设每个行政单位有 1000 个大组织和公司,用 IPv4 来寻址时,要求找到一个组织或公司,最多要搜索 34×1000=34000 条记录。用 IPv6 来寻址时,最多只要搜索 34+1000=1034 条记录。IPv6 做到了使路由表更短,寻址更快。

7.4.2 IPv6 的地址结构

IPv6 将 128bit 地址的第一字段设计成可变长度的地址类型,表 7.5 列出 IPv6 地址类型、用途和占地址的比例。

表 7.5 IPv6 地址的类型、用途和占地址比例

地址类型	用途	占地址的比例	地址类型	用途	占地址的比例
00000000	保留,含 IPv4 地址	1/256	100	基于地理的单播地址	1/8
0000001	供 OSI 的网络服务访问点(NSAP)分配	1/256	1111111010	本地链路使用地址	1/1024
0000010	供 Novell IPX 分配的地址	1/128	1111111011	本地站点使用地址	1/1024
010	基于提供者的单播地址	1/8	11111111	多点广播地址	1/256

1. 单播地址

(1) 基于 ISP 的全球单播格式。

(2) 本地地址:是 IPv6 的第一种本地地址,就是本地链路地址,用于指明本地子网(局域网)或链路上的地址,不能加入到全球网络去。

(3) 本地站点地址:是 IPv6 的第二种本地地址,是为局域网使用的,图 7.20 中只有子网

ID 和接口 ID,允许以后综合到全球网络去,可以将本地站点的标识与 1111111010 以及后面的多位"0"改变为全球标识 010,也就是改变为基于提供商的全球单播地址去。

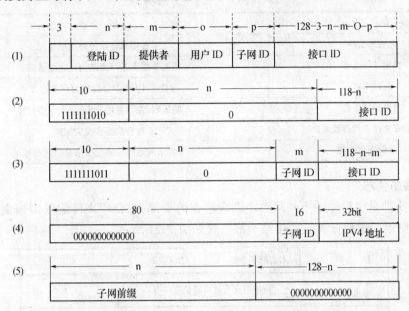

图 7.20　几种单播地址

(4) 嵌入 IPv4 地址:从 IPv4 过渡到 IPv6 需要十几年的过程,这是因为目前的路由器是按 IPv4 设计的,不可能立刻全用 IPv6 路由器取代,因此在过渡时期使用这种格式,前部 96bit 全部用 0,或者用 80 个 0 和 16 个 1,最后嵌入 IPv4 地址。

2．多播地址

IPv6 有一种多播地址,具有对预定义的接口群实现寻址的能力,其格式中的标志位为 000T,若 T = 0,表示为永久多播地址;若 T = 1,表示为暂时多播地址。

范围取值 0~15,0 保留,1 本地结点,2 本地链路,3~7 未分配,8 本地组织,9~13 未分配,14 全球地址,15 未分配;很多未分配的标识可供将来分配。

3．任播地址

这是 IPv6 新增加的一种地址,它与多播地址有些近似,它的目标地址也是一组,但是并不是把数据报发送给所有组员,而通常是发给最近的一个,例如,要与协作的服务器联系时,就可以使用任播,则能够连接最近的服务器,而不必知道是哪个服务器。

7.4.3　IPv6 的扩展头部

IPv6 的基本头部大大简化了,故采用"下一头部"进行扩充,可以有,也可以没有。每一种扩充头部都规定了一个确定的格式,扩充头部中还可能有"下一头部"。而下一个头部也必须标识是否还有下一个头部。一旦 IP 软件处理完一个头部,则利用"下一头部"来确定后面要处理的是数据还是另一个头部。

IPv6 软件又怎么知道"下一头部"从哪儿开始呢? 某些类型的头部是有固定尺寸的。由于基本头部长度为 40B,而紧跟基本头部的就是"下一头部"。若某些扩展头部并没有固定的尺寸,则必须含有足够的信息来让 IPv6 知道头部在哪儿结束。

163

现在已定义了6种可选择扩展头部,如表7.6所列。

表7.6　可选择扩展头部

头　　部	用　　途
站接站头部	主要用来逐站传输巨型报文
路由选择头部	指明下结点是严格路由还是松散路由
分段头部	取代了IPv4中分段段偏移量的方法
身份验证头部	验证收/发双方的身份,加强了保密性
加密的安全性有效负载头部	身份验证和报文加密
目的地选项头部	为将来向地球以外发送信息时选择地址

1．站接站头部

站接站头部是由沿途的下一跳路由器来检查的头部,主要用来传输巨型报文。若报文小于65535B,则不用这种报头。站接站头部格式如图7.21所示。

下一头部	本头部字节数	11000010	未用
巨型报文有效负载长度(2^{32})			
巨型报文必须大于65535B,约可以支持40亿字节的巨型报文			

图7.21　站接站头部格式

(1) 下一报头:此报头下还可能再有下一扩展报头,无则为0。

(2) 本头部字节数:不包括前8B之外还有多少字节,无则为0。

(3) 194(110000010):强制定义还需用4B来定义巨型报文的字节数,若<65535B,就不是巨型报文,则发回一个ICMP错误(因特控制报文协议的包),当它传输大型影视报文时,必然>65535B,则最初的IPv6报头中负载量为0,将巨型报文在这个报头中来定义,这样就将小报文和巨型报文分开了,用这个扩展报头来传输巨型报文。

第4B未用:将来再用。

2．路由选择头部

由一个或若干个中间结点组成,其作用与IPv4的严格路由或松散路由是一致的,用来指明报文要求经过的路由器,以求达到一定的安全性,格式如图7.22所示。

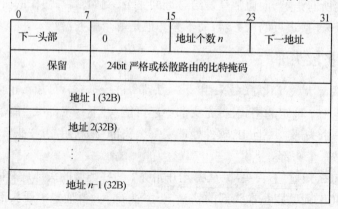

图7.22　路由选择头部格式

需要说明的内容如下：

（1）第二字节未用；

（2）第三字节指出需要经过的路由器的个数，最多 23 个；

（3）第四字节指出下一地址是 23 个路由器中的哪一个，源站开始时为 0；

（4）其余各个 32B 列出最多 23 个下一地址。

3．分段头部

与 IPv4 分段机制类似，执行 IPv6 取消了的分段处理，IPv6 中只有源主机可以执行分段处理，中间结点无此权力。源主机可以执行一种路径发现算法，了解沿途经过的网络能够支持的最小传输单元(MTU)的数值，源主机根据最小传输单元执行分段处理。这种最小传输单元应当大于 576B(每个网络必须支持的规范值)。采用分段头部时，若路由器发现了过大的分组就予以丢弃，向源主机发回 ICMP，源主机即可进行分段处理。分段头部的格式如图 7.23 所示。

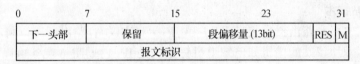

0	7	15	23	31
下一头部	保留	段偏移量 (13bit)	RES	M
报文标识				

图 7.23　分段头部格式

段偏移量以 8B 为单位指示下一段的位置；RES 保留将来使用；M 占一位，取值"1"表示还有下一段，取值"0"表示最后一段；报文标识表示所有分段属于这个报文标识。

4．身份验证头部

提供接收方确认发送方身份的验证机制，这是加强安全性的方法之一，而 IPv4 没有这种能力，其格式如图 7.24 所示。

下一头部	身份验证头部长	00000000	00000000
32bit 密钥号（用 0 填充到 16B 的倍数）			
自定义的加密算法的身份验证校验和(16B)			

图 7.24　身份验证头部格式

当发送一个身份验证信息时，发送方首先要组建一个包括所有 IP 头部、净负载、源地址和目标地址的分组，然后把中途要改变的字段(如站点限制)置为 0，该分组要用 0 填充到 16B 的倍数。采用自定义的密钥号也用 0 填充到 16B 的倍数，但是报文并不加密，再利用填充后密钥计算出一个加密后的校验和，此校验和的算法由用户自己定义，不熟悉加密学的用户可以用 MD5 算法，MD5 是一种特殊算法，入侵者想要伪造发送者的身份或中途篡改分组而不被发现，在计算机上是不可能的。

上述身份的验证头部与发送方的分组一起发送，接收方收到该分组后，先读出密钥号和填充后的密钥版本(第二行)以及填充后的净负载，也将可变头部置为 0，用同样算法计算校验和，结果若与身份验证校验和一致，接收方即可确认对方是自己的通信伙伴，且分组没有在中途受到篡改，否则就证明不是自己该收到的报文。这说明身份验证头部只解决谁发谁收的问题，对于不明身份的报文就像拾到一封盲信，对入侵者也没有什么用处。

5. 加密安全性有效负载头部

对于身份验证头部的净负载一般是不加密的,中途的路由器都可以解读,这是因为有些报文的内容并不重要,但是,对于重要的报文必须加密,则由双方决定一种加密算法,默认的算法是密码块链式模式的 DES(Data Encryption Standard)算法,对报文进行加密,与身份验证头部一起使用。

6. 目的地选项头部

目的地选项头部是一种特殊头部,它规定头部所携带的信息只能由目标主机来检查,目前定义的唯一头部就是把头部填充为 8B 倍数的空项,根本不能使用,但只是引入一种概念,留给将来有人想到一个新的目的地,例如火星,使得路由器和主机软件可以来处理。

7.4.4 IPv4 向 IPv6 的过渡

IPv4 向 IPv6 的过渡的方法有两种:一种是双协议站;另一种是隧道技术。

1. 双协议站技术

其核心是在主机和路由器中装有 IPv4 和 IPv6 双协议站,路由器可以将不同格式的报文进行转换。那么双协议站的主机如何知道目标主机是 IPv4 或 IPv6 呢? 可以使用域名系统来查询得知。源主机把 IPv6 数据报传给发送方双协议路由器,发送方双协议路由器把 IPv6 数据报转换为 IPv4 数据报,经过中间其他路由器,再由目标方的双协议路由器转换为 IPv6 数据报交给目标主机。如果是 IPv6 主机与 IPv4 主机通信,则目标方双协议路由器就无需转换。

2. 隧道技术

其核心是把 IPv6 数据报当作净负载封装为 IPv4 数据报,在 IPv4 网络中传输,就像在 IPv4 隧道里穿行一样, 隧道的入口是第一个路由器,隧道的出口是最后一个路由器,由隧道出口后,只把数据部分交给目标主机去处理。

7.5 虚拟局域网

虚拟局域网(Virtual Local Area Network,VLAN)是指在交换式局域网的基础上,采用网络管理软件构建的可跨越不同网段、不同网络的端到端的逻辑网络。一个 VLAN 组成一个逻辑子网,即一个逻辑广播域,它可以覆盖多个网络设备,允许处于不同地理位置的网络用户加入到一个逻辑子网中。实际上 VLAN 是一种技术或服务。

7.5.1 虚拟局域网的作用

(1) 抑制广播。一般的交换机是链路层设备,是不能抑制广播的。大型网络中有大量的广播信息,如不加以控制,极易产生广播风暴,使网络阻塞。因此,需要采用 VLAN 将网络分割为多个广播域,将广播信息限制在每个广播域内,从而降低网络拥塞,提高性能。

网管人员可以非常方便地通过多种手段对广播域的大小进行控制,例如,限制在同一个 VLAN 中的交换端口的数目以及连接这些端口上的用户数目等。一般来说,VLAN 中的用户数目越小,此 VLAN 中的广播数据对于网络中其他用户的影响将越小。另外,可以基于所用的应用类型及这些就应用所产生的广播数据量的大小进行 VLAN 的划分。共享同一个会产生大量广播数据应用程序的那些用户可以划分到同一个 VLAN 中,同时网管人员也可以将此应用分布的整个网络上。

若一个企业网中,有多个需要相互隔离或出于安全原因,则将不同部门的计算机划分为独立的 VLAN,就会极大地改善企业网的性能,提高网络利用率。

(2) 增强安全性。在规模较大的网络系统内,各网络结点间(如财务部、采购部、人事部等不同部门间)的数据需要相对保密,可通过划分 VLAN 进行隔离。

增强网络安全性的一种最有效和最易于管理的方法是将整个网络划分成一个个互相独立的广播组(VLAN)。另外,网管人员可以限制某个 VLAN 中用户的数量,并且可以禁止那些没有得到许可的用户加入到某个 VLAN 中。按照这种方式,VLAN 可以提供一道安全性防火墙,以控制用户对于网络资源的访问,控制广播组的大小和构成,并且可借助于网管软件在发生非法入侵时及时通知管理人员。

(3) 方便数据共享。可以方便地将不同位置上的有共同需求的成员组成一个 VLAN,享受共同的资源或进行共同的研究。如同一部门的人员分散在不同的物理地点(如集团公司的财务部在各子公司均有分部,但需统一结算),可以跨地域(交换机)将其设在同一 VLAN 中,实现数据安全和共享。

(4) 网络配置方便。一台计算机一般有唯一的 MAC 地址,MAC 地址不会因在网络中物理位置的改变而改变。但在因特网中,IP 地址会因物理位置的改变而需重新设置。在 VLAN 中若按 MAC 地址来划分 VLAN,则其成员将不会因物理位置的改变而改变其原本 VLAN 的身份,从而可减少网络成员物理位置移动而付出的费用和工作量。

(5) 简化网络管理。在一个交换网络中,VLAN 提供了网段和机构的弹性组合机制,利用虚拟网络技术,大大减轻了网络管理和维护工作的负担,降低了网络维护费用。

7.5.2 虚拟局域网的链接和划分

一个 VLAN 可以包含多个计算机(网站)作为成员,那么 VLAN 如何划分呢? VLAN 的链接可以分为访问链接(Access Link)和汇聚链接(Trunk Link)。

1. 访问链接

访问链接是一个 VLAN 的成员只与本 VLAN 的成员通信,即 VLAN 内部的通信链接。换一个角度看,这就是交换机的哪些端口划归哪个 VLAN 的问题。按链接的性质可以分为静态链接和动态链接。按 VLAN 的划分方法,可分为:

1) 基于端口的 VLAN

基于端口的 VLAN 如图 7.25 所示,图中交换机 S2 的 1、2、3、4 端口和 S3 的 1、3、5、7 端

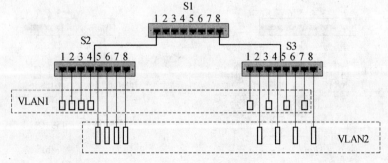

图 7.25　基于端口的 VLAN

口划分为 VLAN1,其余端口划分为 VLAN2,各形成独立的广播域,每个 VLAN 中的成员只与本 VLAN 内的成员交换数据包,不管哪个端口装有不同的 MAC 地址,IP 地址的计算机都不会改变端口的成员身份,所以为静态链接。

这种划分方法最简单,但若有成千上万个端口,一个个地配置为不同的 VLAN,则显得十分烦琐。下面的几种划分方法属于动态链接,即每个端口所连的计算机,可以随时按需求比较容易地改变其成员身份。

2) 基于 MAC 地址的 VLAN

计算机的 MAC 地址不论连到哪个交换机端口上是不变的,如图 7.26 所示。

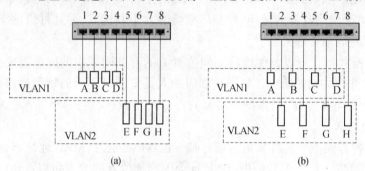

图 7.26 基于 MAC 地址的 VLAN
(a) 改变端口前; (a) 改变端口后。

图中,VLAN1 的成员有 MAC 地址为 A、B、C、D 四台计算机,连在 S1 的 1、2、3、4 端口上,现在改变这 4 台计算机的物理位置,连接到 S1 的 1、3、5、7 端口,如图 7.26(b),结果仍然属于 VLAN1。也就是说,虽然某 MAC 地址 B、C、D 改变了端口位置,交换机仍然能按 MAC 地址查询,它们是 VLAN1 的成员。

这种方法必须查知并登陆所有计算机的 MAC 地址,当任一台机器更换了网卡时,也需要更新设置,所以网络管理员的工作也十分繁重。

3) 基于子网的 VLAN

按计算机的 IP 地址划分 VLAN,即使 MAC 地址改变,IP 地址也不变,仍然属于原来 VLAN 的成员,如图 7.27 所示。图(a)是原先的配置,计算机 A、B 划分为 VLAN1,计算机 C、D 划分为 VLAN2;图(b)为按 IP 地址重新配置后的图示。图(b)中将计算机 A 改装到端口 5,B 仍装到了端口 3,但仍为 VLAN1 的成员,同理,将计算机 C 改装到端口 1,D 仍然在端口 7,但仍为 VLAN2 的成员。

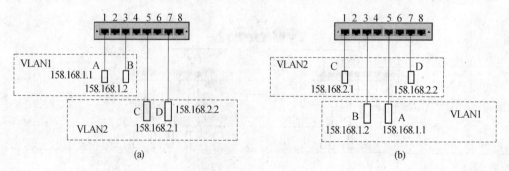

图 7-27 基于子网的 VLAN
(a) 改变 IP 地址前; (b) 改变 IP 地址后。

IP 地址是三层地址,所以按 IP 地址划分 VLAN 是三层地址设置访问链接的,由于 IP 地址是一个逻辑地址,在计算机内部设置,在企业网内部允许改变其物理位置而不改变 IP 地址,但若移到另一个企业网,则 IP 地址要重新设置。这种 VLAN 的优点是可以按不同的三层协议来划分 VLAN,只要 IP 地址不改变,网站设置改变也无须重新设置;另外,由于三层交换机本身识别 IP 地址,只要查到 IP 地址,就能将数据交付给目标网站。其缺点是查找 IP 地址比查找 MAC 地址稍慢。

4) 基于用户的 VLAN

这里的用户指计算机操作系统登录的用户名,如 Windows 2000 域使用的用户名,用户名属于四层以上的信息。

如财务 VLAN 中包含了几十个用户,总有某用户搬迁到另一楼房或楼层的交换机下的另一端口,则用户名不变,仍属于 VLAN。

5) 基于组播的 VLAN

将 IP 分组按组播方式发送到一组经过严格定义的 IP 地址,其中的每个地址都可以为一个 VLAN 成员,这种组播成员具有动态性和灵活性,可以按时间、需求而改变,更突出的特点是这种 VLAN 可以跨越路由器,在不同园区的企业网之间形成 VLAN。

2. 汇聚链接

同一 VLAN 内成员之间可以通过访问链接相互交换数据,但是一个大型网络内可能有多个 VLAN,不同 VLAN 之间如何链接和通信呢?

不管一个 VLAN 的成员使否属于同一个交换机的端口,或者包含了多个交换机的端口,不同 VLAN 之间的通信都必须建立汇聚链接,或者说汇聚链接是能够实现不同 VLAN 之间数据通信的端口之间的链接,如图 7.28 所示。

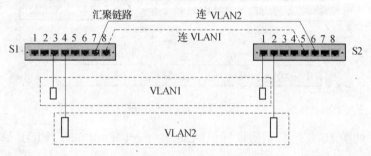

图 7.28　汇聚链接 VLAN

图 7.28 中设交换机 S1、S2 要装在不同的楼房或楼层中,图中 S1 的端口 3 和 S2 的端口 1,为 VLAN1 的成员,当然还可能有其他成员;S1 的端口 4 和 S2 的端口 2 为 VLAN2 的成员,VLAN1 与 VLAN2 如何通信呢?

简单地看,可以在 S1 与 S2 之间各用两个端口,使 S1 的端口 8 与 S2 的端口 5 链接,即可实现,VLAN1 跨交换机互连;再使 S1 的端口 7 与 S2 的端口 6 连接,供 VLAN2 连通。但实际上楼房或楼层之间的布线不是轻易改变的,又要另用 4 个端口,如 S1、S2 是端口 8 交换机,总分为 4 个 VLAN,则余下的端口都被用作 VLAN 互连,浪费太大。为避免这种浪费,设法使交换机之间的互连使用两个端口用一根线来实现,这就是汇聚链接,如图 7.28 中原来连 VLAN2 的实线所示的连接。

当不同 VLAN 之间需要通信时,只需在源方发出的数据帧中,加上源方的 VLAN 标识,就可以正确收/发,不会混淆。例如,在图 7.28 中,当 S1 的端口 3 发出数据包时,带上 VALN1 标识,通过唯一的汇聚链路传到 S2,由 S2 去掉 VLAN1 标识传到 VLAN2 的端口 2,即可被正确接收。当 S1 的端口 4 发出数据包时,带上 VLAN2 标识,通过同一个汇聚链路,由接收放 S2 去掉 VLAN2 标识,由 S2 的端口 1 接收,即可实现不同 VLAN2 之间的通信。

既然多个 VALN 共用一条汇聚链路,当网络规模很大,建立了多个 VLAN 时,则汇聚链路负载加重,至少需要 100Mb/s 以上的带宽。

同时应当注意,汇聚链路属于多个 VLAN,能够转发多个 VLAN 之间的数据流量,为了减轻其负载,也可以设置,限制某些 VLAN 的数据通过汇聚链路。

7.5.3 虚拟局域网的标准 802.1Q 和 802.1P

通过汇聚链路实现 VLAN 之间的通信时,需要加入 VLAN 标识,这种标识的内容和格式是什么呢?为支持 VLAN 技术的发展,正确识别 VLAN 的帧格式,以及为支持多媒体应用,提供一定的服务质量保证,IEEE802.1Q 工作组于 1996 年开始工作,1998 年 12 月完成了 VLAN 标准化工作。

1. 802.1Q 协议

802.1Q 协议定义了 VLAN 的桥接规则,包括入口规则和出口规则。重要的是指定了基于端口的 VLAN 的标记规则,嵌入到每个 VLAN 成员的数据帧内,长度为 12bit,称为 VLAN 标识(VID),使用此格式还可以加入 3bit 优先级字段,以实现 QoS 保证。由于目前的计算机尚不能直接支持 VLAN,当交换机的某些端口被配置为 VLAN 端口时,就在收到的以太帧中加入长 4B 的 802.1Q 帧头,使帧长达到 1522B,如图 7.29 所示。

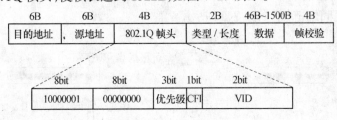

图 7.29 802.1Q 帧头

图 7.29 中的前 16bit 是标记协议标识(Tag Portocol IDentifier,TPID),目前都置为 81H,用来标识这个帧是否是 VLAN 帧。

优先级段可以分为 8 种优先级,主要用于检查交换机,发现拥塞时优先发送哪一个帧。

CFI(Canonicol Format Indicator)为规范格式指示符,主要指示交换数据时的帧格式是以太网、FDDI、令牌环网等,由于实际中的以太网占绝大多数,该位被某些交换机忽略了。

VLAN 标识符 VID(VLAN IDentified)占 12 位,是 VLAN 的唯一标识,总共可以标识 4096 个 VLAN,每个 VLAN 中的成员的数据帧中,都有共同的 VID,以表明自己属于哪个 VLAN。有的交换机只能支持 32 个 VID 或更多。

2. 802.1P 协议

802.1P 协议是 802.1Q 协议的补充,它定义了优先级的概念,但目前交换机的芯片只支持 2 个～4 个优先级。

802.1P 协议还定义了通过属性注册协议(Generic Attribute Registration Protocol,GARP),其中的属性指的是组播 MAC 地址、端口过滤模式和 VLAN 等属性,GARP 定义了交换机之间哪些属性信息的方法如何发送数据,接收的数据如何处理等。但目前只定义了 GARP 多播注册协议(GARPMulticast Registration Protocol,GMRP)和 GARPVLAN 注册协议(GARP VLAN Registration Protocol,GVRP),以后还可能定义其他属性和协议。

GMRP 是一种二层组播注册协议,二层组播也就是对应着一组 IP 地址注册或取消其成员身份。需要二层组播协议的原因是,因为交换机是二层设备,一个局域网可能包含多个交换机,当把几个交换机的不同端口组成一个组播组,某个成员要向另一成员发送数据时,交换机不知道哪个端口加入了组播组,就只好向所有端口广播,下一级交换机也不知道自己的哪一个端口是组播组成员,也只有向所有端口广播,否则就要让管理员来配置交换机,但是组播是动态的,人工配置的办法是不现实的,所以就必须要有 GMRP 来动态地管理组播成员。现在的交换机都将支持 802.1Q 协议和 802.1P 协议,作为其主要性能指标。

7.5.4 虚拟局域网之间的通信

一个交换机有多个端口,若不划分 VLAN,就是一个广播域,不同的网站可以直接通信,这是因为每个网站发出的数据帧都带有目标 MAC 地址,如果源站不知道目标站的 MAC 地址,则可以运行 ARP 可获得对方的 MAC 地址。

若一台或多台交换机中的多个端口划分为多个 VLAN,则每个 VLAN 形成单独的广播域,不同 VLAN 之间无法实现广播,也就是无法获得另一 VLAN 中的网站的 MAC 地址,必须用路由器来中继,这称为 VLAN 之间的路由。为了实现 VLAN 之间的通信,可以通过路由器或三层交换机来完成。

1. 通过路由器实现 VLAN 之间的链接

交换机的上行线是路由器,下行线连接着多个 VLAN,为了节省上行链路,也由于路由器最多只有 1 个~4 个端口,所以在交换机与路由器之间,只用一条网络链接,这也相当于汇聚链路,如图 7.30 所示。

一个端口设置为汇聚链接端口,路由器上也利用一个专用端口,这两个端口都要求支持汇聚链接,而且用于汇聚链接的协议必须相同。再把路由器端口定义为对应于每个 VLAN 的"子接口",当然交换机的专用端口也必须拥有对应于每个 VLAN 的虚拟端口。

当 VLAN 数目增加时,只需在路由器端口上增加一个子接口即可。

设 VLAN1 网络地址为 218.118.1.0~218.118.1.24,VLAN2 网络地址为 218.118.2.0~218.118.2.24,各计算机的 MAC 地址分别为 A、B、C、D、E、F,各自的 IP 地址为 218.118.1.1、218.118.1.2、218.118.2.1、218.118.1.3、218.118.2.2、218.118.2.3,汇聚链接端口的 MAC 地址为 Y,VLAN1 与 VLAN2 在路由器的子接口地址分别为 218.118.1.108 和 218.118.2.108,这也是各自的网关地址,如图 7.30 所示。交换机用 ARP 通过自学习形成 MAC 地址表。

1)在同一 VLAN 内通信时

当 A 要与 B 通信时,A 发出 ARP 请求,交换机收到 ARP,检索已有的 MAC 地址表发现 B 与 A 属于同一 VLAN,直接将数据包发往 B,于是这种通信全是在交换机 S1 内部完成。

2)在不同 VLAN 之间通信时

设 A 要与 VLAN2 中的 C 通信,其过程如图 7.30 中①、②、③、④所示。

(1)发送方的源 MAC 为 A,源 IP 地址为 218.118.1.1,目标 IP 地址为 218.118.2.1,交换机发现目标地址不在同一 VLAN 之内,只能向默认网关(Default Gatway GW)转发,但发送

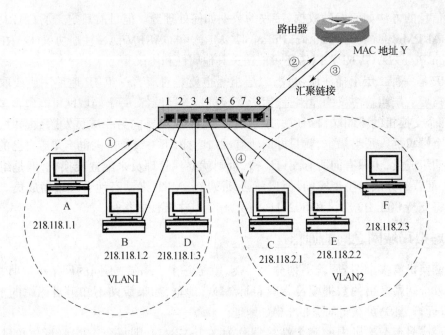

图 7.30　通过路由器实现 VLAN 之间的链接

之前必先用 ARP 获取路由器端口的 MAC 地址,设得知该 MAC 地址为 Y 后,则将目标 MAC 改为 Y,但目标 IP 还是原来 C 的目标 IP 地址。

(2) 交换机端口 1 收到 A 发来的数据帧,在 VLAN1 表项中寻找目标 MAC 地址 Y。由于汇聚端口属于所有 VLAN,所以端口 8 也在参照搜索之列,于是交换机知道了发送到 MAC 地址 Y 需要通过端口 8,于是从端口 8 发往路由器,由于端口 8 是汇聚链路,必须加上 VLAN 信息,由于数据来自 VLAN1,所以加上 VLAN1 的标识,进入汇聚链路,即图中的②,路由器收到②的数据包,分辨出 VLAN1 的标识,就交给 VLAN1 的接口来处理。

(3) 路由器查自己的路由表,发现目标 IP 地址属于 VLAN2,于是交给 VLAN2 的接口处理,将目标 MAC 改为 C,再加上 VLAN2 标识,经过汇聚链路,又发到交换机端口 8。

(4) 交换机收到数据帧后,根据目标 MAC 地址 C,知道 C 连在端口 4 上,端口 4 是普通访问连接,于是去掉 VLAN2 标识,将数据发往接收方 C,转发完成。

2. 通过三层交换机实现 VLAN 之间的链接

若一个园区网或企业网划分为很多 VLAN,则路由器不堪重负,可能成为网络瓶颈。同时路由器多数经过软件处理,路径选择的速度与交换机相比延迟很大,交换机内部使用 ASIC 芯片能够以线速度传输,处理延迟远远低于路由器,特别是对于路由器和交换机之间的汇聚链路来说,更容易成为瓶颈,所以最好的方法是利用三层交换机,它是具有路由功能的交换机,其内部结构如图 7.31 所示。

图 7.31 中的模块实质是利用硬件 ASIC 来处理路由,汇聚链路也是通过内部交换矩阵实现,所以可以保证很大的带宽。图 7.31 中绘出了三层交换机实现 VLAN 之间通信的过程。

在路由器内是由 VLAN 子接口对应于多个 VLAN 的转发,在三层交换机内部则对每个 VLAN 有一个 VLAN 接口来收/发数据,CISCO 交换机上称为交换虚拟接口(Switched Virtual Interface)。

当与同一 VLAN 中的网站通信时,只需交换机查表,按目标 MAC 转发即可,不必通过路

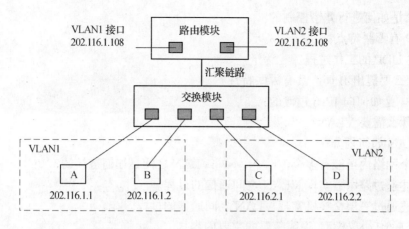

图 7.31　通过三层交换机实现 VLAN 链接

由模块。

当在 VLAN 之间通信时,如 VLAN1 中 A 与 VALN2 中 C 通信,分为如下四步:

(1) 源主机 A 通过目标 IP,可以判断出目标主机 C 不属于 VLAN1 的成员,因此由默认网关转发,也就是向路由模块 VLAN1 接口转发,它可以查知其目标 MAC 地址为 C。

(2) 转发数据包经过汇聚链路,必须加上 VLAN1 的标识,同时,源 MAC 为 A,目标 MAC 为 R,源 IP 为 206.116.1.1,目标 IP 为 202.116.2.1。

(3) 路由模块根据 VLAN1 标识,知道应由 VLAN1 接口接收,路由模块根据目标 IP 可以知道目标 VLAN 网络地址为 216.116.2.0～24,所以接着由 VLAN2 接口,经由汇聚链路转发回交换机,但要加上 VLAN2 标识,这时数据帧帧头中,源 MAC 为 R,目标 MAC 为 C,源 IP 为 216.116.1.1,目标 IP 为 216.116.2.1。

(4) 交换机收到此帧,检索 VLAN2 地址表,查知目标 MAC C 在端口 3,由于端口 3,是普通访问连接,于是去掉 VLAN2 的标识,直接把数据包转发到端口 3,即源 MAC 为 R,目标 MAC 为 C。源 IP 为 216.116.1.1,目标 IP 为 216.116.2.1。

所以三层交换根本不经过路由器即可完成 VLAN 之间的通信。

习　题

一、名词解释

端口,VLAN,子网掩码。

二、填空

1. _____协议是因特网的基础核心协议,也是 UNIX 系统互连的标准之一。

2. IP 地址由_____号和_____号组成,它不代表网址上的每一台计算机,而代表_____。

三、论述

1. 说出 IP 地址分类的方法,以及网络标识和主机标识有哪些约束?

2. 子网掩码有哪些作用?

3. ICMP 报文主要有哪几种?

4. 简述 IGMP 的工作过程。

5. TCP 是如何进行可靠连接的?

173

6．TCP 是如何进行差错控制的？

7．UDP 有哪些特点？

8．简述 UDP 的工作过程。

9．为什么要提出 IPv6？其有哪些特性？

10．IPv4 是如何向 IPv6 过渡的？

11．为什么需要 VLAN？

12．VLAN 如何划分？

13．一个网络内可能有多个 VLAN，不同 VLAN 之间是如何链接的？

14．试述通过路由器实现 VLAN 之间通信的过程。

15．试述通过三层交换机实现 VLAN 之间通信的过程。

四、画出 TCP/IP 协议模型，说明每层的主要内容。

第8章 广域网

广域网通常用于相距很远局域网的互连,主要通过公用网络实现。本章介绍常用的几种广域网技术。重点内容是 ADSL、ATM 和帧中继技术。

8.1 广域网概述

局域网技术的主要限制是规模。局域网规模的限制主要体现在系统的地理范围和互连的计算机数量两个方面。广域网技术克服了局域网这两方面的限制。

广域网的重要组成部分是通信子网。由于广域网常用于相距很远的局域网互连,所以在许多广域网中,一般由公用网络系统充当通信子网,如公用电话交换网(Public Switch Telephone Network,PSTN)、数字数据网(Digital Data Network,DDN)、分组交换数据网(X.25)、帧中继(Frame Relay,FR)、综合业务数据网(ISDN)、异步传输模式(Asynchronous Transfer Mode,ATM)等。公用通信网络系统包括传输线路和交换结点两个部分。这些公用通信网一般工作在 OSI 参考模型的低三层,即物理层、数据链路层和网络层。

广域网是将地理位置上相距较远的多个计算机系统,通过通信线路按照网络协议连接起来,实现计算机之间相互通信的计算机系统的集合。

广域网由交换机、路由器、网关、调制解调器等多种数据交换设备、数据传输设备构成,具有技术复杂性强、管理复杂等特点。广域网还具有类型多样化、连接多样化、结构多样化、提供的服务多样化等特点。

广域网的连接方式主要是通过公共网络来实现的。公共网络的类型包括传统的电话网络、租用专线、分组交换数字网络等。如果以建立广域网的方法对广域网进行分类,广域网可以划分为线路交换网、专用线路网、分组交换网等。

(1)线路交换网。线路交换网是面向连接的网络,在数据需要发送时,发送设备必须建立并保持一个连接,直到数据被发送;线路交换网只在每个通话过程中建立一个专用信道;线路交换网有模拟的和数字的线路交换服务。典型的线路交换网是电话拨号网和 ISDN 网。

(2)专用线路。专用线路网是两个点之间的一个安全永久的信道。专用线路网不需要经过任何建立或拨号进行连接,它是无连接的点到点连接网络。典型的专用线路网采用专用模拟线路、T_1 线路、T_2 线路。其中,T_1、T_2 线路是调制数字电话的线路,是目前最流行的专用线路类型。

(3)分组交换数据网。分组交换数据网(Packet Switched Data Network,PSDN),是一种以分组为基本数据单元进行数据交换的通信网络。它采用分组交换(包交换)传输技术,是一种包交换的公共数据网。典型的分组交换,如 X.25 网、帧中继网等。

8.2 典型的公用数据交换网

公用数据交换网诞生于 20 世纪 70 年代,是最早被广泛应用的广域网技术。著名的

ARPAnet 就是使用分组交换技术组建的。通过公用分组交换数据网不仅可以将相距很远的局域网互连起来,也可以实现单机接入网络。

早期的公用分组交换数据网多使用 X.25 协议标准,故通常也称它为 X.25 网。帧中继是由 X.25 发展起来的快速分组交换技术。它是对 X.25 分组交换网络的扩展和简化。

广域网一般由公用网络系统充当通信子网,采用的传输技术主要有电路交换、分组交换和信元交换。它常借助一些电信部门的公用网络系统作为它的通信链路,使用双绞线、光缆、微波、卫星、无线电波等有线传输介质和无线传输介质。本节将介绍几种广域网连接技术及其公用网络类型。

8.2.1 公用电话网

公用电话网是公用通信网络中的基础网,通信区域覆盖全国,利用电话网进行远程通信,是投资少、见效快、实现大范围数字通信最便捷的方法。

电话拨号网是利用公用电话系统实现终端与计算机、终端之间或计算机之间通信的网络。电话拨号网是一种数据通信系统,它由计算中心子系统、数据通信网络和数据终端三部分组成。

数据通信网络由电话交换网或租用专线及相应的数据传输设备构成。在电话交换网上,采用话声频带数据传输方式。接通线路后,由频带调制解调器(Modem)转换数据信号完成数据传输。

在专线传输信道上,可采用频带数据传输、基带数据传输和数字数据传输三种方式。

对于电话拨号网,由于计算机之间的通信对质量要求比较高,所以当电话网的通信信道难以适应质量要求时,可以利用分组数据网作为传输通路。电话拨号连接是通过电话线以拨号方式接入网络的广域网连接方法。拨号线连接方法主要用于个人计算机接入因特网或本地局域网,也可以通过路由器提供的按需拨号功能,实现局域网的远程互连。

公用电话网一般由本地电话网和长途电话网组成,本地电话网是指一个城市或一个地区的电话网,由端局和汇接局组成。端局主要与长途电话网进行交换任务,汇接局主要是进行本地区的电话交换,与端局构成一个交换网络。长途电话网由一、二、三级长途交换中心与五级交换中心(端局)构成网状与汇接相结合的复合形网络结构。在同一交换区内相邻等级交换中心之间的电路群称作基干路由,任意两个长途交换中心之间的低呼损电路群称作低呼损直达路由,高效电路群称作高效直达路由。在长途电话网五级交换中心服务范围内可组织开放长途数据业务,也可经国际出口局开放国际数据业务。

电话网主要由长途传输介质和交换设备组成,长途传输介质主要采用铜缆,中继线路也有采用光缆以及微波通信系统,交换设备有长途电话交换机、国际自动电话交换设备以及市内自动电路交换设备等。

PSTN 的主要缺点是可靠性差、传输速率低,一般为 1200b/s～2400b/s,4800b/s～9600b/s,在质量较好的线路上也可达 14.4Kb/s 以上。

8.2.2 公用分组交换数据网

公用分组交换数据网是实现不同类型计算机之间进行远距离数据传送的重要公共通信平台,是目前国际上普遍采用的一种广域连接方式。它是遵照国际电信联盟的电信标准部门。

ITU - TSS 制定的 X.25 协议是世界上许多电信组织和厂商支持和遵守的国际标准。X.25 网是国际上广泛采用的公用数据网络。

X.25 协议是指用分组方式工作并通过专用电路和公用数据网连接的终端使用的数据终端设备(DTE)和数据电路终端设备(DCE)之间的接口的协议。它定义了物理层、数据链路层、分组层三层协议,分别对应于 ISO/OSI 七层模型的下三层。

(1) 物理层:基本功能是建立、保持和拆除 DTE 和 DCE 之间物理链路的机械、电气、功能和规程的条件,提供同步、全双工的点到点比特流的传输手段,DTE 和本地 DCE 之间的接口按 X.21 建议规定。

(2) 数据链路层:通过 DTE 和本地分组交换机(Packet Switched Equipment,PSE)间的物理链路向分组层提供等待重发、差错控制方式的分组传送服务,所以可靠性高,这一层规定的链路访问平衡规程(Link Access Procedure Balanced,LAPB)规程是 HDLC 规程的平衡类子集,主要规定了数据链路的建立和拆除规程,建立后的信息传输规程,以及差错控制、流量控制等。另外这一层还规定了多链路规程(Multi Link Procedure,MLP),通过在多条平行的数据链路上同时传送信息帧,以提高信息的吞吐量和可靠性。

(3) 分组层(网络层):主要描述 DTE/DCE 接口上交换控制信息和用户数据的分组层规程,规定了虚电路业务规程、基本分组结构和数据分组格式以及可选用的用户业务功能等。这一层采用的是时分复用原理,实现一个源 DTE 利用一条物理电路呼叫多个目的 DTE 进行分组数据交换。此外,还提供永久虚电路 PVC 业务,这是供用户固定使用的虚电路,源 DTE 不必须立呼叫即能使用虚电路。

X.25 网的服务是接收从终端用户来的数据包,并将数据包经过计算机网络传输后,送到指定的终端用户。X.25 网支持 2400Kb/s~64Kb/s 的网络接口速率。X.25 网能够保证可靠传输。在系统中,数据包(数据分组)的整个路径在每个结点上都要求应答,并采用重发措施来纠正差错。在 X.25 网中,有许多差错检查功能,用以保证数据的完整性。这是因为当初建立 X.25 标准的目的是为了使用标准的电话线建立分组交换网进行数据传输的,而电话线传输的可靠性是没有保证的。现在由于有许多 X.25 网已不再使用电话线为传输的基础,而且 X.25 网过多的差错检查占用了系统的许多开销,从而造成 X.25 网的性能不高,使 X.25 网不适合大多数的实时局域网至局域网的操作。但是,X.25 成熟的协议,仍然是远程终端或计算机访问非常好的方法。

8.2.3 数字数据网

数字数据网(DDN)是利用数字信道传输信号的数据传输网,是利用数字通道提供半永久性连接电路,以传输数据信号为主的数字传输网络,DDN 的传输媒体有光缆、数字微波、卫星信道以及用户端可用的普通电缆和双绞线。

DDN 主要向用户提供端到端的数字型数据传输信道,既可用于计算机远程通信,也可传送数字化传真、数字话音、图像等各种数字化业务,这与在模拟信道上通过 Modem 来实现数据传输有很大区别。因为现有通信网的模拟信道主要是为传输话音信号而设置的,它通信速率低、可靠性差,很难满足日益增长的计算机通信用户和其他数字传输用户的要求。

由于大量数字图像、图形信息传输任务日益增多,再加上光缆通信的发展和脉冲编码调制(PCM)设备的实际应用,使大容量信息的高速传输成为可能,DDN 网也正是利用这一技术得以投入使用的。

1. DDN 网络特点

(1) DDN 利用数字信道传输数据信号,数字信道与传统的模拟信道相比,具有传输质量高、速度快、带宽利用率高等一系列优点。

(2) DDN 向用户提供的是半永久性的数字连接,沿途不进行复杂的软件处理,因此,延时较短,避免了分组网中传输延时大且不固定的缺点。目前,DDN 可达到的平均延时小于 $450\mu s$。

(3) DDN 采用交叉连接装置,可根据用户需要,在约定时间内接通所需带宽的线路,信道容量的分配具有极大的灵活性,使用户可以开通种类繁多的信息业务,传输任何合适的信息。

(4) DDN 将数字通信技术、计算机技术、光纤通信技术以及数字交叉连接技术有机地结合在一起,提供了高速度、高质量的通信环境。目前,DDN 可达到的最高传输速率为 150Mb/s。

(5) DDN 是同步数据传输网,不具备交换功能。但可根据与用户所订协议,定时接通所需路由。

(6) DDN 是可以支持任何规程、不受约束的全透明网,可支持网络层及其以上的任何协议,从而可满足数据、图像、声音等多种业务的需要。

2. DDN 网络基本组成

DDN 网络由数字通道、DDN 结点、网管控制和用户环路组成。在新的"中国 DDN 技术体制"中将 DDN 结点分为 2 兆结点、接入结点和用户结点三种类型。

(1) 2 兆结点:是 DDN 网络的骨干结点,执行网络业务的转换功能。

(2) 接入结点:主要为 DDN 各类业务提供接入功能。

(3) 用户结点:主要为 DDN 用户入网提供接口并进行必要的协议转换。它包括小容量时分复用设备,以及 LAN 通过帧中继互连的网桥/路由器等。

3. 三级网络结构

DDN 网络实行分级管理,其网络结构按网络的组建、运营、管理、维护的责任地理区域,可分为一级干线网、二级干线网和本地网三级。各级网络应根据其网络规模、网络和业务组织的需要,选用适当类型的结点,组建多功能层次的网络。即由 2 兆结点组成核心层,主要完成转接功能;由接入结点组成接入层,主要完成种类业务接入;由用户结点组成用户层,完成用户入网接口。

1) 一级干线网

一级干线网由设置在各省、自治区和直辖市的结点组成,它提供省间的长途 DDN 业务。一级干线结点设置在省会城市,根据网络组织和业务量的要求,一级干线网结点可与省内多个城市或地区的结点互连。

在一级干线网上,根据国际电路的组织和业务要求考虑设置国际出入口结点,负责对其他国家或地区之间的出入量业务。国际电路应优先使用 2048Kb/s 的数字电路。

在一级干线上,选择适当位置的结点作为枢纽结点,枢纽结点的数量和设置地点由邮电部电信主管部门根据电路组织、网络规模、安全和业务等因素确定。

2) 二级干线网

二级干线网由设置在省内的结点组成,它提供本省内长途和出入省的 DDN 业务。根据数字通路、DDN 网络规模和业务需要,二级干线网上也可设置枢纽结点。当二级干线网设置核心层网络时,应设置枢纽结点。

省内发达的地、县级城市可以组建本地网。省内没有组建本地网的地、县级城市,根据本省内网情况和具体的业务需要,设置中、小容量的接入结点或用户结点,可直接连接到一级干线网结点上,或者经二级干线网其他结点连接到一级干线网结点上。

相邻二级干线网结点之间可以酌情设置直达数字电路;经准许,二级干线网结点也可以设置地区性国际直达数字电路。

3) 本地网

本地网是指城市范围内的网络,在省内发达城市可以组建本地网。本地网为其用户提供本地和长途 DDN 业务。根据网络规模、业务量要求,本地网可以由多层次的网络组成。本地网中的小容量结点可以直接设置在用户的室内。

4. DDN 业务

DDN 提供的业务又称数字数据业务(DDS)。主要业务包括:

(1) 专用电路业务:DDN 提供中高速度、高质量点到点和点到多点的数字专用电路,供公用电信网内部使用和向用户提供租用电路业务。具体用于如信令网和分组网上的数字通信;提供中高速数据业务、会议电视业务等。

(2) 虚拟专用网(VPN)业务:把网上的结点和数字通道中一部分资源划给一个集团用户,该用户自己可以在划定的资源网范围内进行网络管理。

(3) 帧中继业务:用于业务量大的主机之间互连、LAN 互连等。

(4) 压缩话音/传真业务:用于话机和 PBX 或 PBX 之间互连。

CHINA DDN 在北京设立网管中心,管理全网的网络资源分配及运营状态、故障诊断、报警及处理等。在北京、上海、广州、南京、武汉、西安、成都、沈阳设有枢纽结点机,其他省会城市设骨干结点机,此外,北京、上海、广州还设有国际出入口结点设备。

目前 CHINA DDN 适用于信息量大、实时性强的中高速数据通信业务,如局域网的互连、大型同类主机的互连、业务量大的专用网以及图像传输、会议电视等。

8.2.4 帧中继

在 X.25 网络中为了避免由于线路质量产生的传输错误,在传输时采用三层通信协议的处理方式,其包传送路径上的每一个结点,必须接收到完整的包,经检查无差错后才送出,这对于早先的通信线路来说是十分必要的。随着光纤技术的发展,线路通信质量越来越好,没有必要每个交换结点都要进行繁杂的校验纠错,于是出现了帧中继技术。

帧中继在传送数据时,只检查包的包头中的目的位地址,就立即传送出此数据包,甚至于在数据包还未接收完整之前即转送出去。这样的方式,可大大提高传输速度。

帧中继只处理 OSI 的最低两层,省去了 X.25 的分组层功能,它工作在 OSI 参考模型的第二层(数据链路层),是一个面向帧的通信协议。由于在链路层的数据单元称作帧,故称为帧方式。从设计思想上看,帧中继与 X.25 的差异是,帧中继注重快速传输,而 X.25 强调高可靠性,所以在 X.25 网内,每个转发设备都要对传输的数据进行校验,并具有出错处理机制;而帧中继省略了这个功能,从而简化了结点的处理过程,缩短了处理时间,但它需要网络的通信介质具有高的可靠性。在传输过程中如果出现问题,数据包就会在中途被遗弃,需要高层的协议来保证其传输的可靠性。

帧中继通信基础的虚拟线路可分为两种类型:一种是提供永久性虚电路(PVC);另一种是交换虚电路(SVC)。帧中继所使用的是逻辑连接,而不是物理连接,在一个物理连接上可复用多个逻辑连接(可建立多条逻辑信道),可实现带宽的复用和动态分配。

虽然帧中继服务原来是为数据传输而建立的,但也可以用它来传输其他类型信息,如话音和图像。帧中继可以支持很高的传输速率,传输速率通常在 64Kb/s~2.048Mb/s 之间,现在已经实现了 45Mb/s(DS-3)传输速率。

帧中继在数据链路层上使用两个协议:一个是用于控制信息的 LAPD;另一个是用于用户数据传输的数据链路层帧方式接入协议(Link Access Procedures to Frame Mode Bearer Services,LAPF),下面主要介绍 LAPF。

1. LAPF

1) LAPF 的基本特性

LAPF 包含在 ITU-T 建议 Q.922 中。LAPF 的作用是在 ISDN 用户—网络接口的 B、D 或 H 通路上为帧方式承载业务,在用户平面上的数据链路(DL)业务用户之间传递数据链路层业务数据单元(SDU)。

LAPF 使用 I.430 和 I.431 支持的物理层服务,并允许在 ISDN B/D/H 通路上统计复用多个帧方式承载连接;也可以使用其他类型接口支持的物理层服务。

LAPF 的一个子集对应于数据链路层核心子层,用来支持帧中继承载业务。这个子集称为数据链路核心协议(DL-CORE)。LAPF 的其余部分称为数据链路控制协议(DL-CONTROL)。

LAPF 提供两种信息传送方式:非确认信息传送方式和确认信息传送方式。

2) LAPF 帧结构

如图 8.1 所示,LAPF 的帧由 5 种字段组成:标志字段 F、地址字段 A、控制字段 C、信息字段 I 和帧检验序列字段(FCS)。

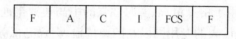

图 8.1　LAPF 帧结构

(1) 标志字段 F:是一个特殊的 8bit 组 01111110,其作用是标志一帧的开始和结束。在地址标志之前的标志为开始标志,在帧校验序列字段(FCS)之后的标志为结束标志。

(2) 地址字段 A:主要是区分同一通路上多个数据链路连接,以便实现帧的复用/分路。地址字段的长度一般为 2B,必要时最多可扩展到 4B。地址字段通常由地址字段扩展位 EA、命令/响应指示 C/R、帧可丢失指示位 DE、前向显式拥塞位 FECN、后向显示拥塞位 BECN、数据链路连接标识符 DLCI 和 DLCI 扩展/控制指示位 D/C 组成。

(3) 控制字段 C:分三种类型的帧,即信息帧(I 帧),用来传送用户数据,但在传送用户数据的同时,I 帧还捎带传送流量控制和差错控制信息,以保证用户数据的正确传送;监视帧(S 帧),专门用来传送控制信息,当流量和差错控制信息没有 I 帧可以"搭乘"时,需要用 S 帧来传送;无编号帧(U 帧),传送链路控制信息以及按非确认方式传送用户数据。

(4) 信息字段 I:包含用户数据,可以是任意的比特序列,它的长度必须是整数个字节,LAPF 信息字节的最大默认长度为 260B,网络应能支持协商的信息字段的最大字节数至少为 1598B,用来支持例如 LAN 互连之类的应用,以尽量减少用户设备分段和重装用户数据的需要。

(5) 帧校验序列字段 FCS:是 16bit 的序列,它具有很强的检错能力,能检测出在任何位置上的 3bit 以内的错误、所有的奇数个错误、16bit 之内的连续错误以及大部分的大量突发错误。

3) LAPF 帧交换过程

LAPF 帧交换过程是对等实体之间在 D/B/H 通路或其他类型物理通路上传送和交换信

息的过程,进行交换的帧有 I 帧、S 帧和 U 帧。

采用非确认信息传送方式时,LAPF 的工作方式十分简单,用到的帧只有一种,即无编号信号帧 UI。UI 帧的 I 段包含了用户发送的数据,UI 帧到达接收端后,LAPF 实体按 FCS 字段的内容检查传输错误:如没有错误,则将 I 字段的内容送到第三层实体;如有错误,则将该帧丢弃,但不论接收是否正确,接收端都不给发送端任何回答。

采用确认信息传送方式时,LAPF 的帧交换分为三个阶段:连接建立、数据传送和连接释放。

8.2.5 不对称数字用户线路

数字用户线路(Digital Subscriber Line,DSL),有时称 xDSL,是一组相关技术的总称。xDSL 包括 ADSL、SDSL、HDSL、IDSL 和 VDSL 等技术,下面主要介绍 ADLS 技术。

不对称数字用户线路(Asymmetric Digital Subsoriber Line,ADSL)作为目前最常用的服务之一,是一种传输层的技术,它充分利用现有的铜线资源进行高速数据传输。ADSL 能在现有电话线上传输高带宽数据以及多媒体和视频信息,并且允许数据和话音在一根电话线上同时传输,它是单台计算机高速接入网络的最新技术。考虑到客户/服务器结构是客户机从服务器上大量读取信息而相对较少向服务器传送数据的模式,ADSL 技术提供的数据传输速率是不对称的,分为上行速率和下行速率。下行速率为:1.544Mb/s～8.448Mb/s,上行速率为640Kb/s～1.544Mb/s。这种不对称的传输方式适合于视频点播(Video On Demand,VOD)和从数据网上下载信息。ADSL 技术克服了传统用户的"瓶颈",实现了真正意义上的宽带接入。

传统电话系统使用的是铜线的低频部分(4kHz 以下频段)。而 ADSL 采用离散多声频(DMT)技术,将原先电话线路 0Hz～1.1MHz 频段划分成 256 个频宽为 4.3kHz 的子频带。其中,4kHz 以下频段仍用于传送传统电话业务,20kHz～138kHz 的频段用来传送上行信号,138kHz～1.1MHz 的频段用来传送下行信号。DMT 技术可根据线路的情况调整在每个信道上所调制的位数,以便更充分地利用线路。一般来说,子信道的信噪比越大,在该信道上调制的位数也越多。如果某个子信道的信噪比很差,则弃之不用。目前,ADSL 可达到上行以 640Kb/s、下行 8Mb/s 的数据传输率,最大传输距离为 1.5km。ADSL 调制解调器通过以太网口和 RJ-45 线缆连接计算机的网卡,能方便地应用在 PC、笔记本计算机上。图 8.2 为联想外置式 ADSL 调制解调器。

图 8.2　处置 ADSL 调制解调器

对于电话信号而言,仍使用原先的频带,而基于 ADSL 的业务,使用的是话音以外的频带。所以,原先的电话业务不受任何影响。

ADSL 的标准是 ANSIT1E1.413 协议。而 ADSL 论坛将在推出 G.lite 标准。G.lite 是简易的 ADSL 标准。它在一对电话线上提供下行 1.5Mb/s 的带宽。与标准的 ADSL 相比,G.lite 采用即插即用的方式,用户使用更方便、更简单。

8.2.6 ISDN 和宽带 ISDN

电话网在实现了数字传输和数字交换后,就形成了电话的综合数字网(IDN)。然后,在用户线上实现二级双向数字传输,以及将各种话音和非话音业务综合起来处理和传输,实现不同业务终端之间的互通。也就是说,把数字技术的综合和电信业务的综合结合起来,这就是综合业务数字网(ISDN)。

CCITT 于 1972 年第一次给出了 IDN 和 ISDN 的定义。指出 ISDN 是一种网络结构,通常是以 IDN 为基础发展演变而成。这种网络能够提供端到端的数字连接,用来承载包括话音和非话音在内的多种电信业务,用户能够通过有限的一组标准的多用途的用户/网络接口接入这个网络。

ISDN 提供一种对局内呼叫或局间呼叫的端对端的透明数字网,其所需要的局间传输中继线设备是已广泛使用的数字多路传输系统。

ISDN 只使用两种基本类型的信道:承载用于传输数字话音和数据业务的 64Kb/s 的 B 信道以及用于传输呼叫用的数字信令或数据的 16Kb/s 的 D 信道。

ISDN 与现有的电信网及其他通信网的业务是完全兼容的。后者现有的外部设备大约有94%仍可用于 ISDN 中,交换机配上能处理 ISDN 业务接口的硬件和专门的软件后,大多数现代的数字程控交换机系统本质上都可以用来交换 ISDN 的呼叫。对 ISDN 的呼叫控制是在 D 信道中采用共路信令来完成用户终端和中心局之间的信令任务的。

ISDN 的用户前端设备(Customer Premises Equipment,CPE)和网络之间信息传输和物理连接是通过用户/网络接口来实现的。

ISDN 的用户/网络接口在众多的接口方案中,采用两种接口方式:基本速率接口(Basic Rate Interface,BRI)即 2B+D,B 为 64Kb/s 速率的数字信道,D 为 16Kb/s 的数字信道;以及基群速率接口(Primary Rate Interface,PRI),即 30B+D 或 23B+D,B 和 D 均为 64Kb/s 的数字信道。用户/网络接口用于 CPE 和网络之间的信号形成和物理连接。

ISDN 的主要组成部分是用户/网络接口、原有的电话用户环路和交换终端(Exchange Termination,ET)。ISDN 可以提供对现在和将来所有网络业务的接入。图 8.3 为 ISDN 终端接入的适配器与适配卡。

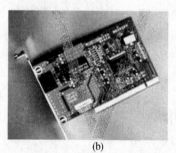

(a)   (b)

图 8.3　ISDN 终端接入的适配器与适配卡
(a)适配器;(b)适配长。

1. ISDN 用户/网络接口的分层功能

根据开放系统互连参考模型,ISDN 用户/网络接口协议分为三层:第一层是物理层,它包括基本接入接口和一次群速率接口;第二层是数据链路层;第三层是网络层。

物理层提供建立、维持和释放物理连接的手段,保证物理电路上的信息传输。物理层规范是指对接口的电气特性、物理特性,包括接插件机械特性等的规范。

链路层在物理层的基础上提供数据链路的建立、维持和释放手段。数据链路层完成链路复用、差错检测及恢复流量控制和信息传递的功能。

网络层根据数据链路层提供的服务完成呼叫控制的功能,包括电路交换呼叫和分组交换呼叫的控制。

ISDN 的优点和合理性是显著的,尤其是可以在现有的用户线路上实现。世界各国都在制定各自的 ISDN 的发展规划。但是,引入 ISDN 还需解决不少问题,关键是标准化和经费方面的问题。其中标准的制定已有协议,因此,实施和试验是走向实用化极为重要和不可缺少的一步。美国电信部门已做了部署,从 1996 年 12 月 31 日 23 时 59 分(世界时)起,所有的 ISDN 局必须满足 CCITTE.164 建议的要求。日本、法国、德国、韩国都已制定了计划,积极推进 IS-DN 的应用。

2. 宽带 ISDN(B－ISDN)

前面介绍的 ISDN 还是数字的、时分复用的电路交换网,ISDN 采用同步时分复用的方法使用户信道分割成 2B＋D,传输速率为 160Kb/s。在一帧 125μs 内传送$(125 \times 0.000001) \times (160 \times 1000) = 20$bit。但是,数字化的电视信号的速率达 140Mb/s,压缩后也有 34Mb/s。高清晰度电视经压缩后的信息量约为 140Mb/s。上述 ISDN 可以同时传输电话、传真、数据等多种不同的信息,却不能传送图像信号。因此,还只是窄带 ISDN。事实上,用户线是通信网中最后一个还没有数字化的设备,是数字传输的一个"瓶颈"。假如采用光纤作为用户线的介质,在光纤上传送的信息量可达 2×10^{10} 以上。因此,在 20 世纪 80 年代后期,当窄带 ISDN 在北美、欧洲和日本趋于成熟和实用,还没有来得及推广,就开始提出宽带 ISDN。在宽带 ISDN 中,用户线上的信息传输速率可达 155.52Mb/s,是窄带 ISDN 的 800 倍以上,所以,"宽带"的意思就是"高速"。

B－ISDN 使得多媒体计算机可以成为通信终端。人们期望 ISDN 能成为一种全能的、可以包括现在和将来全部电信业务的网络。

在发展的初期阶段在于进一步实现话音、数据和图像等业务的综合。初期的 B－ISDN 由三个网组合而成:第一个网是以电话的交换接续为主体,并把静止图像和数据综合为一体的电路交换网,当前以电话业务为主,即是以传输速率 64Kb/s 作为此网的基础,称为 64Kb/s 网;第二个网是以存储交换型的数据通信为主体的分组交换网,分组交换把信息分割为分组的小单元,进行传输交换的方式,它具有灵活的多元业务量处理的特性,当前各国广泛地开展高速分组交换方式的研究,它可能是 B－ISDN 的主要交换方式之一;第三个网是以异步转移模式(Asgnchronous Transfer Mode,ATM)构成的宽带交换网,它是电路交换与分组交换的组合,能实施话音、高速数据和活动图像的综合传输。

后期 B－ISDN 中引入了智能管理网,由智能网路控制中心管理的是三个基本网:第一个网是由电路交换与分组交换组成的全数字化综合传输的 64Kb/s 网;第二个网是由异步 ATM 组成的全数字化综合传输的宽带网;第三个网是采用光交换技术组成的多频道广播电视网。这三个网将由智能网络控制中心管理,它可能被称为智能宽带 ISDN。在智能宽带 ISDN 中,有智能交换机和用于工程设计或故障检测与诊断的各种智能专家系统。

实现 B－ISDN 的关键在于宽带交换技术。从目前的研究成果和研究方向来看,光交换技术和 ATM 技术是实现 B－ISDN 的主要技术。

8.3 异步传输模式

人们一般习惯把电信网分为传输、复用、交换和终端等几个部分。但是近年来随着程控时分交换和时分复用的发展,电信网中的传输、复用和交换这三个部分已越来越紧密地联系在一起,开始使用传递模式来统一描述。目前,通信网上的传输方式可分为同步传输方式(STM)和异步传输方式(ATM)两种。如 ISDN 用户线路上的 2B+D,以及数字电话网中的数字复用等级等均属于同步传输方式,其特点是在由 N 路原始信号复合成的时分复用信号中,各路原始信号都是按一定时间间隔周期性出现,所以只要根据时间就可以确定现在是哪一路的原始信号。而异步传输方式的各路原始信号不一定按照一定时间间隔周期性地出现,因而需要附加一个标志来表明某一段信息属于哪一段原始信号。例如,采用在信元前附加信元头的标志就是异步传输方式。

B-ISDN 中传送的是 ATM 信元,ATM 信元从概念上讲与数据分组相似。但是,由于 B-ISDN 要提供各种业务,而对话音、电视图像、立体声音乐等是不能容忍随机性延迟的,因而对于 ATM 信元的交换就不能照搬分组交换方式,而需要一种新的交换方式,这就是 ATM。

近年来,由于光纤通信的迅速发展,不仅通信能力有极大提高,而且传输错误也微乎其微,因而在分组交换的基础上产生了帧中继等快速分组交换方式,把检错纠错功能放在终端设备,从而减少了时延,提高了速率。ATM 也属于快速分组交换,但它不仅简化了控制、提高了速率的分组交换,同时为了满足实时业务的要求,还使用了一些电路交换中的方法。ATM 改进了电路交换的功能,使其能灵活地适配不同速率的业务;ATM 改进了分组交换功能,满足实时性业务的要求。所以 ATM 又可以看作电路交换方式和分组交换方式的结合。

8.3.1 异步传输模式的基本概念和原理

1. ATM 的基本特征

ATM 的基本特征是信息的传输、复用和交换都是以信元为基本单位。按照 CCITT 的建议,每个信元的长度为 53B,其中前面 5B 为信元头,用来表示这个信元来自何处,到何处去,是什么类型等。后面 48B 是要在线路上传送的信息。由于 ATM 有信元头,所以会有一部分线路传输能力用在信元头上。因此,用户可以使用的传输速率将不是 155.52Mb/s,而是 $155.52/(53 \times 48) = 140$Mb/s。

ATM 是定长度的信元,它可以适应用户不同速率分配的要求。ATM 可以非常灵活地适配各种不同速率的要求,只要它们的速率之和不超过信道的总容量,用户几乎可以按任何方式把信道分割成任意多个不同速率的子信道。

2. ATM 的信元结构

ATM 信元结构如图 8.4 所示,各个字段的具体含义如下:

(1) UNI(User to Network Interface):为用户网络接口。

(2) NNI(Network to Network Interface):为网络结点接口。

(3) GFC(Generic Flow Control):为一般流量控制域。

(4) VPI(Virtual Path Identifier):为虚路径标识符。

(5) VCI(Virtual Channel Identifier):为虚通道标识符。

(6) PT(Payload Type):为净负载类型,即后面 48B 信息域的信息类型。

(7) REC(REserve Component):为保留位,可以用作将来扩展定义,现在指定它恒为 0。

(8) CLP(Cell Loss Priority):为信元丢弃优先权,在发生信元冲突时,CLP 用来说明该信元是否可以丢掉。

(9) HEC(Header Error Checksum):为信元头校验码,用来保证整个信元头的正确传输。

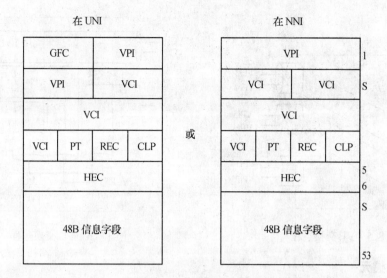

图 8.4　ATM 信元结构

3．ATM 的虚路径和虚通道

首先介绍几个概念：

（1）虚通道（Virtual Channel，VC）：用于描述 ATM 信元单向传送的，信元与唯一的虚拟通道标识符（Virtual Channel Identifier，VCI）相联系。

（2）虚路径（VP）：用于描述虚拟通路的 ATM 信元单向传输的，VC 和 VP 都属于 ATM 层。很显然，VC 包含于 VP 中。

（3）虚通道链路：在两个顺序的 ATM 实体间单向传送 ATM 信元的能力，在 ATM 实体处转换 VCI 值。

（4）虚路径链路：类似于虚通道链路。

（5）虚通道连接（Virtual Channel Connection，VCC）：VC 链路的一个连接。

（6）虚路径连接（Virtual Path Connection，VPC）：VP 链路的一个连接。

在信元结构中，VPI 和 VCI 是最重要的两部分，这两部分合起来构成了一个信元的路由信息。ATM 交换机就是根据各个信元上的 VPI－VCI 来决定把它们送到哪一条线路上去。

虚通道和虚路径都是用来描述 ATM 信元单向传输的路由。每个虚路径可以用复用方式容纳多达 65535 个虚通道，属于同一虚通道的信元群，拥有相同的 VCI，它是信元头的一部分。属于同一虚路径的不同虚通道的信元群，拥有相同的 VPC，它也是信元头的一部分。

当发送端和接收端通信时，发送端先发送要求连接的控制信号，接收端收到该信号并同意建立后，一个虚拟线路被建立起来，用 VPI 和 VCI 表示。虚拟线路建立后，需要传送的信息被分割成 53B 的信元，经网络传送到对方。在虚拟线路中，相邻两个交换点间信元的 VCI、VPI 值保持不变，此两点间形成一 VC 链路，一串 VC 链路相连形成 VC 连接 VCC。相应地，VP 链路和 VP 连接也可以用类似的方式形成。VCI、VPI 值在经过 ATM 交换点时，该 VP 交换点根据 VP 连接的目的地，将输入信元的 VPI 值改为要导向接收端的新的 VPI 值赋予信元头输出，以上过程称为 VP 交换。VC 交换与此类似。由此可知，ATM 可利用 VC 和 VP 达到交换与传输数据的目的。VP 交换可由图 8.5 直观地表示。图 8.6 为 VC 交换过程。

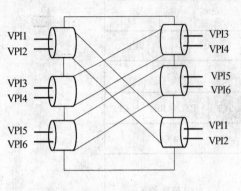

图 8.5　VP 交换过程

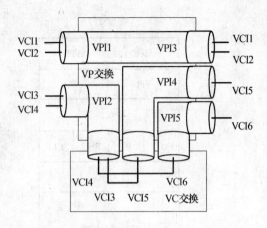

图 8.6　VC 交换过程

4. ATM 信元

在 B－ISDN 用户线路上传送的信息都是 ATM 信元,所以信令也用 ATM 信元来传送,传送信令的 ATM 信元叫做信令信元。为了区别信令信元和其他 ATM 信元,将信令信元的信元头规定一个特定值,例如,可以规定一个特定的 VPI－VCI 专供信令信元使用,其他 ATM 信元都不可以使用;也可以规定一个其他的 ATM 信元永远不用的净负载类型(PT),专供信令信元使用。

除了承载用户信息的信元和信令信元之外,还有空闲信元。如果在线路上没有其他消息发送,则发送"空闲信元",可以起"填充"空闲信道的作用。运行维护信元上承载的是 B－ISDN 的运行和维护的信息,如故障、告警等信息,它是 ATM 交换机经常定时发送的 48B－信息域,其内容是事先规定好的,收到这些信元的交换机,根据这些信元误码来判断线路质量,如是否有故障告警等。

ATM 信元是定长的,所以时间是被划分成一个个等长的小片段,每个小片段就是 ATM 的信元。话音、图像等恒定速率的实时性信号,在装入一个个 ATM 信元后,应该是每隔一个固定的时间间隔就出现一次。如果这些 ATM 信元在经过 B－ISDN 后的随机性时延不大于某一规定值,那么就可以在接收端重新组合成无失真的话音信号。

5. ATM 的错误检验与时延

ATM 交换中取消了信息反馈重发,这点可以从 ATM 信元的定义中看出,它没有对整个信元做错误检验(HEC),而是对信元头部分做错误检验。实际上,当某一个 ATM 信元的信元头部分错了,也不会反馈重发,而是把该 ATM 信元丢弃。这是因为一方面光纤传输线路质量很高,出现差错的可能性很小;另一方面对于要求实时性高的话音和电视图像,小部分的差错对其影响不大。对于不能容忍差错的计算机数据业务,则可以通过在终端上附加反馈重发功能的方法来消除通信网中发生的传送差错。

除了反馈重发造成的随机时延外,一个 ATM 信元还可能会在交换机内部及中继线路上延迟,在中继线路上的延迟主要是排队造成的。ATM 交换机具有当线路上没有足够通信能力来满足用户通信要求时,可以发送一个信令信元给终端,告诉它现在"忙"。ATM 可以根据用户业务类型对通信能力规范其要求,对有的业务在"忙"时可以丢掉一些信元,对有的业务则可以在交换机中多等一会儿。但那些可以丢掉一些信元的业务,也可能会有一些信元比较重要,绝不可以丢掉,对于这样的信元,可以使用 ATM 信元头中的信元丢弃优先级(CLP)予以标志。为了不使 ATM 交换系统的控制处理负担太重,可以采用虚路径和虚通道两级管理的办法。通过虚路径对交换机连接到各地的线路进行宏观管理,通过虚通道对各个通信进行微观管理。在正常情况下,交换机向各个方向的信息流量分布总是可以统计或估计的,从而可以预先对虚路径进行大致的分配。这样,在呼叫到来时就会给有空余通信能力的虚路径中分配一个虚通道。在虚路径和虚通道两级管理时,ATM 交换机也可分为进行虚路径交换和虚通道交换两类,当虚通道交换机找不到虚路径放置新的呼叫时,它可以通知有关的虚路径交换机调整虚路径。当然,虚路径交换机自己也可以根据各条虚路径上的信息流量来进行调整。

8.3.2 异步传输模式协议模型

ATM 提供了一套网络用户服务,但与网络上传输的信息类型无关,这些服务由 ATM 协议参考模型定义。模型定义出对高层的服务和操作维护 ATM 网络所需的功能。

图 8.7 为 ATM 协议参考模型。ATM 在逻辑上可按如下三个层面描述:

(1) 用户平面:是用户协议之间的接口,如 IP 或 SMDS 和 ATM 等协议的接口互相协调。

(2) 管理平面:使 ATM 栈的各层互相协调。

(3) 控制平面:使信令传送以及虚电路的建立和拆除互相协调。

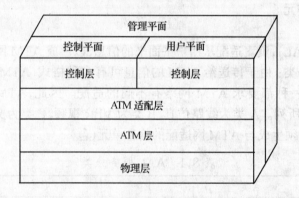

图 8.7　ATM 协议参考模型

1) 物理层

ATM 模型的最下面一层是物理层,由传输汇聚子层和物理介质子层组成。物理层功能是物理线路编码和信息的传输。传输汇聚子层的功能是实现物理层汇聚协议(Physical Layer Convergence Protocol,PLCP)。PLCP 负责确保整个物理链路上信息的有效传输和接收。物理介质(Physical Medium Dependent,PMD)子层负责物理介质性质、位定时及线路编码。ATM 接口描述了特定的线路编码,以此来确定 ATM 信元能以正确可识别的格式到达,这些接口可以由光纤或铜线物理介质支持。光纤介质可采用单模或多模,铜介质可以是同轴电缆、屏蔽或非屏蔽双绞线。

(1) 传输汇聚子层。

① 信元头保护机制:信元头的差错可以造成信元的丢失或差错插入,因此保护信元头是十分重要。信元头的差错控制(HEC)是一个 8 位序列,它保护整个信元头,所使用的生成多项式为 $X^8 + X^2 + X + 1$。

② 信元定界机制:信元定界算法是自支持的,它独立于传输系统。它基于存在于信元头内的位与 HEC 内的位之间的相关性,有搜索、预同步和同步三个状态。搜索功能是逐个检查

各个位,检查是否遵守 HEC 编码规则;预同步状态表示已经找到一个正确的信元定界;同步表示确认信元定界的到达。

③ 混杂:这是一种附加机制,用来对付恶意用户和假冒。

④ 信元率去耦:信元的传输率应低于可用的传输容量。可在发送方插入空信元,在接收方删除插入的信元。

⑤ 与传输系统匹配:是构成信元流必须完成的动作,发送时按照传输帧的负载结构,接收时从传输帧中抽出信元流。

(2) 物理介质子层:提供位传输能力,传输功能与所用的介质有关,这些功能是线路编码、再生、均衡、光点转换等。对于网络—用户接口考虑电和光的两种物理介质。

2) ATM 层

ATM 层负责生成信元,它接收来自 AAL 的 48B 载体并附加上相应 5B 信元标头。ATM 层支持连接的建立,并汇集到同一输出端口不同应用的信元,同样也分离从输入端口到各种应用或输出端口的信元。当 ATM 层看到信元载体时,它并不知道,也不关心载体的内容,载体只不过是要被传输的 0 或 1 信息符号。因为 ATM 层不管载体的内容,所以它与服务无关,只负责为载体生成信元标头并附给载体,以形成信元标准格式。跨越 ATM 层到物理层的信息单元只能是 53B 的信元。

3) ATM 适配层

ATM 适配层(AAL),负责适配从用户平面来的信息,以形成 ATM 网可利用的格式。

(1) AAL 服务分类:由于传送给 ATM 的信息可有多种格式,ATM 网可以传输数据、话音以及视频信息,每一种都要求 ATM 网络有不同的适配。因此,ATM 定义了不同类型的 AAL 服务,如表 8.1 所列。A 类为线路仿真,B 类为 VBR 视频,C 类为文件传送,D 类为无连接信报。数据协议必须生成与 ATM 网适配的信息单元(包)。

表 8.1　AAL 服务分类

	A 类	B 类	C 类	D 类
时间关系	要求		不要求	
位率	固定		可变	
连接方式	面向连接		无连接	

(2) AAL 子层:包括汇聚子层和分割重装子层。

① 汇聚(CS)子层:AAL 的 CS 层负责为来自用户平面(如 IP 包)的信息单元做分割准备,进行这种准备的目的是让 CS 层能够将这些包再拼接成原始状态。为执行这一功能,CS 要求有控制信息,控制信息附在用户信息上。CS 控制信息包括标头和后缀或只是后缀。控制信息的利用是由 AAL 服务类型决定的。CS 控制信息将与用户数据一起放在信元的载体部分。

② 分割重装子(Segmentation and Reassembly,SAR):SAR 子层将来自汇聚层的信息单元(叫做汇聚子层协议数据单元 CS-PDU)分割成 48B 的载体。ATM 层只能处理 53B 的信息单位,其中含有 48B 的载体部分,这部分是用户实际通信的有用信息(包括像 TCP/IP 信息这样的协议开销)。穿越边界从 ATM 适配层 AAL 进入 ATM 层的信息单元只能是 48B(一个信元载体),从 ATM 层返回到 AAL 层的信息单元也只能是 48B,任何其他单元都不能通过 AAL 和 ATM 层之间的这条分界线。

ATM 适配层具有一种称作层管理项的控制功能,层管理项也可称为管理项。管理项的功能是启动和控制对 ATM 层的连接请求。另外,它协调提交给 ATM 层的用户数据和控制信息。

8.3.3 异步传输模式交换机

1. ATM 基本排队原理

ATM 交换有两条根本点:信元交换和各虚连接间的统计复用。信元交换是将 ATM 信元通过各种形式的交换媒体,从一个 VP/VC 交换到另一个 VP/VC 上。统计复用表现在各虚连接的信元竞争传送信元的交换介质等交换资源。为解决信元对这些资源的竞争,必须对信元进行排队,在时间上将各信元分开。借用电路交换的思想,可以认为统计复用在交换中体现为时分交换,并通过排队机制实现。

排队机制是 ATM 交换中一个极为重要的内容,队列的溢出会引起信元丢失,信元排队是交换时延和时延抖动的主要原因,因此排队机制对 ATM 交换机性能有着决定性的影响。基本排队机制有三种:输入排队、输出排队和中央排队。三种方式有各有优缺点,优点是:输入队列对存储器速率要求低,中央排队效率高,输出队列则处于两者之间。缺点是输入排队有信头阻塞,交换机的负载达不到 60%;输出排队存储器利用率低,平均队长要求长;而中央排队存储器速率要求高、存储器管理复杂。在实际应用中没有直接利用这三种方式,而是加以综合,采取了一些改进的措施。改进的方法主要有:

(1) 减少输入排队的信元头阻塞。

(2) 带反压控制的输入/输出排队方式。

(3) 带环回机制的排队方式。

(4) 共享输出排队方式。

(5) 在一条输出线上设置多个输出子队列,这些输出子队列在逻辑上作为一个单一的输出队列来操作。

2. ATM 交换结构

交换结构决定 ATM 网络的规模和性能,其设计方法将影响它的吞吐量、信元阻塞、信元丢失以及交换延迟等。交换机的路取决于输入端口的信元到输出端口的方法。交换机性能和扩展特性、支持广播和多点转发的能力等都取决于交换结构。交换机主要功能是快速有效地将信元从输入端口送到输出端口。而 ATM 交换机将进行单个信元的输入处理,信元头的转换以及信元输出处理,以确保信元头按输出端口要求转换和信元进入合适的物理链路。交换设计可分为:时分交换结构,包括共享存储和共享总线;空分交换结构,包括 Banyan、Delta 以及循环交换。

1) 时分交换结构

多路时分交换结构在处理信元交换过程中共享公共的内部设施。时分结构通过一个共享设施,如内部主板或内存,路由所有交换信息从输入端口到输出端口。多路时分最直接的形式是使用共享总线。信元通过这个共享设施进行传输,必须先请求,获准后才可存取总线。共享存储交换结构要求交换机中的所有端口共享对交换存储器的存取。共享设施要求在获准存取前,必须等待资源的可用性,如果资源正在使用,则必须等待这一资源的释放。竞争公共享资源是时分交换结构的主要特征之一。所有的交通使用单个的设施,所以一个瞬间只能对一个信元进行操作。在大型网络中,一次处理一个信元,即使速度很快,共享设施仍会成为潜在的"瓶颈"。随着吞吐量需求的增长,由于存取共资源的冲突机会增加,所以时分交换结构的吞叶量会下降。像共享总线系统这样的共享设施的主要优点就是易于扩展交换端口,只要将扩充端口板插入系统就可增加端口,可是,所有端口必须共享公共资源,或是总线或是内存。随着必须存取共享设施的设备数目增加,这些设施被占用的机会也增加。因此,资源的竞争会引起延迟,在等待资源可用时,必须采用缓冲机制。

时分交换有一个设备吞吐量的固定上限,这种交换能力的限制不能随端口的增加而增加。所以,当对公共资源的需求增加时,网络性能会受到影响。交换的吞吐量是由公共资源的速度确定的,一般不能扩展,所以无法满足容量的增加。

共享存储系统要求将进入的信元放入系统存储器,由负责输出信元功能的端口处理器存取。为完成特定的信元功能,每端口的处理必须存取公共的存储设施,在执行信元操作前,每个端口必须请求获准后方可存取存储器。输入端口必须将输入信元放入存储器,经端口处理器处理完成输出功能。当每个端口存取共享资源时,其他所有端口必须等待,每个等待存取公共设施的端口必须缓冲到达此端口的信元。共享资源限制了交换器及时地对每个信元进行服务的能力。

共享总线具有与共享存储系统相同的限制。单个资源由所有端口共享,每个端口必须等待。

2) 空分交换结构

空分交换结构提供通过交换构架的多条路径。与共享存储或底板结构不同,空分结构不依赖于共享设施。多条路径的概念是允许多个信元同时通过交换器进行传输。空分交换结构具有良好的硬件扩展性,可以增加端口而不影响交换器的吞吐量,端口不必竞争单一的共享资源。另外,空分交换结构随着端口数的增加,性能也获得提高。由于交换机性能可随端口的增加而提高,所以在理论上交换机可容纳的端口不存在上限。

(1) Banyan 交换结构:是一种基于 2×2 交换单元的网络交换构架。Banyan 交换结构交换单元的构造方法是在任意给定的一对输入和输出端口间形成一条路径。多条路径可支持多个信元同时传输。Banyan 交换结构是一种自路由结构,在信元进入交换器时将路由前缀附在信元上,后缀则定义输出端口。内在的交换构架式交换单元可利用路由前缀信息,快速地引导信元到达正确的端口。自路由结构可确保所有信元到达由每个信元后缀信息指定的输出端口。

Banyan 交换结构的优点是互连特性,高效地处理随机到达的数据,以及可以建立大型的交换结构。

图 8.8 为 Banyan 交换结构。端口 A 端和端口 C 间的路径只有通过交换单元 B 才能建立,没有其他路径可使信元到达交换单元 C。端口 D 到端口 L 的路径只通过交换单元 K。每个输入和输出对之间只有唯一的路径,而且路径是单方向的。

Banyan 交换结构的缺点是连接阻塞及在大型网络中性能下降。如果两个以上的信元同时请求同一个输出端口时,将发生阻塞,只有一条路径且只有一个信元可以通过交换构架而其他则被阻塞。非阻塞交换允许输入端口和输出端口之间选择多条路径,因此可保证多个信元同时通过交换构架。

(2) Batcher - Banyan 交换结构:如果信元在进入交换结构之前先按目标点进行排序,Banyan 交换结构将具有无阻塞特性,每一瞬间每个输出端口只有一个信元请求。为确保同一输出端口每个瞬间不会有两个以上的信元请求,Batcher 网络将进行信元排序。Batcher 网络的排序功能将把具有较低地址的信元放在交换单元较高的输出上,如图 8.9 所示。

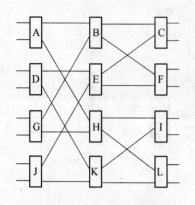

图 8.8　Banyan 交换结构　　　　　　　　　图 8.9　Batcher 交换结构

　　Banyan 交换结构将阻塞同时请求同一端口的两个信元之一,除非信元被预先排序。Batcher 交换结构的使用将使信元在请求输出端口前先进行排序,排序功能有效地消除两个信元同时请求同一端口的机会。

　　(3) Dalta 交换结构:是 Banyan 交换结构的一个子集。Dalta 交换是自路由,且具有规则的交换单元互连模型。Dalta 交换结构设计用于建立大型交换网络。Dalta 交换结构的交换机的信元路由基础是一个由 $N \times N$ 交换单元组成的交换构架,在任何输入端口和输出端口之间只有一条路径。Dalta 网络采用增加交换构架的内部速度、在交换单元进行缓冲、在交换单元之间实现多条内部路径的方法来减少潜在的阻塞条件。如图 8.10 Dalta 交换结构。

　　(4) 循环交换结构:如图 8.11 所示,该结构采用缓冲技术降低对输出端口的竞争。多个信元同时竞争同一输出端口会引起信元丢失。循环缓冲技术再次引导那些不能由输出端口接收的信元回到输入端口,进行第二次通过交换机的传输。但可能引起信元之间的顺序混乱,有可能导致信息错误,必须防止此类情况的发生。

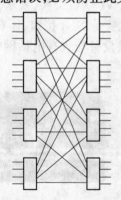

图 8.10　Dalta 交换结构

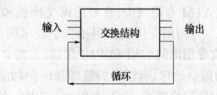

图 8.11　循环交换结构

3. ATM 交换机

　　ATM 信元交换机的通用模型如图 8.12 所示。它有一些输入线路和输出线路,通常在数量上相等(因为线路是双向的)。在每一周期从每一输入线路取得一个信元(如果有),通过内部的交换结构,并且逐步在适当的输出线路上传送。从这一角度上来看,ATM 交换机是同步的。

　　交换机可以是流水线的,即进入的信元可能过几个周期后才出现在输出线路上。信元实

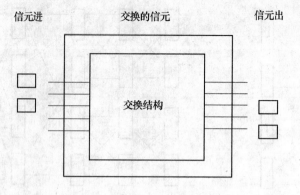

交换结构

图 8.12　ATM 交换机的通用模型

际上是异步到达输入线路的,因此有一个主时钟指明周期的开始。当一个周期开始时,完全到达的任何信元都可以在该周期内交换。未完全到达的信元必须等到下一个周期。

信元通常以 ATM 速率到达,一般为 150Mb/s 左右,即大约超过 360000 信元/s,这意味着交换机的周期大约为 2.7μs。一台商用交换机可能有 16 条～1024 条输入线路,即它必须能在每 2.7μs 内接收和交换 16 个～1024 个信元。在 622Mb/s 的速率上,每 700ns 就有一批信元进入交换结构。由于信元是固定长度并且较小(53B),这就可能制造出这样的交换机。若使用更长的可变长分组,高速交换会更复杂,这就是 ATM 使用短的、固定长度信元的原因。

4. ATM 交换机的分类

各种 ATM 交换机由于应用场合的不同,完成的功能也略有差异,主要区别有接口种类、交换容量、处理的信令这几方面。

在公用网中,有接入交换机、结点交换机和交叉连接设备。接入交换机在网络中的位置相当于电话网中的用户交换机,它位于 ATM 网络的边缘,将各种业务终端连入 ATM 网中。结点交换机的地位类似于现有电话网中的局用交换机,它完成 VP/VC 交换,要求交换容量较大,但接口类型比接入交换机简单,只有标准的 ATM 接口,主要是 NNI 接口,还有 UNI 接口或 B-ICI 接口,信令方面,只要求处理 ATM 信令。交叉连接设备与现有电话网中的交叉连接设备作用相似,它在主干网中完成 VP 交换,不需要进行信令处理,从而实现极高速率的交换。

在 ATM 专用网中,有专用网交换机和 ATM 局域网交换机。专用网交换机作用相当于公用网中的结点交换机,具有专用网的 UNI 和 NNI 接口,完成 P-UNI 和 P-NNI 的信令处理,有较强的管理和维护功能。图 8.13 是 ATM 专用交换机 Cisco LightStream 1010,具有 8 个 ATM 口,1 个以太网口。ATM 局域网交换机完成局域网业务的接入,ATM 局域网交换机应具有局域网接口和 ATM P-UNI 接口,处理局域网的各层协议以及 ATM 信令。

图 8.13　ATM 专用交换机

8.3.4　异步传输模式的标准

宽带业务的发展,尤其是 B-ISDN 的建立,其传输的基础是同步数字体系(SDH),其交换的基础就是 ATM,所以 ITU-T 在制定 B-ISDN 的标准中,就开始涉及一些 ATM 的标准,如 ATM 的基本原理建议 I150,ATM 层技术规范建议 I361,ATM 信元传输性能建议 I351 等。除了 ITU-T 制定 ATM 的一些建议标准外,欧洲电信标准化委员会(ETSI)和 ATM 论坛也制定了一些建议标准。ATM 论坛于 1991 年成立,已有全世界 400 个以上成员参加,它是一个全球的非盈利性组织,其宗旨就是通过运营与生产的合作加速 ATM 产品和服务标准等的研究与开发。由于 ATM 是一个崭新的、正在不断发展的技术,许多标准尚待制定和完善。

8.4　同步数字体系

宽带网络的物理传输介质是光纤,光同步数字传输(SDH)网将成为宽带网络的骨干网,SDH 网是一种全新技术体制,具有路由自动选择能力、维护控制和管理功能强、标准统一、便于传输更高速率的业务等优点。该网的推出使电视、图像、话音、数据以及数字微波传输发生了重大改变。引入和使用 SDH 网,就可以比较容易地实现高智能的、高效的、维护功能齐全、操作运行廉价的信息高速公路。因此,在 SDH 技术推出的短时期内,其产品和应用就得到了极为迅猛的发展。

美国贝尔公司首先提出了同步光网络(Synchronous Optical Network,SONET),美国国家标准化组织(ANSI)于 20 世纪 80 年代制定了有关 SONET 的国家标准。当时的 CCITT 采纳了 SONET 的概念,进行了一些修改和扩充,重新命名为同步数字体系,并制定了一系列的国际标准。

SDH 和 SONET 的基本原理完全相同,标准也兼容。SONET 的电信号称同步传输信号(Synchronous Transport Signal,STS),光信号称光载体(Optical Carrier Level,OC),它的基本比特率是 51.840Mb/s;SDH 的基本速率为 155.520Mb/s,其速率分级名称为同步传输模块(Synchronous Transport Module,STM)。我国采用 SDH 标准,因此下面的叙述都按 SDH 分级方式。

SDH 网的主要特点是同步复用、标准光接口和强大的网管功能,这三点在后面都要详细说明。SDH 网络还是一个非常灵活的网络,这体现在以下几个方面。

(1) 支持多种业务。SDH 的复用结构中定义了多种容器(C)和虚容器(VC),各种业务只要装入虚容器就可作为一个独立的实体在 SDH 网中进行传送。C、VC 以及联和复帧结构的定义使 SDH 可以灵活地支持多种电路层业务,包括各种速率的异步数字系列、DQDB、FDDI、ATM 等,以及将来可能出现的新业务。另外,段开销中大量的备用通道也增强了 SDH 网的可扩展性。SDH 的这种灵活性和可扩展性使它成为宽带综合业务数字网理所当然的基础传送网络。

(2) 迅速、灵活地更改路由,具有很强的生存性。PDH 中改变网络连接要靠人工更改配线架的接线,耗时长、成本高且易出错。在 SDH 网中,大规模采用软件控制,通过软件就可以控制网络中的所有交叉连接设备和复用设备,需要改变路由时,通过软件更改交叉连接设备和分插复用器的连接,只要几秒就可灵活地重组网络。特别是 SDH 的自愈环,在某条链路出现故障时,可以迅速地改变路由,从而大大提高了 SDH 网的可靠性。

(3) 定义了标准的网络接口和标准网络单元,提高了不同厂商之间设备的兼容性,使组网时有更大的灵活性。

1. SDH 的网络结 点接口

从原理上讲,传输网络由传输系统设备和完成多种传送功能的网络结点构成。传输系统设备可以是光缆传输系统,也可以是数字微波系统或卫星通信系统。网络结点所要完成的功能包括信道终结、复用、交叉连接和交换等多种功能。简单结点可以只具有部分功能,例如仅有复用功能,而复杂结点则通常包括全部的网络结点功能。

网络结点接口(Network Node Interface,NNI)表示网络结点之间的接口。在实际中也可看成是传输设备与网络结点之间的接口。规范一个统一的 NNI 标准,其基本出发点在于,应使它不受限于特定的传输介质,不受限于网络结点所完成的功能,同时对局间通信或局内通信的应用场合也不加以限定。因此,NNI 的标准化不仅可以使三种地区性 PDH 系列在 SDH 网中实现统一,而且在建设 SDH 网和开发应用新设备产品时可使网络结点设备功能模块化、系列化,并能根据电信网络中心规模大小和功能要求灵活地进行网络配置,从而使 SDH 网络结构更加简单、高效和灵活,并在将来需要扩展时具有很强的适应能力。

同步数字系列的网络结点接口 NNI 的基本特征是,具有国际标准化的接口速率和信号帧结构。

图 8.14 是一个完整的 SDH 同步复用映射结构。其中应用了几个非常重要的概念,即容器(Container,C)、虚容器(Virtual Container,VC)、支路单元(Tributary Unit,TU)和管理单元(Administration Unit,AU),下面对这些名词作一些具体说明。

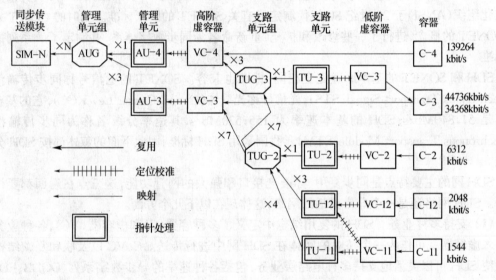

图 8.14　SDH 同步复用映射结构

2．复用映射结构

1) 容器(C)

用于传输同步信号的一种信息结构,主要完成速率调整等适配功能。需要传送的电路层信号(如准同步信号以及 B-ISDN 信号等)在容器中经过码速调整后变换为同步信号,因此经过容器后信号的速率将会变化。

2) 虚容器(VC)

虚容器是 SDH 网中用以支持通道层连接的一种信息结构,它是由信息净负载和通道开销(Path Overhead,POH)组成的一个矩形块状的帧结构。

VC 是支持通道层连接的一种信息结构,分低阶 VC 和高阶 VC,分别由 C 和 TUG 加上通道开销构成。VC 是 SDH 中最重要的一种信息结构,它的包封速率与 SDH 网同步,VC 可作为一个独立实体在通道中任一点取出、插入,以进行同步复用或交叉连接处理。

3) 支路单元和支路单元组(Tributary Unit Group,TUG)。

TU 是一种为低阶通道层和高阶通道层提供适配功能的信息结构,它由低阶 VC 加 TU 指针组成。VC 在 TU 中的起始位置是浮动的,由 TU 指针指明。一个或多个 TU 经字节交叉复用并加入为了保证完整的帧结构的一些填充字节组成 TUG。

4) 管理单元和管理单元组(Administration Unit Group,AUG)

AU 对高阶 VC 和复接段层进行适配,由高阶 VC 加上 AU 指针构成,AU 经 AUG 复接后成为 STM - 1 帧结构的组成部分,AUG 本身又可以复接成高阶同步传递模块。

5) 映射

映射是指在 SDH 网络边界处,把支路信号适配装入相应虚容器的过程。它的目的是为了使信号能与相应的 VC 包同步,以使 VC 成为能独立进行传送、复用和交叉连接的实体。异步映射不要求信号与网络同步,只通过以后的各级 TU 指针、AU 指针处理将 PDH 信号接入 SDH 中。同步映射要求信号先经过一个一帧长度的滑动缓冲器,以使信号和网络同步。同步映射的好处是信号在 VC 净负载中的位置是固定的,无需 TU 指针,减少了处理过程,并使 TU、TUG 的所有字节都可用于传送信号,提高了传输效率。代价是加入了时延和滑动损伤。

6) 复用

在组装 AUG 和 TUG 以及从 TUG 到 VC 的过程中要进行复用,SDH 的复用最基本的原则是字节间插复用,即复用时按顺序从各支路中读取一个字节。

3. SDH 成网技术

1) 统一的光接口

SDH 通过定义统一的光接口,解决了不同厂家设备之间的兼容问题。在 G.957 建议中,提供了对同步数字系列光接口的规定,包括一系列光接口详细参数及其测量方法,例如,光发射机的平均发射光功率范围、最小消光比、光源的光谱特性,光通路允许的衰耗、色散值和反射,接收机灵敏度、动态范围等。

SDH 中的光接口按传输距离和所用的技术可分为三种,即局内连接、短距离局间连接和长距离局间连接。相应地有三套光接口参数:局内连接典型传输距离为几百米,小于 2km,采用 G.652 光纤,工作在 1310nm 波长区域;短距离局间连接典型传输距离为 15km 左右,采用 G.652 光纤,工作在 1310nm 或 1550nm 波长区域;长距离局间连接典型传输距离为 40km 以上,工作在 1310nm 波长区域时使用 G.653 光纤,工作在 1550nm 波长区域时,采用 G.652、G.653 或 G.654 光纤。

2) SDH 网络设备

SDH 设备主要有:同步终端复用器(Synchronous Terminal Multiplexer,STM)、分插复用器(Add/Dro PMultiplexer,ADM)和同步数字交叉连接设备(Synchronous Digital Cross Connect,SDXC)。另外,还有网络管理系统设备(Network Management System,NMS)。

STM 有两类:一类提供 G.703 接口到 STM - N 的复用功能,它代替了 PDH 中一连串背靠背的复用器,这类复用器具有 VC1/2/3 或 VC3/4 通道连接功能,能将输入支路信号灵活地分配到 STM - N 帧内的任何位置;另一类是高阶复用器,它将低阶 STM 信号复用成更高阶的 STM 信号。

ADM 是 SDH 中应最广、最富特色的设备,它是一个三端口设备,具有两个 SDH 光接口,通过另一端可以灵活地上/下路复用在 STM 信号中的低速率信号。ADM 内部还具有时隙交换功能,允许两个 STM 信号之间不同 VC 的互连,并能方便地进行带宽管理。在实际网络中,根据 ADM 的结构特点,它可灵活地用在网络中不同的位置。作为终端复用器时,可将两个 SDH 光接口分别作主备用,实际复用设备往往既可配置成同步终端复用器又可配置成分插复用器。利用 ADM 还可构成各种自愈环。

数字交叉连接(DXC)设备是现代数字通信网中非常重要的设备之一,DXC 并不是 SDH 网独有的设备,新研制的 DXC 设备往往既可用于 SDH 网也可用于 PDH 网。SDXC 结构的核心是一个交叉连接矩阵。SDXC 是种兼有复用、配线、保护、监控和网管多功能的传输设备。它能代替配线架,对 VC 进行交叉连接。动态调整网络,实现半永久连接;SDXC 还能对业务进行集散,即在输入端对业务进行集中,可以提高线路利用率,在输出端可进行业务分离,如分开国内业务和国外业务,本地业务和长途业务以及租用业务和公用业务,这些功能使网络可灵活处理各种业务,提高了网络效率。利用 SDXC 的自动配置功能也可以构成 SDH 的自愈网,在网络出现故障后自动重选路由,恢复业务。干线网中就常采用由 SDXC 构成的自愈网。

网络管理系统设备完成对整个 SDH 网的管理,它应满足有关电信管理网的规定,并应有各类标准接口以便与各类网络设备连接。在 SDH 的网络设备中都设有同步设备管理功能(Synchronous Equipment Managment Function, SEMF),它将性能数据和硬件告警等信号转变成面向目标的消息,并送入 DCC 或 Q 接口。

不同公司的产品在基本构成上大体一致,但又有各自的特点。干线网、中继网和用户网由于容量和业务特性不同,分别有不同型号的设备;SDH 设备往往既支持 SDH 网的接口也支持 PDH 系列接口;终端复用和分插复用功能有常位于同一设备中。

3) 自愈环

自愈环的作用是提高网络的生存性,即在无人工参与的情况下,网络能及时地发现错误,并能在极短的时间内自动恢复承载的业务,而用户根本感觉不到网络的故障。自愈环的结构有许多种,主要有路由保护、二纤单向环、二纤双向环和利用 DXC 保护的自愈环。

路由保护即采用主备份路由,这要求两条光纤在地理位置上是分开的,因此敷设成本高,而且这种方法只能对传输链路进行保护,而无法对网络结点的失效进行保护,所以只能适用于两点间有稳定的较大业务量的点到点保护。

利用 DXC 保护是指在某条链路出现故障时,利用 DXC 的快速交叉连接功能迅速地将业务交叉连接到一条替代路由上。DXC 保护方式的成本比环网要高,而且网络恢复时间较长,通常需要数秒至数分钟,这将会引起业务丢失。但当网络拓扑比较复杂时,如高度互连的网状网,DXC 保护方式比环网要灵活,也便于网络规划。

4) SDH 网同步

SDH 网同步结构采用主从同步方式,要求所有网络单元时钟都能最终跟踪到全网的基准主时钟。

局内同步分配一般用星型拓扑,即局内所有时钟由本局最高质量的时钟获取定时,只有高质量的时钟由外部定时同步。获取的定时由 SDH 网络单元经同步链路送往其他局的网络单元。由于(支路单元,TU)指针调整引起的抖动会影响时钟性能,因而不再推荐在 TU 内传送的一次群信号作为局间同步分配,而直接用 STM-N 传送同步信息。局间同步分配一般采用树形拓扑。SDH 网同步方式一般有网同步方式、伪同步方式及准同步方式三种。

5) SDH 网的管理

SDH 网的管理应纳入统一的电信管理网(Telecommunication Managment Network, TMN)

范畴内。SDH 管理网(SDH Management Network,SMN)是负责管理 SDH 网络单元的 TMN 的子集,它又可以细分为一系列的 SDH 管理子网(SDH Management Sub－network,SMS)。SDH 网的管理采用多层分布式管理进程,每一层提供某种预先确定的网管功能。SMN 由一套分离的 SDH 嵌入控制通路(Embeclded Control Channel,ECC)及有关局内数据通信链路组成。ECC 以段开销中的字节作为物理层,总速率达 768Kb/s。

SDH 的网络管理与电信网的信息模型紧密相关,它是为了达到不同系统间的兼容,需要将"信息模型化",即电信网的信息模型。SDH 共同协议的实现将是能否实现多厂家产品环境的关键。

SDH 具有很强的管理功能,共有五类:第一类是一般管理功能(ECC 管理、安全等);第二类是故障管理功能(告警监视、测试等);第三类是性能管理功能(数据采集、门限设置和数据报告等);第四类是配置管理功能(供给状态和控制等);第五类是安全管理功能(注册、口令和安全等级等)。

习　题

一、名词解释

ADSL,帧中继,综合业务数据网。

二、论述

1. 简述 X.25 的呼叫服务过程。

2. 试述帧中继的工作过程。

3. DDN 网络有哪些特点?

4. ATM 有哪些基本技术特征?

5. ATM 交换的基本原理是什么?

6. 什么是 SDH?

三、上网查阅

1. 查阅用户终端设备接入 DDN 的方法,并整理记录。

2. 查阅资料,了解我国 ADSL 的使用情况。

第 9 章　网络应用

随着因特网的普及与发展,TCP/IP 应用层的许多协议在实际中应用很广泛,成为网络应用不可缺少的内容,本章对域名系统、文件传输协议、电子邮件、万维网、远程终端协议、简单网络管理协议的基本原理或主要内容进行简单介绍。

9.1　域 名 系 统

用户与因特网上某个主机通信时,人们不愿意使用很难记忆的长达 32bit 二进制主机地址。即使是点分十进制 IP 地址也并不太容易记忆;相反,大家愿意使用某种易于记忆的主机名字。因特网中的域名地址与 IP 地址之间的映射是由域名系统(Domain Name System,DNS)完成的,许多应用层软件经常直接使用 DNS。其实际上是一种分布式主机信息数据库系统,采用客户服务器模式,服务器中包含整个数据库的一部分信息,并供用户查询。DNS 允许局部控制整个数据库的某些部分,但数据库的每一部分都可通过全网查询得到。

整个系统有解析器和域名服务器组成。解析器是客户方,负责查询名字服务器、解释从服务器返回的应答、将信息返回给请求方。域名服务器(Domain Name Server)通常保存着一部分域名空间的全部信息,这部分域名空间称为区,一个域名服务器可以管理多个区。

9.1.1　域名系统结构

DNS 数据库的结构是一个倒置的树形结构(图 9.1),顶部是根,根名是空标记。

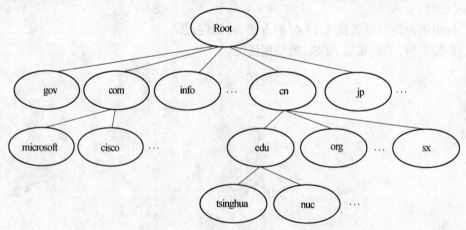

图 9.1　因特网域名系统结构

树的每一个结点代表整个数据库的一部分,也是域名系统的域。域可以进一步划分成子域,每个域或子域有一个域名,定义它在数据库中的位置。DNS 采用倒树结构的优点是,各个组织在其内部可以自由地选择域名,又保证组织内的唯一性,不必担心与其他组织内的域名冲

198

突。在 DNS 中每个域可以由不同的组织来管理,每个组织可以将它再分成一系列的子域,并可将这些子域交给其他组织管理。

网络中的每台主机都有域名,指向主机的相关信息,如 IP 地址、Mail 路由等。主机也可以有一个或多个域名别名。

在 DNS 中,域名全称是从该域向上直到根的所有标记组成的串,标记之间用"."分隔开:

…. 三级域名 . 二级域名 . 顶级域名

各分量代表不同级别的域名。每一级的域名都是由英文字母和数字组成(不超过 63 个字符,并且字母不区分大小写),级别最低的域名写在最左边,级别最高的顶级域名写在最右边,完整的域名不超过 255 个字符。

顶级域名(Top Level Domain,TLD)有三大类:

(1) 国家顶级域名 nTLD:采用 ISO3166 的规定,例如 .cn 表示中国,.us 表示美国,.uk 代表英国等,表 9.1 是部分国家和地区的顶级域名。

(2) 国际顶级域名 iTLD:采用 .int。国际性的组织可在 .int 下注册。

(3) 通用顶级域名 gTLD:根据 RFC1591 规定,最早的顶级域名有 6 个,即 .com 表示公司企业,.net 表示网络服务机构,.org 表示非盈利组织,.edu 表示教育机构,.gov 表示政府部门,.mil 表示军事部门。从 2000 年 11 月起,非盈利的域名管理机构 ICANN 又新增加了 7 个通用顶级域名[W-newTLD],它们是:.aero 用于航空运输事业,.biz 用于公司和企业,.coop 用于团体,.info 用于各种情况,.museum 用于博物馆,.name 用于个人,.pro 用于会计等自由职业者。

表 9.1　一些国家和地区的顶级域名

域名	国家或地区	域名	国家或地区	域名	国家或地区	域名	国家或地区
AR	阿根廷	DK	丹麦	IT	意大利	NO	挪威
AU	澳大利亚	EG	埃及	JP	日本	OM	印度
AT	奥地利	UK	英国	KR	韩国	PT	葡萄牙
BE	比利时	FI	芬兰	MO	中国澳门	RU	俄罗斯
BR	巴西	FR	法国	MY	马来西亚	SG	新加坡
CA	加拿大	DE	德国	US	美国	CH	瑞士
CL	智利	GR	希腊	MX	墨西哥	TW	中国台湾
CN	中国	HK	中国香港	NL	荷兰	TH	泰国
CU	古巴	IL	以色列	NZ	新西兰	SE	瑞典

国家顶级域名下的二级域名有该国家自行确定,我国将二级域名划分为类别域名和行政区域名两大类,其中类别域名 6 个:.ac 表示科研机构,.com 表示工商金融等企业,.edu 表示教育机构,.gov 表示政府部门,.net 表示互联网络服务机构,.org 表示各种非盈利组织;行政区域名有 34 个,用于我国的各省、直辖市、自治区,例如 .bj 为北京市,.js 为江苏,.sh 为上海市等。

9.1.2　域名服务器

域名只是个逻辑概念,并不代表计算机所在的物理地点,使用时需要解析成 IP 地址,域名的解析由若干个域名服务器程序完成的。域名服务器程序在专设的结点上运行,通常把运行该程序的机器也称为域名服务器。域名的解析过程是:当某一个应用进程需要将主机名解析为 IP 地址时,该应用进程就成为 DNS 的一个客户,并将待解析的域名放在 DNS 请求报文中,以 UDP 数据报方式发给本地域名服务器(使用 UDP 是为了减少开销)。本地的域名服务器在查找域名后,将对应的 IP 地址放在回答报文中返回,应用进程获得目的主机的 IP 地址后即可进行通信。

若本地域名服务器不能回答该请求,则此域名服务器就暂成为 DNS 中的另一个客户,并向其他的域名服务器发出查询请求,这种过程直至找到能够回答该请求的域名服务器为止。

由此可知,每一个域名服务器不但能够进行一些域名到 IP 地址的解析,而且还必须具有连向其他域名服务器的信息。

因特网上的域名服务器系统也是按照域名的层次来安排的,每一个域名服务器都只对域名系统中的一部分进行管辖,一般有三种不同类型的域名服务器:

(1) 本地域名服务器:每一个因特网服务提供者 ISP 或一个组织都可以拥有一个本地域名服务器,它也称为默认域名服务器。当一个主机发出 DNS 查询报文时,这个查询报文首先被送往该主机的本地域名服务器。当要查询的主机也属于同一个本地 ISP 时,该本地域名服务器立即将所查询的主机名转换为它的 IP 地址,而不需要再去询问其他的域名服务器。

(2) 根域名服务器:目前在因特网上有十几个根域名服务器,大部分在北美。当一个本地域名服务器不能立即回答某个主机的查询时(因为它没有保存被查询主机的信息),该本地域名服务器就以 DNS 客户的身份向某一个根域名服务器查询。若根域名服务器有被查询主机的信息,就发送 DNS 回答报文给本地域名服务器,然后本地域名服务器再回答给发起查询的主机。当根域名服务器没有查询主机的信息时,它一定知道某个保存有被查询主机名字映射的授权域名服务器的 IP 地址。通常根域名服务器用来管理顶级域(如 .com),并不直接对顶级域下面所属的所有域名进行转换,但它一定能够找到下面所有二级域名的域名服务器。

(3) 授权域名服务器:每一个主机都必须在授权域名服务器注册登记。通常,一个主机的授权域名服务器就是本地 ISP 的一个域名服务器。为了更加可靠,一个主机最好有两个以上授权域名服务器。许多域名服务器同时充当本地域名服务器和授权域名服务器。授权域名服务器总是能够将其管辖的主机名转换为该主机的 IP 地址。

因特网上允许每个单位根据本单位的具体情况将本单位的域名划分为若干个域名服务器管辖区,一般就在各管辖区中设置相应的授权域名服务器。在每个主机中保留一个本地域名服务器数据库的副本,可以使本地主机的域名转换非常快,减轻了本地域名服务器的负载。同时,当本地域名服务器发生故障,本地网点也具有了一定的保证措施。

9.2 文件传输与多点共享下载

9.2.1 文件传输协议

文件传输协议(File Transfer Protocol,FTP)在因特网上使用非常广泛,因特网发展初期,用 FTP 传送文件约占了总通信量的 1/3,现在仍是一种重要的文件传送协议。FTP 提供交互式的访问,允许客户指明文件的类型与格式,并允许文件具有存取权限。FTP 屏蔽了各计算机系统的细节,因此而适合于在异构网络中任意计算机之间传送文件。

1. FTP 的基本工作原理

由于众多的计算机厂商研制出来的文件系统种类繁多、差别很大,使得在网络环境中将文件从一台计算机中复制到另一台计算机时遇到许多困难。经常遇到的问题是:计算机存储数据的格式不同,文件的目录结构和文件命名的规定不同,对不相同的文件存取功能操作系统使用的命令不同,访问控制处理方法不同等。FTP 的主要功能就是为了减少或消除在不同操作系统下处理文件的不兼容性。

FTP 使用客户服务器方式,一个 FTP 服务器进程可以同时为多个客户进程提供服务。FTP 的服务器进程由两大部分组成:一个主进程和若干个从进程,前者负责接受新的请求,后者负责处理单个请求。

FTP 的工作步骤如下:

(1) 打开熟知端口(端口号是 21),使客户进程能够连接上。

(2) 等待客户进程发出连接请求。

(3) 启动从进程来处理客户进程发来的请求,从进程对客户进程的请求处理完毕后即终止,但是从进程在运行期间根据需要还可创建其他的一些子进程。

(4) 回到等待状态,继续接收其他客户进程发来的请求。主进程与从进程的处理是并发地进行。

如图 9.2 所示,在进行文件传输时,FTP 的客户和服务器之间要建立两个连接:控制连接和数据连接。控制连接在整个会话期间一直保持打开,FTP 客户所发出的传送请求通过控制连接发送给服务器端的控制进程,控制连接不传送文件。实际用来传输文件的是数据连接。服务器端的控制进程在接收到 FTP 客户发送来的文件传输请求后就创建数据传送进程和数据连接,数据连接用来连接到客户端和服务器端的数据传送进程,数据传送进程实际完成文件的传送,在传送完毕后关闭数据传送连接,并结束运行。

图 9.2 FTP 客户/服务器模型

当客户进程向服务器进程发出建立连接请求时,要寻找连接服务器的进程的熟知端口(端口号是 21),同时还有告诉服务器进程自己的另一个端口号,用于建立数据传送连接。接着,服务器进程用自己传送数据的熟知端口(端口号是 20)与客户进程所提供的端口号建立数据传送连接。由于 FTP 使用了两个不同的端口号,所以数据连接与控制连接不会发生混乱。

使用两个独立连接的主要好处是使协议更加简单和更容易实现,同时在传输文件时还可以利用控制连接(如客户发送请求终止传输)。

2. 简单文件传输协议

简单文件传输协议(Trivial File Transfer Protocol,TFTP)是 TCP/IP 协议族中的一个短小且方便实现的文件传输协议。虽然 TFTP 也使用客户服务器方式,但是使用 UTP 数据报,因此 TFTP 需要有自己的差错改正措施。TFTP 只支持文件传送而不支持交互,TFTP 没有一个庞大的命令集,没有列目录的功能,也不能对用户进行身份鉴别。

TFTP 的优点主要有两个:一是 TFTP 可用于 UDP 环境,如当需要将程序或文件同时向许多机器下载就往往需要使用 TFTP;另一个是 TFTP 代码所占的内存较小,这对较小的计算机或某些特殊用途的设备,这种方式灵活性较强、开销较小。这些设备不需要硬盘,只需固化了 TFTP、UDP 和 IP 的小容量只读存储器。当接通电源后,设备执行只读存储器中的代码,在网络上广播一个 TFTP 请求,网络上的 TFTP 服务器就发送响应,其中包括可执行二进制程序。设备收到响应后将其放入内存,然后开始运行程序。

TFTP 的工作过程类似于停止等待协议,发送完一个文件块后就等待对方的确认,这样就可保证文件的传送不致因某一个数据的丢失而失败。

TFTP 的协议数据单元 PDU 共有五种:读请求 PDU、写请求 PDU、数据 PDU、确认 PDU 和差错 PDU。TFTP 工作时,每个传输的数据 PDU 中有 512B 的数据。客户进程发送一个读请求 PDU 或写请求 PDU 给 TFTP 服务器进程,其端口号为 69。TFTP 服务器进程要选择一个新的端口号和 TFTP 客户进程进行通信。如果文件的长度是 512B 的倍数,则在文件传输完后再发送一个只含头部而没有数据的数据 PDU;如果文件的长度不是 512B 的倍数,则最后传输数据 PDU 的数据字段不满 512B,这正好作为文件结束的标志。

9.2.2 多点共享下载协议

多点共享下载协议(BitTorrent,BT)是一种多点共享文件传输协议,也是一种建立在新一代点对点(P2P)技术上的下载软件。其淡化了服务器和客户端的概念,采用的是一种"人人为我、我为人人"的方式来实现文件共享,使多个用户之间的齐心协力,来获得更高的文件下载速度。BT 有效地利用了上行的带宽,也避免了传统的 FTP 下载方式下所有客户端都挤到服务器上下载同一个文件时的拥挤。

BT 的原作者是美国人布拉姆·柯恩(Bram Cohen)。在原版的基础上又有许多热心人对其进行了修改,修改版有 BitTorrent Shadow's Experimental (5.＊系列)、BitTorrent Experimental (3.＊系列)以及 PTC、WinBT、Burst! 等。在 BitTorrent Shadow's Experimental 的基础上 Cookle 又修改出了 Plus! 版本(Plus! 为增强版标示),相对于原版更加强大,并拥有全中文的界面。

1. BT 的基本原理

BT 的工作原理是:每个用户在下载的同时,也在为其他用户提供上传。因为多个用户的互相帮助传输,所以不会随着用户数的增加而降低下载速度,反而随着用户的增多,下载速度更快。

BT 首先在上传者端把一个文件分成了 Z 个部分,甲在服务器随机下载了第 N 个部分,乙在服务器随机下载了第 M 个部分,这样甲的 BT 就会根据情况到乙的计算机上去拿乙已经下载好的 M 部分,乙的 BT 就会根据情况到甲的计算机上去拿甲已经下载好的 N 部分,这样就不但减轻了服务器端的负载,也加快了用户方(甲乙)的下载速度,效率也提高了,更同样减少了地域之间的限制。例如,丙要连到服务器去下载才 Kb/s,但是要是到甲和乙的计算机上去拿就快得多了。所以说用的人越多,下载的人越多,下载速度也就越快,这就是 BT 的优越性。而且,在下载的同时,每个下载者也在上传(其他下载者从本计算机上下载的那个文件的某个部分),所以说在享受别人提供的下载的同时,也在贡献,这样也减轻了带宽压力。

2. BT 的工作过程

BT 把提供完整文件档案的人称为种子(Seed),正在下载的人称为下载者(Peer),某一个文件现在有多少种子、多少下载者是可以看到的,只要有一个种子,就可以放心地下载。当然,种子越多、下载者越多的文件被下载的速度就会越快。

用 BT 不需要指定服务器,虽然在 BT 里面有服务器的概念,但使用 BT 的人并不需要关心服务器在哪里。BT 的服务器称为 Tracker,起资源定位的作用,为 Peer 指明 Seed 的位置。只有用 BT 发布文件的人才需要知道服务器的具体地址。

BT 软件没有用户界面,安装后在开始菜单里面也看不到 BT,它用文件关联来对其进行处理,只有当点击用 BT 发布文件的时候,它会自动跳出下载提示,选择保存位置,然后就可以看到下载开始进行了。BT 刚开始会感觉比较慢,随后速度会变的很快,充分利用了带宽,文件上传和下载的速度都很快。

BT 的发布文件扩展名是 torrent,根文件大小一般只有几十 KB,这样便于传播。这个文件里面存放了对应的发布文件的描述信息、所使用的 Tracker、文件的校验信息等。

如果传输中间断掉了,也没有关系,再次打开 .torrent 文件,在相同的存放位置,BT 会自动地续传。

BT 对于发布数量不多、数据量巨大的文件,比如 DVDrip、游戏光盘,是非常好用的,不需要每个网站做自己的 Tracker 服务器,因为负担小,大家可以共用一个。作品的发布速度也很快,只要一开始找几个种子,就会像滚雪球一样,越来越多,越来越快。

3. 影响 BT 下载速度的因素

(1) 种子和下载者的个数:一般来说,种子和下载者的个数与下载和上传速度是成正比的,种子是完成下载的重要保证。

(2) 网络带宽:网络带宽在 BT 下载中起着决定性的作用,理论上说下载速度是带宽的 1/8,一般要稍小于这个数。

(3) 下载者是在外网还是内网:外网的计算机均有独立的 IP,一般外网的速度比内网快些。

9.3　电子邮件

9.3.1　电子邮件系统

电子邮件是因特网上使用的最多的和最受用户欢迎的一种应用。电子邮件将邮件发送到 ISP 的邮件服务器,并放在其中的收信人信箱中,收信人可随时上网到 ISP 的邮件服务器进行读取。其性质相当于利用因特网为用户设立了存放邮件的信箱。电子邮件传递迅速、使用方便、费用低廉,不仅可传送文本信息,而且还可传递声音、图像等多种媒体信息。

最初的电子邮件系统的功能很简单,邮件无标准的内部结构格式,用户接口也不好,经过努力,在 1982 年就制定出 ARPANET 上的电子邮件标准:简单邮件传送协议(Simple Mail Transfer Protocol,SMTP)。两年以后,CCITT 制定了报文处理系统 MHS 的标准,即 X.400 建议书。以后 OSI 又在此基础上制定了一个面向报文的电文交换系统 MOTIF 的标准,1988 年 CCITT 修改了 X.400。1993 年又提出了多用途因特网邮件扩充(Multipurpose Internet Mail Extensions,MIME),1996 年经修订后已成为因特网的草案标准。在 MIME 邮件中可同时传送多种类型的数据,这在多媒体通信的环境下是非常方便。

电子邮件系统基于客户服务器模式,整个系统由客户软件、邮件服务器、通信协议三部分组成,如图 9.3 所示。

E - mail 客户软件也称用户代理(User Agent,UA),是用户与电子邮件系统的接口,在大多数情况下它就是在用户 PC 中运行的程序。根据 UNIX、Windows 等操作系统的不同,E - mail 客户软件有很多种,如微软公司的 Outlook Express 等。E - mail 客户软件具有三个主要

图 9.3　电子邮件系统

功能：

（1）撰写：为用户提供很方便的编辑信件的环境。

（2）显示：能方便地在计算机屏幕上显示出来信（包括来信附上的声音和图像）。

（3）处理：包括发送邮件和接收邮件，收信人应能根据情况按不同方式对来信进行处理。

邮件服务器是电子邮件系统的核心构件，主要充当"邮局"的角色，主要功能是发送和接收邮件，并向发信人报告邮件传送的情况（已交付、被拒绝、丢失等）。邮件服务器主要采用 SMTP 来发送邮件，采用邮局协议（Post Office Protocol, POP）或 IMAP 接收邮件，若要传输二进制数据或文件，则要 MIME。邮件服务器程序必须每天 24h 不间断地运行，否则就可能使很多发来的邮件丢失。

电子邮件由邮件头（Mail Header）和邮件体（Mail Body）组成，邮件头相当于信封，包括收件人邮件地址、发件人邮件地址、邮件标题等组成。电子邮件的传输程序根据邮件信封上的信息来传送邮件。用户在从自己的邮箱中读取邮件时才能见到邮件的内容。TCP/IP 体系的电子邮件系统规定邮件地址格式如下：

收信人邮箱名@邮箱所在主机的域名

符号"@"读作"at"，表示"在"的意思。收信人邮箱名又称为用户名，是收信人自己定义的字符串标识符，标志收信人邮箱名的字符串在邮箱所在计算机中必须是唯一的。当用户到 ISP 申请电子邮件账号时，ISP 必须保证用户名在该域名的范围内是唯一的。由于主机的域名在因特网上是唯一的，而每一个邮箱名在该主机中也是唯一的，因此在因特网上的每一个人的电子邮件地址都是唯一的，这样保证电子邮件在整个因特网范围内的准确传递。

9.3.2　电子邮件协议

1. 简单邮件传送协议

简单邮件传输协议的目标是可靠高效地传送邮件，它独立于传送子系统而且仅要求一条可以保证传送数据单元顺序的通道。SMTP 的一个重要特点是它能够在传送中接力传送邮件，传送服务提供了进程间通信环境，此环境可以包括一个网络、几个网络或一个网络的子网。邮件是一个应用程序或进程间通信。邮件可以通过连接在不同 IPCE 上的进程跨网络进行邮件传送，可以通过不同网络上的主机接力式传送。

针对用户的邮件请求，发送 SMTP 与接收 SMTP 之间建立一个双向传送通道。接收 SMTP 可以是最终接收者也可以是中间传送者。一旦传送通道建立，SMTP 发送者发送 MAIL 命令指明邮件发送者。如果 SMTP 接收者可以接收邮件，则返回 OK 应答。SMTP 发送者再发出 RCPT 命令确认邮件是否接收到，如果 SMTP 接收者接收，则返回 OK 应答；如果不能接收到，则发出拒绝接收应答（但不中止整个邮件操作），双方将如此重复多次。当接收者收到全部邮件后会接收到特别的序列，如果接收者成功处理了邮件，则返回 OK 应答。

SMTP 的主要功能如下：

（1）发送。在 SMTP 发送操作中有三步,操作由 MAIL 命令开始给出发送者标识。一系列或更多的 RCPT 命令紧跟其后,给出了接收者信息,然后是 DATA 命令列出发送的邮件内容,最后邮件内容指示符确认操作。

第一步是 MAIL 命令。此命令告诉接收者新的发送操作已经开始,复位所有状态表和缓冲区。它给出反向路径以进行错误信息返回,如果请求被接收,接收方返回一个 250"OK"应答。命令中不仅包括了邮箱,它包括了主机和源邮箱的反向路由,其中的第一个主机就是发送此命令的主机。

第二步是发送 RCPT 命令。此命令给出向前路径标识接收者,如果命令被接收,接收方返回一个 250 "OK"应答,并存储向前路径。如果接收者未知,接收方会返回一个"550 Failure"应答。此过程可能会重复若干次。命令中不仅包括邮件,还包括主机和目的邮箱的路由表,在其中的第一个主机就是接收命令的主机。

第三步是发送 DATA 命令。如果命令被接收,接收方返回一个 354 "Intermediate"应答,并认定以下的各行都是信件内容。当信件结尾收到并存储后,接收者发送一个"250 OK"应答。因为邮件是在传送通道上发送,因此必须指明邮件内容结尾,以便应答对话可以重新开始。SMTP 通过在最后一行仅发送一个句号来表示邮件内容的结束,在接收方,一个对用户透明的过程将此符号过滤掉,以不影响正常的数据。邮件内容包括 Date、Subject、To、Cc、From 提示。邮件内容指示符确认邮件操作并告知接收者可以存储和再发送数据。如果此命令被接收,接收方返回一个"250 OK"应答。DATA 命令仅在邮件操作未完成或源无效的情况下失败。

（2）确认和扩展。SMTP 提供了另外的确认用户名和扩展邮件列表的功能。这些功能由 VREF 命令和 EXPN 命令完成,它们都以字符串为参数。对于 VREF 命令,字符串参数指的是用户名,对此命令的响应要包括用户的命名和用户的邮箱。对于 EXPN 命令,字符串参数指的是邮件列表,对此命令的响应多于一个,它们要包括所有列表中用户的命名和它们的邮箱。如果主机采用 VREF 命令和 EXPN 命令,最后本地邮箱必须提供用户名使它被主机确认。主机选择由另外的字符串作为用户名,也是允许的。

在一些主机中,邮箱列表和一个邮箱的代名有一点不清楚,因为一般的数据结构可能包括两种类型的入口。如果要发出对邮件列表的确认,应该给出确定响应。在接收到这个消息后,主机将把邮件传送到列表上所有的地址上去,如果没有接收到确定响应,就会报告错误。如果请求用于扩展一个用户名,可能通过返回包括一个名字的列表来形成确定响应,如果没有接收到确定响应,就会报告错误。在多个响应的情况下(通常是对于 EXPN 而言的),每个应答指定一个邮箱。

（3）提交。SMTP 的主要目的是将邮件发送到用户的邮箱中。由一些主机提供的类似功能是把邮件送至用户的终端(如果用户正打开终端)。将邮件送到用户的邮箱中称为发送信件;而送至用户终端则称之为获得信件。因为在一些主机上,这两者的实现十分类似,所以它们同时被放入了 SMTP 中。然而,获得信件命令在 SMTP 的最小实现中是没有的。用户应该具有控制向终端上写信息的能力。大部分主机允许用户接受或者拒绝类似的信息。

（4）打开和关闭。当打开传送通道时,要交换一些信息以确定双方的身份,用于打开和关闭的命令为 HELO 和 QUIT。

（5）转发。转发路径可能是如下格式:"@ONE,@TWO:JOE@THREE",在这里,ONE,TWO 和 THREE 是主机。这种格式用于强调地址和路径的区别。邮箱是绝对地址,路径是关于如何到达的信息。

概念上,转发路径的元素被移动到回复路径作为从一个 SMTP 服务器到另一个 SMTP 服务器的信息。回复路径是一个反向数据源路径,当一个 SMTP 服务器从转发路径中删除自己的标记并将它插入到回复路径中时,它必须使用它发送环境能够理解的名称来进行,以防它的名称在不同的环境中被理解为不同。如果当 SMTP 接收到信息的转发路径的第一个元素不是此 SMTP 的标记时,此元素不从转发路径中删除,而被用来决定下一个应该发送到的 SMTP 服务器。在任何情况下,SMTP 都将自己的标记加入反向路径中。

使用源路径时,接收 SMTP 接收转发的邮件并发送到另一接收 SMTP 服务器上。接收服务器可以接受或拒绝转发本地用户的邮件。接收 SMTP 通过将它自己的标记从转发路径移至回复路径的开始处来改变命令参数。这时,接收 SMTP 变成了发送 SMTP,也就建立了到下一个转发路径中 SMTP 的通道,然后,它向这个 SMTP 发送邮件。在回复路径上的第一个主机应是发送 SMTP 命令的主机,在转发路径上第一个主机应是接收 SMTP 命令的主机。

如果 SMTP 服务器接受了转发任务,但后来它发现因为转发路径不正确或者其他原因无法发送邮件,它必须建立一个"undeliverable mail"信号,将此信号送到此信的发送者那里。此信号是从此主机的 SMTP 服务上发出的,当然了,此服务器不应再报告出错信息的错误。阻止这种出错报告循环的办法是在信号的邮件命令的回复路径上置空。

2. MIME

MIME 是扩展 SMTP 协议,在传输字符数据的同时,允许用户传送另外的文件类型,如声音、图像和应用程序,并将其压缩在 MIME 附件中。因此,新的文件类型也被作为新的被支持的 IP 文件类型。

MIME 主要有三部分:

(1) 增加了五个新的邮件头部字段,说明 MIME 版本、邮件描述、邮件唯一的标识、邮件传输编码、邮件类型等有关邮件主题的信息;

(2) 定义了邮件内容的格式,对多媒体电子邮件的表示方法进行标准化;

(3) 定义了传输编码,可以对任何内容格式进行转换,而不会被邮件系统改变。

3. POP3

POP 是一种允许用户从邮件服务器收/发邮件的协议。它有 2 种版本,即 POP2 和 POP3,都具有简单的电子邮件存储转发功能。POP2 与 POP3 本质上类似,都属于离线式工作协议,但是由于使用了不同的协议端口,两者并不兼容。与 SMTP 协议相结合,POP3 是目前最常用的电子邮件服务协议。

POP3 除了支持离线工作方式外,还支持在线工作方式。在离线工作方式下,用户收/发邮件时,首先通过 POP3 客户程序登录到支持 POP3 协议的邮件服务器,然后发送邮件及附件;接着,邮件服务器将为该用户收存的邮件传送给 POP3 客户程序,并将这些邮件从服务器上删除;最后,邮件服务器将用户提交的发送邮件,转发到运行 SMTP 的计算机中,通过它实现邮件的最终发送。在为用户从邮件服务器收取邮件时,POP3 是以该用户当前存储在服务器上全部邮件为对象进行操作的,并一次性将它们下载到用户端计算机中。一旦客户的邮件下载完毕,邮件服务器对这些邮件的暂存托管即告完成。使用 POP3,用户不能对储存在邮件服务器上的邮件进行部分传输。离线工作方式适合那些从固定计算机上收/发邮件的用户使用。

当使用 POP3 在线工作方式收/发邮件时,用户在所用的计算机与邮件服务器保持连接的状态下读取邮件。用户的邮件保留在邮件服务器上。

4. IMAP

IMAP 是用于从本地服务器上访问电子邮件的标准协议,比较常用的是版本 4。它是一个 C/S 模型协议,用户的电子邮件由服务器负责接收保存。用户可以通过浏览信件头来决定是不是要下载此信。用户可以在服务器上创建或更改文件夹或邮箱,删除信件或检索信件的特定部分。在用户访问电子电子邮件时,IMAP 需要持续访问服务器。

在使用 IMAP 时,收到的邮件先送到 IMAP 服务器,用户在 PC 上运行 IMAP 客户程序,然后与 IMAP 服务器程序建立 TCP 连接,用户在自己的终端可以像在本地一样操作邮件服务器上的邮箱。当用户打开 IMAP 服务器上的邮箱时,便可以看到邮件的头部,如果需要进一步打开某个邮件时,该邮件便传到用户的计算机上。用户可根据需要为自己的邮箱创建文件夹,以便对文件进行移动、查找等。IMAP 服务器邮箱中的邮件由用户使用删除命令删除。同POP3 不一样,IMAP 用户可以在不同的地方使用不同的计算机,随时阅读和处理以前阅读过的邮件。

9.4　万维网

万维网(World Wide Web,WWW)是日内瓦的欧洲原子核研究委员会 CERN(法文缩写)的 Tim Berners－Lee 于 1989 年 3 月提出的。其出现使网站数按指数规律增长,据 1998 年统计,万维网的通信量已超过整个因特网上通信量的 75%。万维网的出现是因特网发展中一个重要的里程碑。

万维网并非某种特殊的计算机网络,它是一个大规模的、联机式的信息储藏所,英文简称为 Web。万维网用链接的方法能非常方便地从因特网上的一个站点访问另一个站点,即链接到另一个站点,从而主动地按需获取丰富的信息。万维网是一个分布式的超媒体系统,它是超文本系统的扩充。一个超文本由多个信息源连接成,而这些信息源的数目实际上是不受限制的。利用一个链接可使用户找到另一个文档,而这又可链接到其他的文档(依次类推),这些文档可以位于世界上任何一个接在因特网上的超文本系统中。超文本是万维网的基础。超文本文档仅包含文本信息,而超媒体文档还包含其他类型的信息,如图形、图像、声音、动画、视频。

万维网以客户服务器方式工作。在用户计算机上的万维网客户程序称为 Web 浏览器。万维网文档所驻留的计算机则运行服务程序,因此这个计算机也称为万维网服务器。客户程序向服务器发出请求,服务程序向客户程序送回客户所要的万维网文档。在一个客户程序主窗口上显示出的万维网文档称为页面。目前,使用较多的浏览器是 Netscape 公司的 Navigator 和微软公司的 Intrenet Explorer。

万维网将大量信息分布在整个因特网上,每台计算机上的文档都独立进行管理,对这些文档的增加、修改、删除或重新命名都不需要(实际上也不可能)通知到因特网上成千上万的结点。这样,万维网文档之间的链接就经常会不一致。

万维网要正常工作,必须解决以下几个问题:

(1) 怎样标志分布在整个因特网上的万维网文档?

(2) 用什么样的协议来实现万维网上各种超链接的链接?

(3) 怎样使不同作者创作的不同风格的万维网文档都能在因特网上的各种计算机上显示出来,同时使用户清楚地知道在什么地方存在着超链接?

(4) 怎样使用户能够很方便地找到所需的信息？

为了解决第一个问题，万维网使用统一资源定位符(Uniform Resource Locator,URL)来标志万维网上的各种文档，并使每一个文档在整个因特网范围内具有唯一的标志符 URL。资源是指在因特网上可以被访问的任务对象，包括文件目录、文件、文档、图像、声音等，以及与因特网相连的任何形式的数据，还包括电子邮件的地址和 USENET 新闻组，或 USENET 新闻组中的报文。URL 给资源的位置提供一种抽象的识别方法，并用这种方法给资源定位。只要能够对资源定位，系统就可以对各种资源进行操作，如存取、更新、替换和查找属性。URL 相当于文件名在网络范围的扩展。

为了解决第二个问题，万维网客户程序与万维网服务程序之间的交互必须遵守严格的协议，这就是超文本传送协议(Hypertext Transfer Protocol,HTTP)。这是一个应用协议，它使用 TCP 链接进行可靠的传送。HTTP 是一个面向事务的客户/服务器协议。虽然 HTTP 使用了 TCP，但它是无状态的。用户在使用万维网时，往往要读取一系列的网页，而这些网页有可能分布在许多相距很远的服务器上。将 HTTP 做成无状态的，可使读取网页信息完成的较迅速。万维网高速缓存是一种网络实体，它能代表浏览器发出 HTTP 请求。其将最近的一些请求和响应暂存在本地磁盘中。当到达的新请求与暂时存放的请求相同时，万维网高速缓存就将暂存的响应发送出去，而不需要按 URL 的地址再去访问该资源。万维网高速缓存可在客户或服务器端工作，也可在中间系统上工作。

为了解决第三个问题，万维网使用超文本标记语言(Hyper Text Markup Language, HTML)，使得万维网页面的设计者可以很方便地用一个超链接从本页面的某处链接到因特网上的任何一个万维网页面，并且能够在自己的计算机屏幕上将这些页面显示出来。HTML 就是一种制作万维网页面的标准语言，定义了许多用于排版的命令，即"标签"。例如，<I>表示后面开始用斜体字排版，而</I>则表示斜体字排版到此结束。HTML 就将各种标签嵌入到万维网的页面中，这样就构成了 HTML 文档。HTML 文档可以用任何文本编辑器编写。当浏览器从服务器读取某个页面的 HTML 文档后，就按照 HTML 文档中的各种标签，根据浏览器所使用的显示器的尺寸和分辨率大小，重新进行排版并恢复出所读取的页面。

为了解决第四个问题，在万维网上方便地查找信息，用户可使用各种的搜索工具或搜索引擎，如 Google、天网搜索(北京大学研究开发)等。

9.5　远程终端协议

远程终端协议 TELNET 是因特网的协议标准中一个简单的远程终端协议，用户用 TELNET 就可通过 TCP 连接注册(登录)到远方的另一主机上(使用主机名或 IP 地址)。TELNET 能将用户的击键传到远地主机，同时也能将远地主机的输出通过 TCP 连接返回到用户显示器。用户感觉到好像键盘和显示器是直接连在远方主机上的。

由于 PC 的功能越来越强，TELNET 使用较少了。TELNET 也是用客户服务器方式，在本地系统运行 TELNET 客户进程，而在远地主机则运行 TELNET 服务器进程。服务器中的主进程等待新的请求，并产生从属进程来处理每一个连接。

为适应许多计算机和操作系统的差异，TELNET 定义了数据和命令应怎样通过因特网，即网络虚拟终端(NVT)。客户软件把客户的击键和命令转换成 NVT 格式，并送交服务器。服务器软件把接收到的数据和命令，从 NCT 格式转换远方主机系统所需的格式。向用户返回数据时,服务器把远方系统的击键和命令格式转换为 NVT 格式,本地客户再将 NVT 格式转换到本地系统所需的格式,如图 9.4 所示。

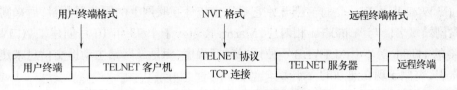

图 9.4　TELNET 客户/服务器模型

NVT 的格式定义很简单,所有的通信都是用 8 位的字节。在运行时,NVT 使用 7 位的 ASCII 码传送数据,而当高位置 1 时用作控制命令。虽然 TELNET 的 NVT 的功能非常简单,但 TELNET 定义了自己的一些控制命令。通过 TELNET 的选项协商,客户和服务器还可商定使用更多的终端功能。协商的对话方式有以下几种:

(1) DO(选项代码)　　　　　　表示要求对方执行该选项
　　　WILL(选项代码)　　　　　同意执行该选项
(2) DO(选项代码)　　　　　　表示要求对方执行该选项
　　　WON′T(选项代码)　　　　不同意,状态不变
(3) WILL(选项代码)　　　　　表示想执行该选项
　　　DO(选项代码)　　　　　　同意执行该选项
(4) WILL(选项代码)　　　　　表示想执行该选项
　　　DON′T(选项代码)　　　　不同意,状态不变
　　　WON′T(选项代码)　　　　证实状态不变

以上的 WILL、WON′T、DO 和 DON′T 是协商命令,其十进制值分别是 251～254。十进制值为 255 的代码规定为解释为命令(Interpret As Command,IAC)。所有 IAC 后的一个字节就是 TELNET 命令。如果要发送的数据中恰现和 IAC 一样的组合,则在它的前面再加一个 IAC。在接收数据中连续出现两个 IAC 时,去掉一个,而剩下的一个便是数据。

9.6　搜索引擎

9.6.1　搜索引擎的发展

在互联网发展初期,网站相对较少,信息查找比较容易。然而伴随互联网快速的发展,普通网络用户想找到所需的资料很困难,这时为满足大众信息检索需求的专业搜索网站便应运而生了。

第一个网络搜索引擎是 1990 年由蒙特利尔大学学生 Alan Emtage 发明的 Archie。虽然当时 WWW 还未出现,但网络中文件传输还是相当频繁的,而且由于大量的文件散布在各个分散的 FTP 主机中,查询起来非常不便,因此 Alan Emtage 想到了开发一个可以以文件名查找文件的系统,于是便有了 Archie。其工作原理与现在的搜索引擎很接近,它依靠脚本程序自动搜索网上的文件,然后对有关信息进行索引,供使用者以一定的表达式查询。由于 Archie 深受用户欢迎,受其启发,美国内华达 System Computing Services 大学于 1993 年开发了另一个与之非常相似的搜索工具,不过此时的搜索工具除了索引文件外,已能检索网页。

由于专门用于检索信息的程序像蜘蛛一样在网络间爬来爬去,因此,搜索引擎的程序就被称为"蜘蛛"程序。世界上第一个用于监测互联网发展规模的"蜘蛛"程序是 Matthew Gray 开发的 World Wide Web Wanderer。刚开始它只用来统计互联网上的服务器数量,后来则发展为能够检索网站域名。与 Wanderer 相对应,Martin Koster 于 1993 年 10 月创建了 ALIWEB,它是 Archie 的 HTTP 版本。ALIWEB 不使用"蜘蛛"程序,而是靠网站主动提交信息来建立自己的链接索引,类似于现在熟知的 Yahoo。

随着互联网的迅速发展,使得检索所有新出现的网页变得越来越困难,因此,在 Matthew Gray 的 Wanderer 基础上,一些编程者将传统的"蜘蛛"程序工作原理做了些改进。其设想是,既然所有网页都可能有连向其他网站的链接,那么从跟踪一个网站的链接开始,就有可能检索整个互联网。1993 年底,一些基于此原理的搜索引擎开始纷纷涌现,其中以 JumpStation、The W W W Worm(Goto 的前身,也就是今天 Overture)和 Repository – Based Software Engineering (RBSE) spider 最负盛名。

然而 JumpStation 和 WWW Worm 只是以搜索工具在数据库中找到匹配信息的先后次序排列搜索结果,因此毫无信息关联度可言。而 RBSE 是第一个在搜索结果排列中引入关键字串匹配程度概念的引擎。

最早现代意义上的搜索引擎出现于 1994 年 7 月。当时 Michael Mauldin 将 John Leavitt 的"蜘蛛"程序接入到其索引程序中,创建了大家现在熟知的 Lycos。同年 4 月,斯坦福(Stanford)大学的两名博士生,David Filo 和美籍华人杨致远(Gerry Yang)共同创办了超级目录索引 Yahoo,并成功地使搜索引擎的概念深入人心,从此搜索引擎进入了高速发展时期。目前,互联网上有名有姓的搜索引擎已达数百家,其检索的信息量也与从前不可同日而语。比如 Google,其数据库中存放的网页已达 30 亿。

随着互联网规模的急剧膨胀,一家搜索引擎光靠自己已无法适应目前的市场状况,因此现在搜索引擎之间开始出现了分工协作,并有了专业的搜索引擎技术和搜索数据库服务提供商。像国外的 Inktomi(已被 Yahoo 收购),它本身并不是直接面向用户的搜索引擎,但向包括 Overture(原 GoTo,已被 Yahoo 收购)、LookSmart、MSN、HotBot 等在内的其他搜索引擎提供全文网页搜索服务。国内的百度也属于这一类,搜狐和新浪用的就是它的技术。因此从这个意义上说,它们是搜索引擎的搜索引擎。

天网搜索由北京大学网络实验室研究开发,是国家重点科技攻关项目的研究成果。天网搜索于 1997 年 10 月 29 日正式在 CERNET 上向广大互联网用户提供 Web 信息搜索及导航服务,是国内第一个基于网页索引搜索的搜索引擎。

搜索引擎虽然只有十几年的历史,但在 Web 上已有了确定不移的地位,根据 CHHIC 统计,其已成为继电子邮件之后的第二大 Web 应用。虽然其基本原理已经明确,但在性能、质量和服务方式等方面的提高依然有相当大的空间,因而研究成果层出不穷。

9.6.2　搜索引擎的基本概念

搜索引擎是一个网络应用软件系统,其以一定的策略在网上搜索和发现信息,在对信息进行处理和组织后,为用户提供信息查询服务,用户通过浏览器提交的类自然语言查询词或者短语,然后返回一系列很可能与该查询相关的网页信息,供用户进一步判断和选取。

搜索引擎查询返回的网页信息是以信息列表的形式出现的,列表的每一条目代表一篇网页,每个条目至少有三个元素:

（1）标题：以某种方式得到的网页内容的标题。一般的方式就是从网页的＜TITLE＞＜/TITLE＞标签中提取的内容，虽然有时这些标题并不真正反映网页的内容。

（2）URL：该网页对应的访问地址。有经验的用户常常通过这个元素对网页内容的权威性进行估计。

（3）摘要：以某种方式得到的网页内容的摘要。一种最简单的方式就是将网页内容的前面若干字节截取下来作为摘要。

通过浏览上述元素，用户对相应的网页是否真正包含所需的信息进行判断，比较肯定时则可以点击 URL，从而得到网页的全文。

搜索引擎提供信息查询服务时，它面对的只是查询词或短语，不同的用户可能提交相同的查询词，但关心的是和该查询词相关的不同方面的信息，但搜索引擎并不了解这些不同，因此搜索引擎要争取不漏掉任何相关的信息，且要争取将那些"最可能被关心的"信息排在列表的前面。

搜索引擎并不是在用户提交查询的时候才开始在网上搜索，而是事先已搜索了一批网页，以某种形式存放在搜索引擎系统中，实际的搜索只是在系统中进行。因此，搜索引擎并不保证用户在返回结果列表中看到的标题和摘要内容与点击 URL 所看到的内容完全一致，甚至无法保证那个网页还存在，这也是搜索引擎和传统的信息检索系统的一个重要区别。为了解决这个问题，现代搜索引擎都保存网页搜集过程中得到的网页全文，并在返回结果列表中提供"网页快照"、"历史网页"等链接，以保证用户能看到和摘要信息一致的内容。

9.6.3 搜索引擎的工作原理

对搜索引擎有一些基本要求，如响应时间必须是可以接受的，不能太长；匹配要求网页中以某种形式包含所查询的内容；列表中条目顺序要保证"最可能被关系的"内容排在前面。为实现这些要求，搜索引擎系统包括网页搜集、预处理和查询服务三个模块，如图 9.5 所示。

图 9.5　搜索引擎的功能模块

1. 网页搜集

搜索引擎面对大量的用户查询，不可能每来一个查询，系统就到网上搜索一次，所以大规模搜索引擎服务的基础是有一批预先搜集好的网页。具体的搜集方式有：

（1）定期搜集：或称批量搜集，每次搜索替换上一次的内容，由于每次搜索都重新来一次，对大规模搜索引擎来说，每次搜集的时间会很长（如 Google 在一段时间曾每隔 28 天搜索一次，天网搜索早期的版本大约 3 个月搜索一次）。这种方式实现比较简单，但时新性不高、重复搜集也带来额外的带宽的消耗。

（2）增量搜集：开始搜集一批，以后只是搜集新的或改变过的网页，并在库中删除以前搜集过的已不再存在的网页。除新闻等一些更新较快的网页，许多网页的内容变换并不是很经常的，这样每次搜集的网页量就不会很大，每次搜集的间隔可以很短，系统的时新性就会比较高，但是这种方式系统实现比较复杂。

（3）混合搜集：可以将定期搜集和增量搜集结合起来得到折中的办法，如 J.Cho 博士经过深入研究,根据一种网页变化模型和系统所含内容的时新性的定义,提出相应的优化网页搜集策略。

具体网页的搜集过程中采用"爬取"的方法,将 Web 上的网页集合看成一个有向图,从给定的起始 URL 集合开始,沿着网页中的链接,按照深度优先、广度优先或其他策略进行遍历,不停地从 URL 集合中删除遍历过的 URL,下载相应的网页,解析出网页中的超链接是否被访问过,将为访问过的 URL 添加到 URL 集合中,继续遍历。整个过程可以形象的看成一个蜘蛛在蜘蛛网上爬行,且可能有多个蜘蛛在同时爬行。

还有一种办法就是网站所有者主动向搜索引擎提交他们的网址或更新的内容。

2. 预处理

搜集到大量的网页后,还需要进行一系列的预处理才能面向网络搜索用户。预处理包括关键词的提取、重复或转载网页的消除、链接分析、网页重要程度的计算等。

(1) 关键词的提取:在网页文件中包含有大量的编程语言标记、与主要内容无关的广告、导航条、版权说明等信息。为了便于查询,需要从网页中提取能够代表其主要的、基本的内容的特征——关键词。一般来讲,可能得到很多词,同一词可能重复多次出现,所以要去掉多余的词,包括"的"、"在"等没有实际意义的词。

(2) 重复或转载网页的消除:Web 上的网页存在大量重复的现象,便于用户访问,但对搜索引擎来说,不仅在网页搜集时浪费计算机和网络通信资源,且在查询结果中消耗显示屏资源,引起用户反感,所以需要将内容重复、主题重复的网页消除。

(3) 链接分析:HTML 文档中所含的指向其他文档的链接信息是人们近年来特别关注的对象,它们不仅给出网页之间的关系,而且对判断网页内容具有很重要的作用,所以搜索引擎要分析利用链接信息。

(4) 网页重要程度的计算:搜索引擎返回用户列表中条目的顺序应按照条目的重要程度排列,要多数情况下返回的内容更符合用户的需要,人们参照科技文献重要性的评估方式,被引用多的就是重要的,同样被链接多的网页更重要一些,预处理阶段要进行这些重要性的计算,供查询阶段使用。

3. 查询服务

经过预处理后网页集合每个元素的表示包含:原始网页文档、URL 和标题、编号、所含重要关键词的集合(及它们在文档中出现的位置信息)、其他一些指标(如重要程度、分类代码等)。系统关键词总体的集合和文档编号一起构成了一个倒排文件结构,使得一旦得到一个关键词输入,系统能迅速给出相关文档编号的集合输出。

查询服务主要有以下三个方面的工作:

(1) 查询方式和匹配:查询方式是系统允许用户提交查询的形式,对于普通用户最自然的方式是"要什么就输入什么"。虽然这是一种很模糊的说明,但用一个词或短语来表达信息需求,希望网页中含有该词或短语,依然是主要的查询方式。倒排文件就是用词作为索引的数据结构,查询词或短语对应倒排文件中的一个倒排表,以实现查询和文档的匹配。

(2) 结果排序:查询结果列表在计算机显示屏上呈现给用户,从根本上讲,列表中条目的顺序要和查询词或短语的相关性有关,相关性强的条目放前面。但是有效定义相关性是很困难的事情,它不仅与查询词或短语有关,还和用户的背景、查询历史有关。一般采用统计的方法,计算词频和文档频率,依次来确定顺序。在预处理阶段为每篇网页形成一个独立于查询词或短语的重要性指标,将它和查询过程中形成的相关性指标结合形成最终的排序,这是搜索引擎给出列表顺序的主要方法。当然,商业搜索引擎会通过竞价将前面的序号售出。

(3) 文档摘要:返回列表中每个条目的摘要需要从网页正文中生成,这涉及自然语言理解领域。由于搜索响应时间的限制,不允许使用复杂的自然语言理解方法,要求生成摘要的方法要简单。一般有两种方式:一种是静态方式,按照某种规则,在预处理阶段事先从网页内容中提取一些文字,如截取网页正文开头的 512B(对应 256 个汉字),或将每一个段落的第一个句子拼起来等;另一种是动态方式,在响应查询的时候,根据查询词或查询短语在文档中的位置提取周围的文字,在显示时将查询词或短语标亮。这两种方式,前者方法简单,不需要做过多的工作,缺点是摘要和查询无关或者关系不大;后者是目前大多数搜索引擎采用的方式,为保证查询的效率需要在预处理阶段记录每个查询词在文档中的位置。

除此之外,查询服务还要注意用户查询的习惯,一个查询往往有成千上万的结果,一般分页显示,用户常常没有耐心一一看下去,统计表明用户平均翻页数小于 2,这就要求查询服务组织好第一页内容,使其能尽量吸引用户。

图 9.6 是搜索引擎的体系结构。

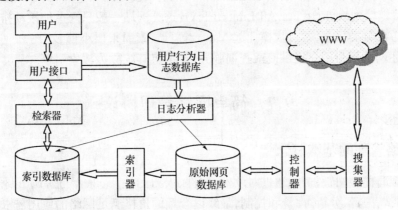

图 9.6 搜索引擎的体系结构

9.6.4 搜索引擎的分类

搜索引擎主要可分为三种:全文搜索引擎(Full Text Search Engine)、目录索引类搜索引擎(Search Index Directory)和元搜索引擎(Meta Search Engine)。

1. 全文搜索引擎

全文搜索引擎是名副其实的搜索引擎,国外具代表性的有 Google、Fast/AllTheWeb、AltaVista、Inktomi、Teoma、WiseNut 等,国内著名的有百度(Baidu)。它们都是通过从互联网上提取的各个网站的信息(以网页文字为主)而建立的数据库中,检索与用户查询条件匹配的相关记录,然后按一定的排列顺序将结果返回给用户,因此它们是真正的搜索引擎。

从搜索结果来源的角度,全文搜索引擎又可分为两种:一种是拥有自己的检索程序(Indexer),俗称"蜘蛛"或"机器人"的程序,并自建网页数据库,搜索结果直接从自身的数据库中调用,如上面提到的 7 家引擎;另一种则是租用其他引擎的数据库,并按自定的格式排列搜索结果,如 Lycos 引擎。

2. 目录索引

目录索引虽然有搜索功能,但在严格意义上算不上是真正的搜索引擎,仅仅是按目录分类的网站链接列表而已。用户完全可以不用进行关键词查询,仅靠分类目录也可找到需要的信息。目录索引中最具代表性的是雅虎(Yahoo)。其他著名的还有 Open Directory Project (DMOZ)、LookSmart、About 等。国内的搜狐、新浪、网易搜索也都属于这一类。

3. 元搜索引擎

元搜索引擎在接受用户查询请求时,同时在其他多个引擎上进行搜索,并将结果返回给用户。著名的元搜索引擎有 InfoSpace、Dogpile、Vivisimo 等(元搜索引擎列表),中文元搜索引擎中具代表性的有搜星搜索引擎。在搜索结果排列方面,有的直接按来源引擎排列搜索结果,如Dogpile,有的则按自定的规则将结果重新排列组合,如 Vivisimo。

除上述三大类引擎外,还有以下几种非主流形式:

(1) 集合式搜索引擎:如 HotBot 公司在 2002 年底推出的引擎,该引擎类似 META 搜索引擎,但区别在于不是同时调用多个引擎进行搜索,而是由用户从提供的 4 个引擎中选择,因此叫它"集合式"搜索引擎更确切些。

(2) 门户搜索引擎:如 AOL Search、MSN Search 等虽然提供搜索服务,但自身既没有分类目录,也没有网页数据库,其搜索结果完全来自其他引擎。

(3) 免费链接列表(Free For All Links,FFA):这类网站一般只简单地滚动排列链接条目,少部分有简单的分类目录,不过规模比起 Yahoo 等目录索引来要小得多。

由于上述网站都为用户提供搜索查询服务,通常将其统称为搜索引擎。

9.7 简单网络管理协议

9.7.1 网络管理的基本概念

网络管理简称为网管,是指通过对硬件、软件、人力的使用、综合与协调,以便对网络资源进行监视、测试、配置、分析、评价和控制,最终以合理的价格满足网络的使用需求,如实时运行性能、服务质量等。由于网络包含很多运行着多种协议的结点,且这些结点还在相互通信和交换信息,网络的状态总是不断地变化着,所以必须使用网络来管理网络,需要利用网络管理协议来读取网络结点上的状态信息,或将一些新的状态信息写入到网络结点上。

OSI 在其总体标准中提出了网络管理标准的框架,即 ISO7498-4。在 OSI 网络管理标准中,将网络管理分为系统管理(管理整个 OSI 系统)、层管理(只管理某一个层次)和层操作(只对一个层次中管理通信的一个实例进行管理)。在系统管理中,提出了管理的五个功能域:

(1) 故障管理(Fault Management):对网络中被管理对象故障的检测、定位和排除。故障并非一般的差错,而是指网络已无法正常运行,或出现了过多的差错。网络中的每一个设备都必须有一个预先设定好的故障门限(此门限必须能够调整),以便确定是否出了故障。

(2) 配置管理(Configuration Management):用来定义、识别、初始化、监控网络中的被管理对象,改变被管理对象的操作特性,报告被管理对象状态的变化。

(3) 计费管理(Accounting Management):记录用户使用网络资源的情况并核收费用,同时统计网络的利用率。

(4) 性能管理(Performance Management):以网络性能为准则,保证在使用最少网络资源和具有最小时延的前提下,能提供可靠、连续的通信能力。

(5) 安全管理(Security Management):保证网络不被非法使用。

这五个管理功能域简称为 FCAPS,基本上覆盖了整个网络管理的范围。

管理站是整个网络管理系统的核心,由网络管理员直接操作和控制,向所有被管理设备发送命令。管理站(硬件)或管理程序(软件)都可称为管理者,大型网络往往实行多级管理,有多个管理者,而一个管理者一般只管理本地网络的设备。

网络中的被管理设备可以是主机、集线器、网桥或调制解调器等。一个被管理设备中可能有许多被管对象(Managed Object)。被管对象可以是硬件、硬件或软件(如路由选择协议)的配置参数的集合。被管理对象必须维持可供管理程序读写的若干控制和状态信息,这些信息总称为管理信息库(Management Information Base,MIB),而管理程序就是使用 MIB 中这些信息的值对网络进行管理的。

网管协议是管理程序和代理程序之间进行通信的规则,网络管理员利用网管协议通过管理站对网络中的被管理设备进行管理。但若要管理某个对象,就必然要给该对象添加一些软件或硬件,但这种添加必须对原有对象的影响尽可能小些。

常用的网络管理协议有简单网络管理协议(SNMP)、公共管理信息服务/公共管理信息协议(CMIS/CMIP)、公共管理信息服务与协议(CMOT)、局域网个人管理协议(LMMP)等。

9.7.2　简单网络管理协议的内容

SNMP 作为一种网络管理协议,详细定义了网络设备之间的信息交换,方便管理人员监控网络性能、定位与解决网络故障。其发布于 1988 年,次年就有 70 个以上的厂家(包括 IBM、HP、Sun 等公司)宣布支持该协议。IETF 在 1990 年制定出的网管标准 SNMP 变成了因特网的正式标准。以后又有了新的版本 SNMPv2 和 SNMPv3,原来的 SNMP 又称为 SNMPv1。

SNMP 是一种简单的请求响应协议,基本功能包括监视网络性能、监测分析网络差错和配置网络设备等。在网络正常工作时,SNMP 可实现统计、配置和测试等功能。当网络出故障时,可实现各种差错监测和恢复功能。虽然 SNMP 是在 TCP/IP 基础上的网络管理协议,但也可扩展到其他类型的网络设备上。若被管理设备使用的是另一种网络管理协议,SNMP 就无法控制该设备,这时可使用委托代理(Proxy Agent),委托代理能提供协议转换和过滤操作等功能对被管对象进行管理。

SNMP 的网络管理模型由三个部分组成,即管理进程(Manager)、代理(Agent)管理信息库(MIB),相互之间的关系如图 9.7 所示。

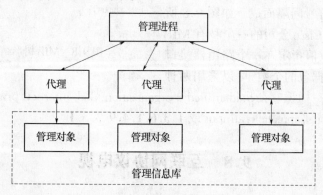

图 9.7　SNMP 网络管理模型

(1) 管理进程:处于管理模型的核心,负责完成网络管理的各项功能,如排除网络故障、配置网络等,一般运行在网络中的某台主机上。管理进程包括收集管理设备的信息、与管理代理进行通信的模块,同时为网络管理人员提供管理界面。

管理进程定期轮询各代理以获得管理对象的信息或接受代理主动发送的消息,然后进行分析并采取相应的管理措施。由于管理进程和代理均运行在各种各样的网络设备上,它们之间必须采用统一的标准才能进行通信,这个通信标准是在 SNMP 中制定的。

(2) 代理:运行于网络被管理设备上的管理程序。可以运行代理的设备种类很多,如路由器、集线器、主机、网关、交换机等。代理监测所在网络部件的工作状况及此部件周围的局部网络运行状态、收集有关网络信息。

代理所收集的信息可以是网络设备的系统信息、资源使用情况、各种网络协议的流量等,这些信息称为网络管理对象。

(3) 管理信息库:由各种代理维护管理对象的全体组成。任何代理维护的都只是整个管理信息库的一个子集。管理信息库是一个存放管理对象信息的数据库,网络中每一个被管理设备都应包含一个 MIB,管理系统(NMS)通过代理读取或设置 MIB 中的变量值,从而实现对网络资源的监视控制。

MIB 采用分层结构,由被管理对象组成,并由对象标识符(Object Identifier,OID)进行标识。MIB 中的被管理对象是被管理设备的一个特定性,它由一个或多个对象实例组成,对象实例就是实际的变量。MIB 的分层组织是一个倒树的形状,它的根没有名字,各层由不同的组织分配。对象标识符在 MIB 分层结构中唯一标识一个被管理对象。

对象标识符是从 MIB 树的根开始到对象所对应的结点沿途路径上所有结点的名称或数字标识,中间以""符号间隔而成。如图 9.8 所示,在图 MIB 树中,Cisco 公司的一个私有 MIB 对象 atinput,其整数值指定在一个路由器接口输入的 appletalk 数据包的个数,可以采用两种

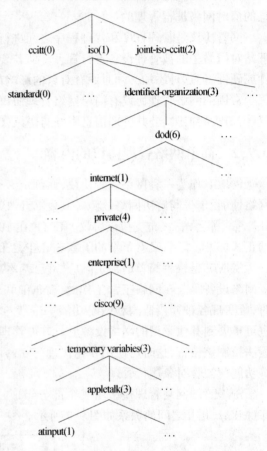

图 9.8　MIB 树形结构示意图

形式的标识符来唯一标识它:iso. identified − organization. dod. internet. private. enterprise. cisco. temporary. variabies. appletalk. atinput 或 **1. 3. 6. 1. 4. 9. 3. 3. 1**。

9.8　互联网协议电视

1. 互联网协议电视的概念

传统的电视是单向广播方式,它极大地限制了电视观众与电视服务提供商之间的互动,也限制了节目的个性化和即时化;另外,目前实行的特定内容的节目在特定的时间段内播放对于许多观众来说是不方便的。

互联网协议电视(Internet Protocol Television, IPTV)简称网络电视,是数字技术、计算机技术、网络技术与家电产品日益紧密结合的产物,是各类数字信息内容依托网络宽带平台共同发展的结果。其基本原理是利用宽带网络的基础设施,以计算机或电视机作为主要终端,通过互联网络协议向用户提供包括数字电视在内的各种交互式数字媒体服务的技术。用户可以采用"计算机+宽带"和"IPTV机顶盒+电视"两种方式来使用IPTV业务。IPTV不仅能使用户接收广播信号,实现了用户和服务提供商的互动,并且还可以将网络浏览、电子邮件收发以及多种在线信息咨询、商务、教育和娱乐等方面的功能结合起来,成为互联网应用中具有明显优势的一项技术。IPTV在可以预见的未来确实是一个有潜力的网络应用的发展方向。

2. IPTV 提供的业务类型

(1)直播电视业务。直播电视类似于广播电视、卫星电视和有线电视所提供的业务,这是宽带网络服务提供上为与传统电视运营进行竞争的一种基础服务。直播电视通过组播方式实现,其内容制作主要是对各种直播信号(包括卫星电视、有线数字电视、无线广播电视的信号等)进行转码处理,并将码流推送到直播管理单元和流媒体服务器,最后用组播的方式推送到用户终端。

(2)点播业务。IPTV的视频点播是真正意义上的VOD服务,能够让用户在任何时间、任何地点观看系统可提供的任何内容。在内容制作方面,将收集的各种内容素材(包括DVD数据、音乐、各种娱乐节目等)进行转码处理,上传到点播管理单元和流媒体服务器进行保存,以备用户点播。

(3)时移电视业务。时移电视是基于网络的个人存储技术的应用,能够让用户体验到每天实时的电视节目,或是看到以前的电视节目。时移电视将用户从传统的节目时刻表中解放出来,能使用户在收看节目的过程实现对节目的暂停、后退等操作,并能够快进到当前直播电视正在播放的时刻。在内容制作方面需要对各种直播频道节目进行录像存储,由时移电视管理单元对各个频道的存储资源进行分类管理,并添加制作相关信息,然后上传到流媒体服务器以备用户使用时移业务。

(4)远程教育。远程教育是指将声频、视频以及实时和非实时在内的课程通过多媒体通信网络传送到远程用户终端的教育。IPTV所具有的点播、时移等功能完全符合远程教育的要求,是远程教育课件点播很好的应用平台。IPTV业务的应用使远程教育方式更贴近受众,为终身学习、个性化学习奠定了技术基础。

(5)网络游戏。网络游戏近几年随着互联网技术和网络带宽的提高得到蓬勃发展,IPTV将为网络游戏提供更便利、交互性更强的服务。

(6)电视上网。在没有个人计算机的情况下,IPTV可以让用户利用IPTV机顶盒的无线键盘、遥控器等在电视上使用定制的各种互联网服务,浏览网页、收发电子邮件等。

3. IPTV 系统的组成

IPTV系统由内容制作、网络运营、运营支撑和用户终端四部分组成,如图9.9所示。

1)内容制作

该部分包括:

(1)编码系统:基于系统支持的声频、视频编码格式的编码器可以嵌入多种编辑软件实现节目的制作与转码。

(2)节目生产管理:对节目生产的全过程进行管理和监控,保证节目制作的质量,并进行版权管理。

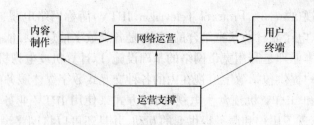

图 9.9 IPTV 系统的组成

（3）实时直播系统：支持节目的实时转码压缩上传。

2）网络运营

该部分包括：

（1）网点链接服务器：将制作完的节目（含节目内容、节目信息相关图片）分别传送到节目管理系统和流媒体服务器，同时支持运营结点将视频流发到边缘流媒体服务器。

（2）接入门户（流媒体服务插件）：完成 IPTV 机顶盒的访问认证，为 IPTV 机顶盒提供检索节目内容和访问媒体内容链接的支持，同时完成计费数据的采集等。

3）运营支撑

该部分包括：

（1）节目管理：对直播和点播的节目进行管理，同时对节目的配置、播放服务器的当前状态进行监控管理。

（2）计费系统：对用户进行管理，对采集的计费数据进行转换和商务逻辑处理。

4）用户终端

用户收看主要采用计算机和 IPTV 机顶盒＋电视两种方式。用户可以通过 IPTV 机顶盒浏览频道的互动节目指南，点播基于系统支持的编解码格式的视频节目，收看直播电视频道节目，高档的 IPTV 机顶盒可以下载后再播放。图 9.10 为凯谱系列的一种 IPTV 机顶盒。

用户收看 IPTV 节目的流程如图 9.11 所示。图中，①浏览节目单，选择一个频道或者一个点播的视频文件。②检查用户权限。③允许用户收看订购了的频道或者用户有权使用的点播服务。④把订购频道或点播文件的信息（包括地址和端口号）返回给客户端。⑤客户端启动播放器接收来自流媒体服务器的视频流。⑥用户切换频道时接收另一个播放流。

图 9.10 IPTV 机顶盒

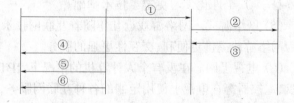

图 9.11 用户收看流程

4. IPTV 的特点

IPTV 技术给互联网业务注入了电视服务内容，使电视业务在高速互联网上的应用成为现实。具体来说其有如下特点：

（1）增强了电视业务的互动性。IPTV 除了具有原来普通电视的直播电视业务，更增强了与用户的交互性能。数字广播电视仅是通过设置一定的菜单供用户挑选，以实现用户和播控中心的简单互动，但不能实现真正意义上的多种交互式服务。而 IPTV 可以使用户互动点播

218

自己喜欢的内容,对电视节目进行倒退、暂停等,而且还提供网页式的互动性服务。

(2) 信息丰富。IPTV 的技术发展和业务应用是借助并依赖于互联网的信息资源和技术支撑这两大优势,因而其信息来源面广量大,异常丰富。

(3) 潜在的用户多。IPTV 的用户可以是互联网的用户、电信行业的用户、广播电视的用户,其拥有巨大的潜在用户群。

(4) 节省了网络带宽。MPEG-4、H.264、VC-1 等视频压缩编码标准和技术的发展,尤其是 H.264 的应用,使 IPTV 技术的视频编码效率大大提高,从而迅速提升了现有网络带宽条件下的视频质量,降低了对网络带宽的要求。

(5) 促进了广播电影电视、电信和计算机三个领域的融合。由于 IPTV 的技术传输遵循 TCP/IP 协议,所以 IPTV 能够将数字电视节目、可视 IP 电话、DVD/VCD 播放、互联网浏览、电子邮件及多种在线业务结合在一起,有效地将广播电影电视业、电信业、计算机业三个领域的融合,体现 IPTV 的技术优势。

5. IPTV 中的视频编码格式

1) MPEG-4

MPEG-4 标准是由运动图像专家组(MPEG)于 1999 年发布的,MPEG-4 算法与 VCD 所采用的 MPEG-1 和 DVD 采用的 MPEG-2 相比有很大改进,拥有更高的编码效率,数据码率相对较低,使得视频、声频在低带宽信道上传送成为可能。MPEG-4 在编码高清质量的 IPTV 节目时,通常的编码速率为 768Kb/s~2Mb/s 之间。声频编码通常采用 MP3 或 AAC 编码,数据码率在 64Kb/s~128Kb/s 之间。在采用 AAC 编码时,典型比特流为 96Kb/s,音质超过 128Kb/s 的 MP3 编码。

2) WMV-9

WMV-9 是美国微软公司提出的信息流播放方案,目前发展到第 9 版。它派生于 MPEG-4,可以支持 True-VBR 真正动态变量速率编码,能保证下载过程中影像的品质和 Two-Pass 编码技术。WMA 是微软声频技术的首要编解码器,类似于 MP3。

3) H.264

H.264 是 ITU/T 和 ISO/IEC 组成的联合视频组开发的最新数字视频编码标准。H.264 标准采用了很多新算法,具有很高的编码效率,在略低于 1Mb/s 的传输速度下播放质量可达到 DVD 水平,比 MPEG-4 实现的视频格式在性能方面提高了 30%。

H.264 作为下一代的视频、声频编码标准,在相同码流下视频质量较 MPEG-4 和 WMV9 有了相当程度的提高,可以在不增加带宽的情况下大幅度提升 IPTV 业务质量。因此,有希望成为大规模商用的主要编码标准。

习 题

一、名词解释

域名系统,搜索引擎,BT,万维网(WWW),网络管理、IPTV。

二、填空

1. 网络系统管理包括_____、_____、_____、_____、_____五个功能域。

2. WWW 是一个分布式的_____系统,它是超文本系统的扩充。

3. MIME 主要在 SMTP 上扩充了_____功能。

4. FTP 的主要功能是_____。

5. 域名系统主要有_____、_____、_____三大类,其中用于军事类的顶级域名是_____,用于公司和企业的顶级域名是_____。域名的总长度不大于_____。

6. DNS 的数据库结构是一个_____结构,其_____名是空标记。

7. 搜索引擎主要分_____、_____、_____三类。

8. IPTV 系统主要由_____、_____、_____、_____四部分组成。

三、论述

1. 简要说明域名解析的过程。

2. 域名服务器有哪些类型? 各有什么特点?

3. 简述电子邮件系统中的客户软件、邮件服务器的功能。

4. 说明 FTP 进行文件传输的过程。

5. 影响 BT 下载速度的因素有哪些?

6. 万维网要正常工作,必须解决哪几个问题? 是如何解决的?

7. SNMP 的基本功能是什么?

8. SNMP 的模型由哪几部分组成?

9. IPTV 主要提供哪些业务。

四、画出搜索引擎的体系结构示意图。

五、上网查阅

1. 上网检索目前 IPTV 的发展主要遇到难题。

2. 上网熟悉常用的几种搜索引擎,并比较分析各自的特点。

第10章 网络安全技术

网络安全技术已成为保证计算机网络顺利发挥作用的重要保障。本章在介绍网络安全的基本概念和安全策略的基础上,分析网络安全的基础技术信息加密技术,主要讨论报文鉴别、防火墙技术、入侵检测技术,最后给出了一些安全协议。本章重点内容是安全的基本概念、信息加密技术、防火墙技术、入侵检测技术。

10.1 网络安全技术概述

10.1.1 网络安全的概念

随着计算机网络的发展,信息共享应用日益广泛和深入。但信息在网络上存储、共享、传输,会被非法窃听、截获、篡改、毁坏,从而导致无法预料的问题和损失,尤其是银行系统、商业系统、管理部门、军事领域等网络中的信息安全更为重要和令人关注。计算机网络安全成为网络普及和发挥更大作用必须考虑的问题,也是计算机网络技术领域的热点问题。可以说,只要建立、使用网络,就得考虑网络安全。

网络安全的定义在不同环境和应用中会得到不同的解释。有的是指运行系统的安全,保证系统的合法操作和正常运行;有的是指网络上系统信息的安全,包括用户口令鉴别、存取权限控制、数据加密信息等;有的是指网络上信息内容的安全,侧重保护信息的保密性、真实性、完整性等,保护信息用户的利益和隐私。由此可以看出,网络安全与其所保护的信息对象有关。从根本上来讲,网络安全就是网络中信息的安全,凡涉及网络信息的保密性、完整性、真实性、可用性、可控性的相关技术和理论均是网络安全研究的内容。因此,它涉及的领域相当广泛。

概括起来,网络安全是指使网络系统的硬件、软件及其系统中的数据受到保护,不受偶然或恶意的原因而遭到破坏、更改、泄露,系统连续可靠正常地运行,网络服务不中断,为此而采取的相应的手段和技术。网络安全技术主要有计算机安全技术、信息交换设备安全技术、身份认证技术、访问控制技术、密码技术、防火墙技术、安全管理技术等。

人们对网络系统安全的要求主要有:

(1) 保密性(Confidentiality)。保密性包含两点:一是保证计算机及网络系统的硬件、软件和数据只能为合法用户所使用,可以采用专用的加密线路实现,如使用虚拟专网 VPN 构建网络;二是由于无法绝对防止非法用户截取网络上的数据,而必须采用数据加密技术以确保数据本身的保密性。

(2) 完整性(Integrity)。完整性是指应确保信息在传递过程中的一致性,即收到的肯定是发出的。为了防止非法用户对数据的增加、删除或改变顺序,必须采用数据加密和校检技术。

(3) 可用性(Availability)。在提供信息安全的同时,不能降低系统可用性,即合法用户根据需要可以随时访问权限范围内的系统资源。

（4）身份认证（Authentication）。身份认证的目的是为了证实用户身份是否合法、是否有权使用信息资源。身份认证的方法有许多种，从简单的基于用户名和口令的认证，到一次性口令、数字签名、基于第三方的可靠的权威认证（数字证书）或基于个人人体特征（如指纹、视网膜、声音）的认证等。

（5）不可抵赖性（Non - repudiation）。不可抵赖性也称不可否认性。通过记录参与网络通信的双方的身份认证、交易过程和通信过程等，使任一方无法否认其过去所参与的活动。这是网上实现电子交易的基本保证，有时要依靠第三方（安全认证机构）的支持。

（6）授权和访问控制（Access Control）。授权和访问控制规定了合法用户对数据的访问能力，包括哪些用户有权访问数据、访问哪些数据、何时访问和对数据拥有什么操作权限（创建、读、写、删除）等。

网络的安全强度被定义为该网络被成功攻击的可能性。在一个大系统中，整个网络的安全强度只取决于网络中最弱部分的安全强弱程度，一旦该部分被攻破，则系统安全就遭到了破坏。这就是"木桶原则"，即木桶中可以装水的最大容量取决于组成该木桶的所有木板中最短的那块。

根据网络系统对安全的要求程度，上述安全特性和技术可以单独使用，也可以结合起来使用。如对一般 Web 站点的用户访问，可以不进行身份验证；而对网上电子商务应用，则可将身份认证、授权、存取控制、不可抵赖技术与数字签名等认证技术结合使用，以保证最大的安全强度。

10.1.2　网络面临的安全问题

按照信息安全分层理论，网络中面临的安全问题由下到上有五层：物理安全问题、网络安全问题、系统安全问题、应用安全问题和人员安全管理问题。

1．物理安全问题

物理安全问题主要包含因为主机、网络设备硬件、线路和信息储存设备等物理介质造成的信息泄漏、丢失或服务中断，产生原因主要包括以下几种：

（1）电磁辐射与搭线窃听：入侵者或利用高灵敏度的接收仪，从远距离获取网络设备和线路的电磁辐射，或利用各种高性能的协议分析仪和信道监测器对网络进行搭线窃听，并对信息流进行分析和还原，可以很容易地得到口令和重要信息。

（2）盗用：入侵者把笔记本计算机接入内部网络上，非法访问系统控制台和服务器。

（3）偷窃：复制或偷走可移动硬盘、光盘、磁带或软盘等存储介质，或拿走程序纸、工作日志、系统账号和配置清单等。

（4）硬件故障：硬盘、光盘等存储介质损坏，设备损毁造成数据丢失。

（5）超负载：使系统或设备超负载运行，造成负担过重、丧失服务能力、数据丢失。

（6）火灾及自然灾害：失火、故意纵火或不可抗拒的自然力（如地震、火山爆发、洪水、台风、海啸等）对网络造成影响，使其无法工作。

2．网络安全问题

一台计算机联网后，就要面临新的危险，安装了网络软件，也就引入了新的安全威胁。由于 TCP/IP 本身设计的安全缺陷（这在 IPv6 中得到一些改正），大部分因特网软件协议没有进行安全性的设计；同时许多网络服务器程序需要用超级用户特权来执行，这又造成诸多安全问题。网络安全问题主要有如下情况：

（1）非授权访问:攻击者或非法用户巧妙地避开系统访问控制机制,对网络设备及资源进行非正常使用,擅自扩大访问权限,获取保密信息。

例如,假冒用户:使用特洛伊木马程序套取合法用户登录账号、口令、密钥等信息,或对窃取的系统用户口令文件进行破解,然后利用这些信息冒充合法用户进入系统;或利用系统安全漏洞(如早期的 UNIX Sendmail),修改使用权限到超级用户,使系统完全处在入侵者的控制下。假冒主机:使用假冒主机地址以欺骗合法用户及主机。IP 盗用(IP Stealing):非法增加结点并使用合法主机的 IP 地址。IP 诈骗(IP Spoofing):在合法用户与远程主机或网络建立链接的过程中,利用网络协议上的漏洞,用插入非法结点的方法接管该合法用户,从而达到欺骗系统、暂用合法用户资源、获取信息的目的。

（2）对信息完整性的攻击:攻击者通过改变网络中信息流的流向或次序,或修改、重发甚至删除某些重要信息,使被攻击者受骗,做出对攻击者有益的响应;或恶意增加大量无用的信息,干扰合法用户的正常使用。

（3）拒绝服务攻击:通过对网上的服务实体进行连续干扰,或使其忙于执行非服务性操作,短时间内大量消耗内存、CPU 或硬盘资源,使系统繁忙以致瘫痪,无法为正常用户提供服务,这称为拒绝服务攻击(Denial of Service,DoS)。常见的攻击如 Ping to Death 和邮件炸弹攻击(E-mail Bomb)、半连接攻击。有时,入侵者会从不同的地点联合发动攻击,造成服务器拒绝正常服务,这样的攻击称为分布式拒绝服务攻击(Distributed Denial of Service,DDoS)。

3. 系统安全问题

系统安全问题是指主机操作系统本身的安全,如系统中用户账号和口令设置、文件和目录存取权限设置、系统安全管理设置、服务程序使用管理等。主要问题有以下几种:

（1）系统本身安全性不足。许多操作系统本身就存在安全漏洞,如 UNIX 系统的远程操作命令 telnet、rlogin、rsh、FTP 等,都会给黑客利用作为入侵系统的工具。应采用操作系统的新版本(但不一定是最高版本),后采用打补丁的方法,使系统具有较高的安全性。

（2）未授权的存取。未授权人进入系统将可能造成不良后果,故应建立一系列管理规则,实行严格的口令管理(需系统管理员和用户双方配合),养成打开系统日记记录功能的习惯,以记录用户的登录活动和系统资源使用情况;应定期检查日志和系统文件属性以发现非法访问的迹象。

（3）越权使用。据有关统计,互联网中发生的攻击事件有70%来自内部攻击。因此,防止有效账号的越权使用非常重要,因为普通用户越权获取系统管理员权限或获取其他高级权限,可能有意或无意的破坏系统,如因误操作删除文件。

（4）未保证文件系统的完整性。这是任何一个系统管理员最重要的工作,做好定期文件系统备份,制定系统崩溃后的故障恢复对策,对重要数据加密并分多处保存,防止病毒侵入系统等,都是保证文件系统完整性的必要措施。

4. 应用安全问题

应用安全问题通常指主机上所安装的应用软件的安全问题,应用系统软件的引入会产生一系列的安全问题。例如,有的 Web 服务器的 HTTP 就有安全漏洞;在使用自己编写的应用程序时,可能因为程序员对系统安全漏洞认识不足,设计与开发中对安全问题忽视,而造成本身安全问题。另外,如从网上不可靠站点下载未经严格验证的应用软件会带入特洛伊木马或病毒,甚至打开邮件都可能被计算机病毒传染,如邮件病毒"I Love You"(爱虫)和"库尔尼科娃"等。

5．人员安全管理问题

信息系统本身无论做得怎样安全，总要有人去运行、去操作，如果系统管理员不能严格执行规定的网络安全策略及人员管理策略，整个系统就相当于没有安全保护。制定安全策略时，要考虑防止外部对内部网络的攻击，同时也要考虑如何防止内部人员的攻击，这就产生了人员管理的问题。如银行系统发生的一些经济案件就说明了安全措施是最容易从内部被攻破的。经验证明，在某种程度上，对内部人员的安全管理其复杂性和难度性要远远超过对外部网络入侵者。所以，应该对人员管理安全问题给以足够的重视，通常的做法是将法律、经常的思想教育、严格的管理规章制度、及时的监测和检查结合起来。

10.1.3　网络安全策略

要实现网络系统的安全，最重要的是要有一个安全策略来界定操作的正误，分析系统可能遭受的威胁，以及抵挡这些威胁的对策，并指定系统所要达到的安全目标。没有安全策略，安全就无法有效地实现。网络安全策略主要包括物理安全策略、访问控制策略、信息加密策略、网络安全管理策略四个方面。

1．物理安全策略

物理安全策略主要是保护计算机系统、网络服务器、打印机等硬件设备和通信线路免受破坏、搭线攻击；验证用户的身份和使用权限、防止用户越权操作；确保计算机系统有一个较好的电磁兼容环境。其中抑制和防止电磁泄露是物理安全策略的主要问题之一。一方面要对传导发射进行防护，采用加装性能良好的滤波器，减少传输阻抗和导线间的交叉耦合；另一方面对辐射进行防护，采用电磁屏蔽措施和干扰防护措施，如利用对设备进行金属屏蔽，对各种接插件隔离屏蔽，利用干扰装置产生伪噪声等。

2．访问控制策略

访问控制策略的主要任务是保证网络资源不被非法使用和非常规访问。访问控制是网络安全中最重要的核心策略之一，其包括：

（1）入网访问控制：控制哪些用户能够登录并获取网络资源，控制准许用户入网的时间和入网的范围。

（2）网络的权限控制：是针对网络非法操作所提出的一种安全保护措施，用户和用户组被授予一定的权限，可以指定用户（或用户组）可以访问哪些目录、文件和资源，执行哪些操作。用户一般有特殊用户（如管理员）、一般用户、审计用户等。

（3）目录级安全控制：对目录和文件的访问权限一般有系统管理员权限、读权限、写权限、创建权限、删除权限、修改权限、文件查找权限和存取控制权限。

（4）属性安全控制：网络管理员给文件、目录等指定访问属性，将给定的属性与网络服务器的文件、目录、网络设备联系起来，属性设置可以覆盖已经指定的任何有效权限，保护重要的目录和文件，防止误删除、执行修改、显示等。

（5）网络服务器安全控制：包括设置口令锁定服务器控制台、设定登录时间限制、非法访问者检测、关闭的时间间隔等。

（6）网络检测和锁定控制：网络管理员对网络实施监控，服务器应记录用户对网络资源的访问，对于非法访问应报警。如果非法试图进入网络，网络服务器会自动记录企图进入网络的尝试次数，次数超过设定值，自动锁定该账号等。

(7) 网络端口和结点的安全控制:网络服务器的端口使用自动回呼设备、静默调制解调器加以保护,并以加密形式识别结点的身份。

(8) 防火墙控制:是近期发展起来的保护网络安全的技术措施,其是用一个阻止网络中的黑客访问某个网络的屏障,通常有包过滤防火墙、代理防火墙、双穴主机防火墙等类型。

3.信息加密策略

信息加密是为了保护网络中的数据、文件、口令、控制信息等,保护传输的数据,采用的方式主要有链路加密、端对端的加密、结点加密等。链路加密为了保护网络结点之间链路的信息安全,端对端的加密的目的是对源端用户到目的端用户的数据提供保护,结点加密是对源结点到目的结点之间的传输链路提供保护,用户可根据需要选择加密的方式。信息加密的过程是由各种加密、解密算法实现的。多数情况下,密码技术是网络安全最有效的手段,其可以防止非授权用户的窃入,也可以有效地防止恶意的攻击。

4.网络安全管理策略

除了技术措施,加强网络的安全管理,制定相关配套的规章制度,确定安全管理等级、安全管理范围,明确系统维护方法和应急措施等,对网络安全、可靠地运行,将起到很重要的作用。

实际上,网络安全策略是一个综合的、总体的方案,不能仅仅采用上述孤立的一个或几个安全方法,要从可用性、实用性、完整性、可靠性、保密性等方面综合考虑,才能得到有效的安全策略。

10.2 数据加密技术

10.2.1 密码技术基础

信息安全问题是信息化建设的关键问题,而密码技术是信息安全技术的核心。信息安全所要求的保密性、完整性、可用性和可控性等都可以利用密码技术得到解决。

密码技术是以研究信息的保密通信为目的,研究对存储或传输信息进行何种秘密的变换以防止未经授权的非法用户对信息的窃取的技术。其包括密码算法设计、密码分析、安全分析、身份认证、消息确认、数字签名、密钥管理、密钥托管等。密码技术是保护网络通信信息的唯一实用手段。

密码通信系统的模型如图 10.1 所示。

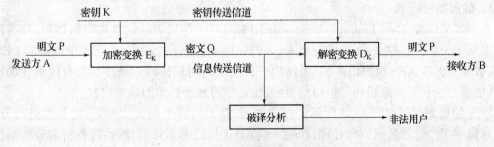

图 10.1　密码通信系统模型

在信息发送方 A,由信源产生明文 P,然后利用加密算法对明文 P 进行加密变换 E_K,从而获得密文 Q,$Q = E_K(P)$。从此可以看出,加密是一种变换,将明文 P 从明文信息空间变换到密文信息空间,E_K 是实现这种变换的带有参数 K 的加密变换函数,参数 K 是加密的密钥。密文

Q 经过一条可能受到信息窃取、攻击、含有噪声的信道传送到接收者 B。作为合法接收者 B 掌握密钥 K，利用密钥 K 的解密变换 D_K 对密文进行变换，从而恢复出明文 P，$P = D_K(Q) = D_K(E_K(P))$。解密变换是将密文 Q 从密文信息空间逆变到明文信息空间的变换，D_K 是解密变换函数。

信息的加密方法有许多种，具体加密算法各种各样，按照密钥的使用和分配方法不同，可以分为两大类：对称密钥体制和公开密钥体制。

对称密钥体制的加密方法是一种传统的加密方法，其特点是：无论是加密还是解密，均采用相同的密钥，或者密钥不相同但利用其中一个密钥可以推算出另一个密钥。因此，这类加密方法的安全性就依赖于密钥的安全性，一旦密钥泄露，则整个加密系统的安全性就不能保证。这类加密方法的算法一般是可逆的，加密、解密速度较快，安全强度高，使用方便。但是在网络通信的环境下，其缺点比较明显，主要表现为：

（1）随着网络规模的扩大，密钥管理、分配成为难题，因为密钥不能通过网络传输分发，所以在网络环境下，不能单独使用。

（2）无法解决报文鉴别、确认的问题。

（3）缺乏自动检测密钥泄露的能力。

公开密钥体制，也叫做非对称密钥体制，是 1976 年 W. Diffie 和 M. E. Hellman 提出的一种新的密码体制，这种密码体制的加密和解密过程使用不同的密钥，且加密密钥是公开的，称为公钥，解密密钥只有解密者掌握，称为私钥，利用其中任意一个密钥，推算不出另一个密钥。这样，很容易解决对称密钥的缺点。使用时，在网络环境中发布公钥及加密方法，接收者用之对信息进行加密发给公钥发布者，发布者用自己的私钥解密，如此就解决了密钥分配管理、认证等问题。但是公钥算法一般比对称密钥算法复杂，对大量的数据加密、解密的速度比对称密钥的方法要慢得多，所以公开密钥的方法用于对少量关键数据的加密更好一些。

传统的对称密钥体制和公开密钥体制的加密方法各有优、缺点，网络通信中普遍采用将二者结合起来的混合加密体制，即明文加密、解密采用传统的对称加密算法，发挥其速度快、安全强度高的优点；密钥采用公开密钥的方法，加密后再分发传送，发挥公开密钥方法适合于网络环境、便于对少量数据加密的优势。这样，既解决了密钥管理的困难，又解决了加密解密速度的问题，成为目前保证网络数据传输安全的一种有效体制。

10.2.2 加密算法

1. 数据加密标准

数据加密标准(Data Encryption Standard, DES)是一种代表性的对称密钥体制，是美国国家标准局于 1977 年颁布的。虽然近年来，人们发现了它的不少缺陷，并有不少改进的 DES 算法，高级加密标准 AES 也提出来了，但作为一种使用时间较长、影响较大的、有代表性加密算法，其加密方法和基本思想还是值得借鉴的，也是学习加密技术的基本内容。

DES 的加密过程如图 10.2 所示。在加密前，首先对整个明文按 64bit 的长度进行分组。接着对每一组二进制数据加密处理，产生一组 64bit 长的密文分组，然后将各密文分组串接起来，即形成整个密文。DES 加密的密钥为 64bit 长，其中 56bit 是实际的密钥，8bit 是奇偶校验位。

对 64bit 的明文 X 进行初始置换 IP 后得出 X_0，其左边 32bit 和右边 32bit 分别记为 L_0 和 R_0，然后在经过 16 次迭代。如果用 X_i 表示第 i 次的迭代结果，同时令 L_i 和 R_i 分别代表左半

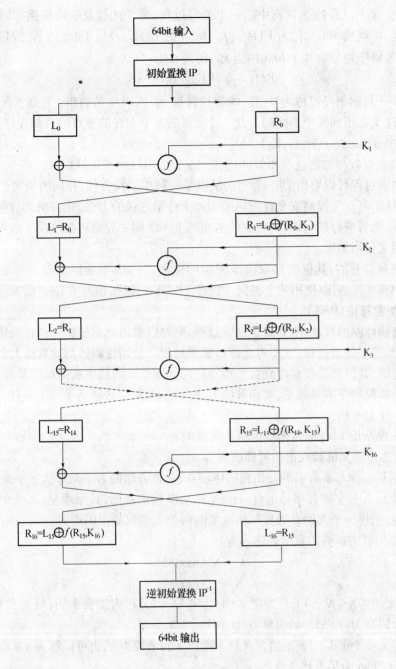

图 10.2　DES 加密过程

边和右半边(各 32bit),则

$$L_i = R_{i-1}$$
$$R_i = L_{i-1} \oplus f(R_{i-1}, K_i)$$

式中:K_i 为从原来 64bit 密钥经过若干次变换得到的 48bit 密钥 i = 1,2,3,…,16。

上式是 DES 的加密方程。每次迭代要进行函数 f 的变换、模 2 运算以及左右半边交换。在最后一次迭代后,左右两边不需要交换。最后一次的变换是 IP 的逆变换 IP^{-1},其输入是 $R_{16}L_{16}$,变换后的 64bit 数据就是输出的密文。

函数 $f(R_{i-1}, K_i)$ 是 DES 加密中的一个关键过程,是个比较复杂的变换,其先将 32bit 的 R_{i-1} 进行变换,扩展成 48bit,记为 $E(R_{i-1})$。48bit 的 $E(R_{i-1})$ 与 48bit 的 K_i 按位进行模 2 运算,所得的结果顺序划分为 8 个 6bit 的组 $B_1, B_2, \cdots, B_8$,即

$$E(R_{i-1}) \oplus K_i = B_1 B_2 \cdots B_8$$

然后将 6bit 长的组经过称为"S 盒"的替代转换,形成 4bit 长的组。S 盒实际是一个复杂的变换函数,这里要用到 8 个不同的 S 盒。将所得的 8 个 4bit 的 $S_j(B_j)$ 按顺序排好,再进行一次置换,即得出 32bit 的 $f(R_{i-1}, K_i)$。

DES 的解密过程与加密过程相似,但生成 16 个密钥的顺序正好相反。

从上述加密过程可以看出 DES 算法的缺点是一种单字符替代,相同的明文产生相同的密文,因此安全性不高。为提高安全性可以采用加密分组连接的方法,先将明文与初始向量按位进行模 2 运算,然后进行加密操作,得到的密文与下一个明文分组再按位模 2 运算,求出密文,如此将所有明文分组加密。

DES 算法是公开的,其保密性取决于密钥的保密。1985 年美国提出了一个商用加密标准,采用三重 DES 算法,即使用两个密钥,执行三次 DES 算法,提高了 DES 的安全强度。

2. 公钥加密算法(RSA)

在对称密钥体制的算法中,知道了加密过程,则可以推出解密过程。而在公钥密码体制的算法中,即使知道了加密过程,也不可能推出解密过程。公钥密码体制的算法大多是容易用数学术语来描述的,其保密强度是建立在一种特定的已知数学问题求解困难的基础上的。

公钥密码体制的基本思想是,加密算法 f_E 和解密算法 f_D 必须满足三个条件:

(1) $f_D(f_E(P)) = P$;

(2) 从 f_E 推断出 f_D 是非常困难的或不可能的;

(3) 利用选择明文试验攻击不可能破解 f_E。

RSA 体制是一种非常有名的公钥密码体制算法,该方法的名字是算法三个提出者 Rivest、Shamir 和 Adleman 名字的首字母组合。RSA 算法以数论基础,其原理是:求两个大素数的乘积很容易实现,但将一个大的合数分解出原来的两个大素数是很困难的。

RSA 加密和解密运算的数学表达式为

$$C = X^E (\mathrm{mod} M)$$
$$X = C^D (\mathrm{mod} M)$$

式中:X 为明文$(0 < X < M-1)$;C 为密文$(0 < C < M-1)$;E 为加密密钥;M 为公用密钥;D 为解密密钥。公钥对为(E,M),私钥对为(D,M)。

在数论中 $x = y(\mathrm{mod}\ z)$ 表示的含义是 x 除以 z 的余数为 y,也可以写为 $y = x/(\mathrm{mod}\ z)$。

密钥 E、D 和 M 满足下述条件:

(1) M 是两个大素数 P、Q 的乘积,从而 M 的欧拉数 $\varphi(M) = (P-1) \times (Q-1)$。

(2) D 是大于 P、Q 的且与 $\varphi(M)$ 互素的正整数。

(3) E 是 D 关于 $\varphi(M)$ 的乘逆,满足 $E \times D = 1 \mathrm{mod}(\varphi(M))$。

加密密钥 E 和公用密钥 M 可以公开,解密密钥 D 不能公开。加密时采用 E、M 进行加密,解密时,采用 D、M 进行解密。

例如:设有两个素数 P = 101,Q = 113,那么 M = P × Q = 11413,$\varphi(M) = (P-1) \times (Q-1)$ = 100 × 112 = 11200,与 $\varphi(M)$ 互素的整数 E 有多个,因此,假设 E = 3533,根据公式 $E \times D = 1 \mathrm{mod}(\varphi(M))$,求得 D = 6597。假设明文 X = 9726,那么加密时密文 $C = 9726^{3533}/\mathrm{mod}(11413)$

=5761,在解密时明文 $Y=5761^{6597}/mod(11413)=9726$。因此只要加密密钥 E、解密密钥 D 和公共密钥 M 选择正确,加密前的明文 X 和解密后的明文 Y 一定是相同的。

在上述例子中,P、Q 也是保密的,虽然 P、Q 的值均不太大,但要根据 M 分解 P、Q,显然是比较困难的。但实际使用当中,为了保证算法的安全强度,P、Q 的值一般要取大于 1000 位的十进制数,相应的 M 的位数大于 200 位。估计对 200 位的十进制数进行因数分解,在亿次机上要进行 55 万年。有的资料说明,129 位的十进制的 M,在网上通过 100 台计算机的分布计算用了 8 个月便被攻破了。所以 RSA 算法的安全性依赖于两个素数的位数。

RSA 算法常用于对称密钥的分发,如果用于加密大量的数据则速度就太慢了。

10.2.3 数字签名

日常生活中,人们常常在文件、书信、票据上签名来表明其内容的真实性,但是在计算机网络中传输的信息能否利用签名的方法来表明信息的真实性呢? 于是数字签名(Digital Signatures)的概念出现了。

像生活中的签名一样,数字签名必须具备三个特性:

(1) 接收者能够识别、验证发送者对报文的签名;

(2) 发送者签名后不能否认签名的报文;

(3) 接收者或第三方不能伪造发送者对报文的签名。

数字签名是通信双方在网络中交换信息时,利用公钥密码加密、防止伪造和欺骗的一种身份验证方法。在传统密码中,通信双方使用的密钥相同,接收方就可以伪造、修改密文,发送方也可以否认其发过的密文,如果产生纠纷,无法裁决。所以数字签名不能采用对称密钥体制,一般采用公钥加解密算法。

数字签名的过程如下:

发送方 A 用私钥 SKA 对报文 M 进行签名得到结果 D(M),将其传给接收者 B,B 用已知的 A 的公钥解密即可得到报文 M。由于只有 A 具有 A 的私钥,别人不可能有,所以 B 就可以相信报文 M 是 A 签名发送的。如果 A 要否认曾发送报文给 B,B 可将 D(M)出示给第三者,第三者很容易用 A 的公钥证实 A 确实发送 M 给 B。如果 B 将 M 伪造成 M′,则 B 不能给第三者出示 D(M′),说明 B 伪造了报文。由此还可以看出,实现数字签名也实现了对报文的来源的鉴别。

但是这里有一个问题,由于 A 的公钥是公开的,A 发送的内容可以被任何具有 A 公钥者接收,报文本身未保密。为此可以对 A 签名后报文再加密,然后再传输,这样,加密和签名组合起来就更安全了,具体过程如图 10.3 所示。图中:K_{sa}为发送方 A 的私钥;K_{gb}为接收方 B 的公钥;K_{sb}为接收方 B 的私钥;K_{ga}为发送方 A 的公钥。

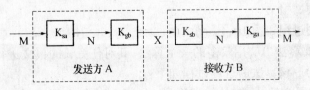

图 10.3 具有保密性的数字签名过程

发送方 A 对报文 M 签名得到 N,即 $N=K_{sa}(M)$,接着用接收方 B 的公钥对 N 加密得到 X,$X=K_{gb}(N)$,接收方 B 收到 X 后,先用自己私钥解密得到 N,$N=K_{sb}(X)$,然后用 A 的公钥处理得到还原的报文 M,M = K_{ga}(N)。

这种签名过程的缺陷是:当 B 收到 A 发送的 X,用自己的私钥解密后得到 N,再用另外一方 C 的公钥加密发给 C,C 以为是 A 发给它的,这样 B 就冒充 A 向 C 发送报文。

改进的方法是:发送方 A 先用 B 的公钥加密,再用自己的私钥签名,同样接收方 B 先用 A 的公钥还原签名报文,再用自己的私钥解密。如此,签名过程就更安全了。

10.3 报文鉴别

在信息安全领域中,截获信息的攻击称为被动攻击,更改信息和拒绝用户使用资源的攻击称为主动攻击。对付被动攻击的重要措施是加密,而对付主动攻击中的篡改、伪造,则需要报文鉴别(Message Authentication)。报文鉴别是一个过程,它使得通信的接收方能够验证所收到的报文的真伪。

使用加密就可达到报文鉴别的目的。但在网络的应用中,许多报文并不需要加密,例如,通知网络上所有用户有关网络的一些情况。对于不需要加密的报文进行加密和解密,会使计算机增加许多不必要的负担。当传送不需加密的明文时,有时却有这样的要求:应当使接收者能用最简单的方法鉴别报文的真伪。

近年来,广泛使用报文摘要(Message Digest)来进行报文鉴别。发送端将可变长度的报文 m 经过报文摘要算法得出固定长度的报文摘要 H(m),然后对 H(m)进行加密,得到 Ex(H(m)),并将其追加在报文 m 的后面发送出去。接收端将 Ex(H(m))解密还原成 H(m),再将收到的报文进行报文摘要运算,看得出的是否为此 H(m)。如不一样,则可断定收到的报文不是发送端发出的。报文摘要的优点就是:仅对短得多的定长报文摘要 H(m)进行加密解密,比对整个报文 m 加密、解密要简单得多。但对鉴别报文 m 来说效果是一样的,即 m 和 H(m)合在一起是不可伪造的,是可检验的和不可抵赖的。

报文摘要和以前讲过的循环冗余校验类似,都是多对一的散列函数(Hash Function)的例子。要做到不可伪造,报文摘要算法必须满足两个条件:

(1) 任给一个报文摘要值 x,如果要找到一个报文 y,使得 H(y) = x,则在计算上是不可能的;

(2) 如果要找到任意两个报文 x 和 y,使得 H(x) = H(y),在计算上是不可能的。

这两个条件说明:如果(m, H(m))是发送者产生的报文和报文摘要对,则攻击者不可能伪造出另一个报文 y,使得 y 和 x 有相同的报文摘要。发送者可以对 H(m)进行数字签名,使报文成为可检验和不可抵赖的。

报文经过散列函数运算可以看成是没有密钥的加密运算,在接收端不需要(也无法)将报文摘要解密还原成明文报文。

报文摘要的使用过程如图 10.4 所示。

MD5 是报文摘要算法中应用较多的一个算法,其对任意长的报文进行运算后得出 128 位的 MD 报文摘要代码。该算法的运算过程如下:

(1) 将任意长的报文按模 2^{64} 计算其余数(64 位),追加在报文后面,这说明后面得出的 MD 代码已经包含了报文的长度信息;

(2) 在报文和余数之间填充位 1 位～512 位,使填充后的总长度是 512 的整数倍,填充的数据第一位是 1,后面全是 0;

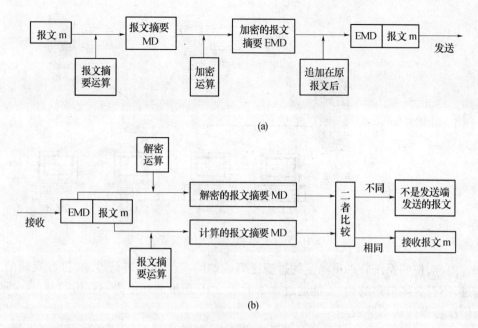

图 10.4 报文摘要的使用过程

(a) 发送端; (b) 接收端。

(3) 将追加和填充后的报文分割成一个个长度是 512 位的数据块,再将 512 位的报文数据块成 4 个 128 位的数据块,依次送到不同的散列函数进行 4 轮计算,每一轮又按 32 位的小数据块进行复杂的运算,一直到最后计算出 MD5 报文摘要代码。

这样得出的 MD5 代码中的每一位,均与原来报文中的每一位有关。Rivest 提出一个猜想,即根据给定的 MD5 代码找出原来报文的难度,其所需要的操作量级为 2^{128}。到目前为止,没有任何分析可以证明此猜想是错误的。

MD5 目前在因特网上已大量使用。另一种算法叫做安全散列算法(Security Hash Algorithm,SHA)和 MD5 相似,但码长为 160 位。其也是用 512 位长的数据块经过复杂运算得到的。SHA 比 MD5 更安全,但计算更复杂一些。新的版本 SHA - 1 也已经制定出来了。

10.4 防火墙技术

防火墙是目前实现网络安全的一种重要手段,也是网络安全策略中最有效工具之一,被广泛应用到 Internet/Intranet 的建设上。其一般设置于内部网与外部网的接口处(图 10.5),主要作用是对内部网和外部网之间的通信进行检测,拒绝未经授权的用户访问,允许合法用户顺利地访问网络资源,从而有效地保护内部网络资源免遭非法入侵,也可以限制内部网络对某些外部信息的访问。

防火墙实施一般遵循两个原则:拒绝访问除明确许可的任何一种服务和允许访问除明确拒绝以外的任何一种服务。防火墙的实现技术主要有三类:包过滤防火墙、应用级网关和状态检测防火墙。

1. 包过滤防火墙

包过滤防火墙利用检查所有通过的 IP 包的 IP 地址、TCP 或 UDP 端口号、协议类型、消

231

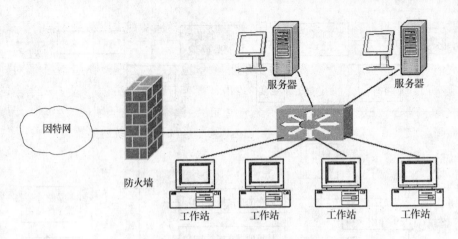

图 10.5　防火墙在网络中的位置

息类型等内容,按照系统管理员给定的过滤规则或访问控制列表进行过滤,符合规则的 IP 包允许通过,不符合则被过滤掉,不能通过。如果某一 IP 地址的站点为不宜访问时,这个地址来的所有信息将被防火墙屏蔽掉。

包过滤防火墙的优点是对用户来说是透明的,处理速度快、易于维护,通常作为第一道防线。包过滤通常无用户的使用记录,所以无法得到入侵者的攻击记录。而攻破一个单纯的包过滤防火墙对黑客来说比较简单,利用"IP 地址欺骗"的手段即可。对于应用程序中超过 1024 号的动态分配的端口,包过滤防火墙不能监控,故安全性较差,一般用于比较初级的安全控制或与其他方法结合使用。

2. 应用级网关

应用级网关就是通常所说的代理服务器,它适用于特定的互联网服务,如超文本传输(HTTP)、文件传输(FTP)等。代理服务器一般运行在两个网络之间,对内部客户来说是服务器,对外部的服务器来说,又是客户机。当代理服务器接收到用户对某站点的访问请求后检查请求是否符合规定,若规则允许,代理服务器会像一个客户那样访问该站点,在该站点和用户之间传递信息,充当中继的作用。而且,代理的整个过程对用户是透明的。代理服务器通常有一个高速缓存,这个缓存存储有用户经常访问的信息,在下一次或下一个用户访问同一站点时,服务器就不必重复获取相同的内容,直接将缓存内容发送即可,这样提高了网络效率。

应用级网关的优点是用户级的身份认证、日志记录和账号管理。其缺点在于要提供全面的安全,就要对每一项服务都建立对应的应用级网关,限制了新应用的引入。

3. 状态检测防火墙

状态监测防火墙使用了一个在网关上执行网络安全策略的软件模块,称之为监测引擎。监测引擎在不影响网络正常运行的前提下,采用抽取有关数据的方法对网络通信的各层实施监测,抽取的状态信息要动态地保存起来作为以后执行安全策略的参考。在状态检测中,根据设置的安全规则,对每个新建的连接进行预先检查,符合规则的连接允许通过,同时生成状态表,记录下该连接的相关信息,如连接标识、源地址、目的地址、应用端口等。对于该连接的后续报文,只要符合状态表,就通过。状态表是动态的,可以有选择地、动态地开通 1024 号以上的端口,从而扩展了安全性。

与前两种防火墙不同,当用户访问请求到达网关的操作系统前,状态监测器要抽取有关数据进行分析,结合网络配置和安全规定做出接纳、拒绝、身份认证、报警或给该通信加密等处理动作。监测引擎支持多种协议和应用程序,并可以很容易地实现应用和服务器的扩充,具有非常好的安全特性。

防火墙可以在很大程度上提高网络安全性能,但也有一些问题。比如,防火墙对外部网络的攻击能有效地防护,但对来自内部网络的攻击却没有有效的办法,事实上有相当多的安全问题来自内部网络;网络程序和网络管理系统中可能存在缺陷,使防火墙无能为力。所以网络安全仅依靠防火墙技术是不够的,还需要其他技术和非技术要素的统筹考虑。

10.5 入 侵 检 测

10.5.1 入侵检测的概念

入侵检测(Intrusion Detection)用来识别针对计算机、网络系统(含硬件系统、软件系统、信息资源等)的非法攻击和使用,包括检测外部非法入侵者的恶意攻击和试探、内部合法用户的超越使用权限的试探和非法操作。

入侵检测系统被认为是防火墙之后的第二道安全防线,是对防火墙的合理补充,它的加入可大大提高网络系统的安全强度,增强了信息安全体系结构的完整性。入侵检测的内容包括网络信息收集(监视)、智能化攻击识别和响应、安全审计等。它从网络系统中的若干关键点收集信息,并利用专家系统对之加以实时分析,根据安全规则判断网络中是否有违反安全策略的行为和遭到攻击的迹象,一旦发现,就及时做出响应,包括切断网络连接、记录事件和报警等。

入侵检测系统主要的任务有:

(1) 监视、分析网络用户及系统活动;

(2) 识别已知的进攻行为并做出反应,并报警;

(3) 对系统本身构造和安全弱点的检查与审计;

(4) 异常行为模式的统计分析;

(5) 检测和评估重要的系统文件和数据文件的完整性;

(6) 审计、跟踪、管理操作系统的运行,并识别用户违反安全策略的行为。

入侵检测系统不仅可使系统管理员时刻了解网络系统(包括程序、文件和硬件设备等)的任何变更,还能为网络安全策略制定者提供改进的信息,从而使非专业人员也能易学易用。而且,入侵检测的规模和策略还应根据网络所受威胁、系统构造和安全需求的改变而改变。

10.5.2 入侵检测系统模型

入侵检测系统模型由信息收集器、信息分析器、响应、数据库和目录服务器五个主要部分组成,如图10.6所示。

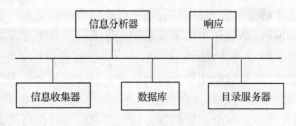

图10.6 入侵检测系统模型

(1) 信息收集器:用于收集事件的信息,收集的信息用来分析、确定入侵的发生与否,也叫探测器。信息收集器通常分为网络级别、主机级别、应用程序级别。对于网络级别,信息收集器处理的对象是网络数据包;对于主机级别,信息收集器处理的对象是系统的审计记录;对于应用程序级别,信息收集器处理的对象是程序运行的日志文件。

(2) 信息分析器:负责接收一个或多个信息收集器收集的信息,对由信息源生成的事件做实际分析处理,确定哪些事件与正在发生或已发生的入侵有关。分析器的结果保存到数据库中或被响应。

(3) 响应:当入侵事件发生时,系统采取一系列动作。能自动干涉系统的动作称为主动响应;给管理员提供信息,再由管理员采取进一步措施的行动称为被动响应。

(4) 数据库:用于保存事件信息(包括正常、入侵),还可以用来存储临时处理数据,起各个组成部分之间的数据交换中介作用。

(5) 目录服务器:用来保存入侵检测系统各个组件及其功能的目录信息。在比较大的入侵检测系统中,目录服务器对于改进系统的维护与可扩展性具有很重要的作用。

10.5.3 入侵检测原理

入侵检测原理同其他检测原理一样:从一组数据中,检测出符合某一或某些特点的数据。攻击者在入侵过程中会留下痕迹,这些痕迹和系统正常数据混在一起,入侵检测的主要工作就是从诸多混合数据中找出入侵事件发生的数据。

从此可以看出,入侵检测的关键是信息收集、信息分析,也可以说信息收集器、信息分析器是入侵检测系统的两个重要部分。

1. 信息收集

收集信息的可靠性和正确性直接影响入侵检测的可信程度,故必须利用已知的、可靠的和精确的软件来报告这些信息。入侵检测系统利用的信息主要来自以下四个方面:

(1) 系统和网络日志文件:系统日志文件中往往会留下入侵者的踪迹,所以,充分利用系统和网络日志文件是检测入侵的重要的信息获取手段。日志中包含发生在系统和网络上的不寻常和不期望活动的证据,这些证据可以表明有人正在入侵或已成功入侵系统。通过查看日志文件,能够发现成功的入侵或入侵企图,并及时地启动相应的应急响应程序。日志文件中记录了各种行为类型,每种类型又包含不同的信息,例如,记录"用户活动"类型的日志就包含登录、用户 ID 改变、用户对文件的访问、授权和认证信息等内容。不正常的或不期望的行为就是重复登录失败、登录到不期望的位置以及非授权访问重要文件的企图等。

(2) 目录和文件中不期望的改变:网络环境中的文件系统包含很多应用程序和数据文件,包含重要信息的文件和私有数据文件常常是入侵攻击的目标。目录和文件中不期望的改变,如修改、创建和删除,特别是在正常情况下限制访问的文件属性发生变化,很可能就是一种入侵产生的信号。黑客经常替换、修改和破坏它们获得访问权的系统上的文件,同时为了隐藏系统中它们的表现及活动痕迹,都会尽力去替换系统程序或修改系统日志文件。

(3) 程序执行中的不期望行为:网络的程序执行一般包括操作系统、网络服务、用户启动的程序和特定目的的应用,如对数据库服务器的访问。每个在系统上执行的程序可能由一个或多个进程来实现。每个进程可能在不同权限的环境中执行,这种环境控制着进程可访问的系统资源、程序和数据文件等。一个进程的执行行为由它运行时执行的操作来表现,操作执行的方式不同,它利用的系统资源也就不同。操作包括计算、文件传输、设备和其他进程、与网络间其他进程的通信。

（4）物理形式的入侵信息：包括两个方面的内容，一是未授权的对网络硬件的连接；二是对物理资源的未授权访问。黑客会想方设法去突破网络的周边防卫，如果能够在物理上访问内部网，就能安装它们自己的设备和软件。据此，黑客就可以知道网上的由用户加上去的不安全(未授权)设备，然后利用这些设备访问网络。例如，用户在家里可能安装 Modem 以访问远程办公室，与此同时黑客正在利用自动工具来识别在公共电话线上的 Modem，如果某一拨号访问经过了这些自动工具，那么这一拨号访问就成为了威胁网络安全的后门。黑客就会利用这个后门来访问内部网，从而越过了内部网络原有的防护措施，然后捕获网络流量，进而攻击其他系统。

2．信息分析

对收集到的上述四类有关系统、网络、数据及用户活动的状态和行为等信息，可通过三种技术手段进行分析：模式匹配、统计分析和完整性分析。其中前两种方法可用于实时的入侵检测，而完整性分析则用于事后分析。

（1）模式匹配：就是将收集到的信息与已知的网络入侵模式和系统安全规则数据库进行比较，从而发现违背安全策略的行为。该过程可以很简单，如通过字符串匹配以寻找一个简单的文字段或指令；也可以很复杂，如利用复杂的数学表达式来表示安全状态的变化。一般来讲，一种进攻模式可以用一个过程(如执行一条指令)或一个输出(如获得权限)来表示。该方法的明显优点是只需收集相关的数据集合，显著减少系统负担，且技术已相当成熟。它与病毒防火墙采用的方法一样，检测准确率和效率都相当高。但是，该方法存在的弱点是需要不断地升级以对付不断出现的黑客攻击手法，并且不能检测到从未出现过的黑客攻击手段。利用模式匹配方法的入侵检测系统称为滥用入侵检测系统(Misuse Intrusion Detection System)。

（2）统计分析：首先给系统对象(如用户、文件、目录和设备等)创建一个统计描述，统计正常使用时的一些测量属性(如访问次数、操作失败次数和延时等)。将测量属性的平均值与网络、系统的行为进行比较，任何观察值在正常阈值之外时，就认为有入侵发生。例如，统计分析可能标识一个不正常行为，因为它发现一个在晚 8 时至早 6 时不应登陆的账户却在凌晨 2 时试图登录。统计分析的优点是可检测到未知的入侵和更为复杂的入侵；缺点是误报、漏报率高，且不适应用户正常行为的突然改变。利用统计方法的入侵检测系统称为非规则入侵检测系统(Anomaly Intrusion Detection System)。

（3）完整性分析：主要关注某个文件或对象是否被更改，这通常包括文件和目录的内容及属性，它在发现被更改的、被特洛伊化的应用程序方面特别有效。完整性分析利用了强有力的报文摘要函数的加密机制(例如 MD5)，它能识别微小的变化。其优点是不管模式匹配方法和统计分析方法能否发现入侵，只要是成功的攻击导致文件或其他对象的任何改变，它都能够发现；缺点是一般以批处理方式实现，不能用于实时响应。尽管如此，完整性分析方法还应该是网络安全产品的必要手段之一。例如，可以在每一天的某个特定时间内开启完整性分析模块，对网络系统进行全面的扫描检查。

10.6 网络安全协议

10.6.1 网络层安全协议族

1．网络层安全协议(IP Security Protocol, IPSec)族与安全关联(SA)

因特网网络层安全系列 RFC2401～1141 于 1998 年 11 月公布，其中最重要的是描述了 IP

安全体系结构的 RFC2401 和提供 IPSec 协议族概述的 RFC2411。

网络层保密是指在 IP 的报文中的数据均是加密的。此外,网络层还应提供源站鉴别(Source Authentication),当目的站接收到 IP 数据报时,能确信这是从该数据报的源 IP 地址的主机发送的。在 IPSec 中最主要的两个部分是:鉴别头(Authentication Header,AH)和封装安全有效负载(Encapsulation Security Payload,ESP)。AH 提供源站鉴别和数据完整性,但不能保密。而 ESP 比 AH 复杂得多,其提供源站鉴别、数据完整性、保密性。

IPSec 有两种使用模式:传输模式(Transport Mode)和通道模式(Tunnel Mode)。

在传输模式中,IPSec 头被直接插在 IP 头的后面,IP 头的协议类型字段也做了修改,以表明有一个 IPSec 头紧跟在普通 IP 头的后面。IPSec 头包含了安全信息,主要是 SA 标识符、序号、有效负载数据的完整性检查。

在通道模式中,整个 IP 报文,连同头部和所有数据一同被封装到一个新的数据体中,并且增加一个新的 IP 头。当通道的终点不是最终的目标接点时,通道模式非常有用,由于整个报文封装,入侵者无法看到谁发给谁。

IPSec 虽然位于 IP 层,但它是面向连接的。在使用 AH 或 ESP 之前,首先从主机到目的主机间建立一条网络层的逻辑连接,此逻辑连接叫做安全关联(Security Association,SA)。这样,IPSec 就将传统的因特网无连接的网络层转换成具有逻辑连接的层。安全关联是一个单向连接,如果需要进行双向的安全通信则需要建立两条安全关联。

一个安全关联由三部分组成,它包括:

(1) 安全协议(使用 AH 或 ESP)的标识符;

(2) 此单向连接的目的 IP 地址;

(3) 安全参数索引(Security Parameter Index,SPI),为一个 32 位的连接标识符。对于一个给定的安全关联,每一个 IPSec 数据报都有一个存放 SPI 的字段。通过此 SA 的所有数据报都使用同样的 SPI 值。

2. 鉴别头

使用鉴别头(AH)时,将 AH 插在原数据报数据部分的前面,同时将 IP 头部中的协议字段置为 51。此字段原来是为了区分在数据部分使用何种协议(如 TCP、UDP、ICMP)的。在传输过程中,中间的路由器都不检查 AH。当数据报达到目的站时,目的主机才处理 AH 字段,以鉴别源主机和检查数据报的完整性。

AH 具有如下 6 个字段(图 10.7):

(1) 下一个头(8bit):标志紧接着本 AH 的下一个 AH 的类型(如 TCP 或 UDP);

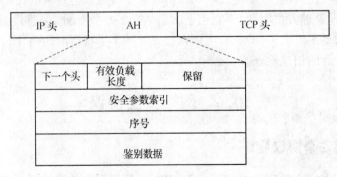

图 10.7 IPSec 的鉴别头

236

（2）有效负载长度（8bit）：鉴别数据的长度，以 32bit 为单位；

（3）安全参数索引（32bit）：标志一个安全关联；

（4）序号（32bit）：鉴别报文的编号，以 32bit 为单位，即使重发的报文也有一个序号；

（5）保留（16bit）：留作以后使用；

（6）鉴别数据（位数可变）：为 32bit 的整数倍，它包含了经数字签名的报文摘要（对原来的数据报进行报文摘要运算），因此可用来鉴别源主机和检查 IP 数据报的完整性。

3. 封装安全有效负载

如图 10.8 所示，在封装安全有效负载（ESP）头部中，有标识一个安全关联的安全参数索引（32bit）和序号（32bit）两个字段，通常这两个字段后面的第三个字段（32bit）用于存放数据加密的初始向量（Initialization Vector），从技术上来讲，它不属于头部，且如果采用空加密算法，这个字段被省略了。在 ESP 尾部中有"下一个头"字段（8bit），作用同 AH 中的一样。ESP 尾部和原来数据报的数据部分一起加密，因此攻击者无法得知所使用的传输层协议。ESP 的鉴别数据和 AH 中的鉴别数据是一样的。所以，用 ESP 封装的数据报既有鉴别源站和检查数据报完整性的功能，又能提供保密的功能。

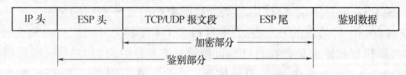

图 10.8　IPSec 的封装安全有效载荷 ESP

ESP 将鉴别数据放在末尾，对硬件实现非常方便，当数据位通过网络接口卡发送的同时，可以计算相应的鉴别数据，然后在追加到尾部。而使用 AH 时，则需要将报文缓冲起来，等待计算出签名等信息后再发送，如此效率会降低。

10.6.2　安全套接字层

安全套接字层（Security Socket Layer,SSL）是 NetScape 公司设计和开发的协议，目的在于提高应用层协议（如 HTTP、Telnet、FTP 等）的安全性，可对万维网客户与服务器之间传输的数据进行加密和鉴别。它在双方的联络阶段协商将要使用的加密算法（如 RSA 或 DES）、密钥和客户与服务器之间的鉴别。在联络完成后，所有传输的数据都使用在联络阶段商定的会话密钥。SSL 不仅被所有常用的浏览器和 WWW 服务器所支持，而且也是传输层安全（Transport Layer Security,TLS）协议的基础。

SSL 的应用并不局限于 WWW 网，也可用于 IMAP 邮件存取的鉴别和数据加密。SSL 可以看作应用层和传输层之间的一个层（图 10.9）。发送方接收到应用层的数据后，对数据进行加密，然后将加了密的数据送往 TCP 接口。在接收方，SSL 从 TCP 接口读去数据，解密后将数据交给应用层。或者说，SSL 本身是 OSI 表示层的内容之一。

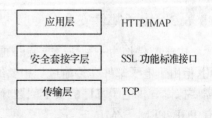

图 10.9　安全套接字层 SSL 的位置

SSL 主要有三个功能：

（1）SSL 服务器鉴别：目的是允许用户证实服务器的身份，具有 SSL 功能的浏览器维持一个表，其中有一些可信赖的认证中心 CA 和它们的公开密钥。当浏览器和一个具有 SSL 功能的服务器进行商务活动时,浏览器就从服务器得到含有服务器的公开密钥的证书。此证书是由某个 CA 发出的(此 CA 在客户的表中)。这就使得客户在提交信用卡之前能够鉴别服务器的身份。

(2) 加密的 SSL 会话:客户和服务器交互的所有数据都在发送方加密、在接收方解密。SSL 还具有检测攻击者有无窃听传送的数据的功能。

(3) SSL 客户鉴别:允许服务器证实客户的身份。这个信息对服务器是很必要的,例如,当银行将保密的有关财务信息发送某个顾客时,就必须检验接收者的身份。

SSL 由两个子协议组成,一个用来建立安全的连接,另一个使用安全的连接。下面举例说明 SSL 的工作过程。假定 A 有一个使用 SSL 的安全网页,B 上网时用鼠标点击到这个安全网页的链接(这种安全网页的 URL 的协议部分是 HTTPS,不是 HTTP)。接着,服务器和浏览器就进行握手协议,开始联络,具体过程如下:

(1) 浏览器向服务器发送服务器的 SSL 版本号、密码编码的参数选择,这是因为浏览器和服务器之间要协商使用哪一种加密算法。

(2) 服务器向浏览器发送服务器的 SSL 版本号、密码编码的参数选择、服务器的证书。证书包括服务器的 RSA 公开密钥,此证书用某个认证中心的秘密密钥的加密。

(3) 浏览器有一个可信赖的 CA 表,表中有每一个 CA 的公开密钥。当浏览器收到服务器发来的证书时,就检查此证书是否在自己的可信赖的 CA 表中。如果不在,则后面的加密和鉴别连接就不能进行下去;如果在,浏览器就使用 CA 的公开密钥对证书解密,如此就得到了服务器的公开密钥。

(4) 浏览器随机地产生一个对称会话密钥,并用服务器的公开密钥加密,然后将加密的密钥发给服务器。

(5) 浏览器向服务器发送一个报文,说明以后浏览器将使用此会话密钥进行加密,然后浏览器再向服务器发送一个单独的加密报文,表明浏览器端的握手过程已经完成。

(6) 服务器也向浏览器发送一个报文,说明服务器将使用此会话密钥进行加密,然后服务器再向浏览器发送一个单独的加密报文,表明服务器端的握手过程已经完成。

(7) SSL 的握手过程到此已经完成,后面开始 SSL 的会话过程。浏览器和服务器都使用这个会话密钥对所发送的报文进行加密。

1996 年,NetScape 将 SSL 移交给 IETF 进行标准化,形成了传输层安全标准,且对 SSL 进行了一些改进。但 SSL 目前在因特网商务活动中使用仍很普遍,由于 SSL 并不是专门为信用卡交易设计的,SSL 还缺少一些措施来防止在因特网商务中出现的各种可能欺骗行为。

10.6.3 电子邮件安全

电子邮件作为一种快捷方便的通信方式得到了非常广泛的应用,发挥着越来越重要的作用,但由于电子邮件在传输过程中要经过许多路由器、网关,电子邮件的内容很难保密,为此,需要探讨分析电子邮件的安全问题,研究对邮件加密的方法。比较常见的安全电子邮件系统有 PGP、PEM、S/MIME 等。

1. PGP

PGP(Pretty Good Privacy)是美国人 Phillip Zimmermann 于 1995 年开发出来的,其是一个完整的电子邮件安全软件包,具有加密、鉴别、数字签名和数据压缩等功能。PGP 将现有的一些算法(包括 MD5、RSA、IDEA 等)综合在一起。由于包括源程序的整个软件包均可以从网上自由下载,所以得到了广泛的应用,但是它并没有成为因特网上的标准。

PGP 的加密过程如图 10.10 所示,用户 A 向用户 B 发送一个邮件的明文为 P,用 PGP 进行加密。假定 A 和 B 都有自己的 RSA 的私钥 Dx 和公钥 Ex,都有对方的公钥。

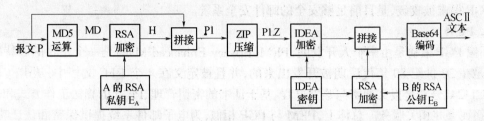

图 10.10　PGP 的加密过程

明文 P 先经过 MD5 运算,用 RSA 的私钥 DA 对报文摘要 MD5 进行加密,得到 H,明文 P 与 RSA 的输出 H 拼接在一起,成为另一个报文 P1,经 ZIP 程序压缩后得到 P1.Z。接着对 P1.Z 进行 IDEA 加密,使用的是一次一密的加密密钥,即 128bit 的 K_M。此外,密钥 K_M 再经过 RSA 加密,其密钥是 B 的 RSA 公钥 E_B。加密后的 K_M 与加密后的 P1.Z 拼接在一起,用 Base64 进行编码,然后得出 ASCII 码的文本(只包含 52 个字母、10 个数字和" + "、" ／ "、" = "三个符号)发送到网上。

用户 B 收到加密的邮件后,先进行 Base64 解码,并用自己的 RSA 私钥解出 IDEA 的密钥,用此密钥恢复出 P1.Z,对 P1.Z 进行解压,还原出 P1。B 接着分开明文 P 和加了密的 MD5,并用 A 的公钥解出 MD5,若与 B 自己算出的 MD5 一致,则说明确实是 A 发给 B 自己的邮件。

由于 RSA 运算较慢,所以只是对 128bit 的 MD5 和 128bit 的 MD5 密钥用 RSA 进行加密。PGP 支持四种 RSA 密钥长度,384bit(临时)、512bit(商用)、1024bit(军用)、2048bit(星际)。由于 RSA 仅被用在两个少量数据的加密中,建议用星际长度的密钥。

PGP 的报文格式如图 10.11 所示,由三部分构成:报文的 IDEA 密钥部分、签名部分、报文部分。

密钥部分		签名部分				报文部分			
E_B 的标识符	K_M	签名头	时间戳	E_A 的标识符	类型	MD5 散列函数	报文头	文件名	时间戳	报文

图 10.11　PGP 的报文格式

密钥部分不是密钥,而是密钥的标识符,这是为了方便用户可以有多个公钥。

签字部分从一个头部开始,接着为时间戳,发信人的公钥(用于对 MD5 签名),再后面的是类型标识、所使用的加密算法。

报文部分有报文头、文件名、时间戳。文件名是当收信人将信件存盘时采用的默认文件名。

密钥管理是 PGP 系统的要害所在,每个用户在其所在地要保存两个数据结构:私钥环

(Private Key Ring)和公钥环(Public Key Ring)。私钥环包括一个或几个用户自己的私钥-公钥对,以便于用户经常更换自己的密钥,每个密钥对都有对应的标识符。公钥环包括用户的一些经常通信对象的公钥,公钥环上的每一项包含公钥及其64bit的标识。

PGP很难被攻破,是目前足够安全的邮件安全系统。

2. PEM

不像PGP最初是由一个人开发的,PEM(Privacy Enhanced Mail)是一个正式的因特网标准,它是在20世纪80年代后期被开发出来的,并且被定义在4个RFC文档中:从RFC1421至RFC1424,分别是报文加密与鉴别过程、基于证书的密钥管理、PEM的算法工作方式和标识符、密钥证书和相关服务。总体上,PEM与PGP相似,为电子邮件系统提供保密和认证功能。然而,在具体方法和技术上,与PGP有所不同。

首先,使用PEM的报文在发送前要被转换成一种标准的形式,对于空格、制表符、结尾符等有同样约定;其次,使用MD2或者MD5计算出报文的报文摘要;然后,将报文摘要和报文拼接起来,并且用DES进行加密,众说周知,DES的56bit密钥是比较弱的,所以PEM的这个选择影响了其安全性;最后,利用Base64编码方法对加密之后的报文进行编码,再发送给收件人。

PEM的每个报文同在PGP中一样也使用一次一密的方法进行加密,并且密钥也被包装到报文中。这个密钥既可以用RSA来保护,也可以用三重DES来保护。

PEM具有比PGP更加完善的管理密钥体制。PGP密钥的真实性可以通过由CA颁发X.509证书来证明,而且这些CA被安排成一个严格的、只有一个根的层次结构。这种方案的优点是,有可能让根CA定期地发行CRL来实现证书的撤销。

PEM的问题是还没有被使用,这很大程度上是因为存在谁来运行根CA,又在什么样的条件下运行等敏感管理问题。人们很担心将整个系统的安全性全盘托付给一家公司或机构。由于找不到可以运行根CA的机构,所以PEM没有用起来。

3. S/MIME

如同PEM一样,S/MIME(Security/MIME)提供了认证、数据完整性、保密性和不可否认性的功能,而且,非常灵活,支持许多加密算法。由于与MIME集成得非常好,所以可以保护各类报文。此外,还定义了许多新的MIME头,用来存放数字签名的信息。

S/MIME并没有一个严格的、从单个根开始的证书层次结构。相反,用户可以有多个信任锚(Trust Anchor)。只要一个证书能够被回溯到当前用户所相信的某一个信任锚,则它就被认为是有效的。S/MIME使用了标准的算法和协议。

10.6.4 安全电子交易协议

1. 安全电子交易协议概述

安全电子交易(Secure Electronic Transaction,SET)协议是由VISA和MASTCARD所开发,是为了在因特网上进行在线交易时保证用卡支付的安全而设立的一个开放的规范。由于得到了IBM、HP、Microsoft、NetScape、VeriFone、GTE和VeriSign等很多大公司的支持,它已开成了事实上的工业标准。

利用SET协议给出的整个安全电子交易的过程规范,可以实现电子商务交易中的机密性、认证性和数据完整性等安全功能。由于SET协议提供商家和收单银行的认证,确保了交易数据的安全、完整可靠和交易的不可抵赖性,特别是具有保护消费者信用卡号不暴露给商家等优点。

SSL 协议是建构在 TCP 之上的传输层协议,属于一般用途的安全解决方案,即确保通信双方资料交换的安全传输协议(图10.12)。

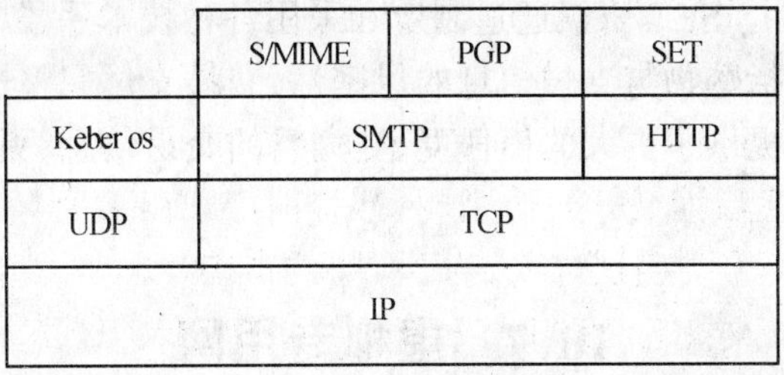

S/MIME	PGP	SET
Keber os	SMTP	HTTP
UDP	TCP	
IP		

图 10.12　SET 在 TCP/IP 通信结构中的位置

2．SET 协议的特点

(1) 信息的保密性。持卡者的账目和支付信息可安全传送而不会被未经持许可证的一方访问。如果入侵者能够截获传送的信息,如信用卡的号码、截止日期以及持卡者姓名,就有可能进行欺诈。数据的保密性是通过对消息的加密来实现的。

(2) 数据的完整性。在发送者和接收者传送消息期间,消息的内容能保证不被篡改,这一特性是通过使用数字签名算法对消息摘要进行签名来实现的。

(3) 对持卡者账号的认证。它可为商家提供认证持卡者身份的手段。这一特性是通过使用持卡者的证书及数字签名来实现的。

(4) 对商家的认证。它为用户提供商家的认证,商家向用户传递由 CA 发放的证书,用户通过 CA 的公钥来验证证书的有效性。

3．SET 的交易过程

SET 交易分三个阶段进行:购买请求、支付授权和支付捕获阶段。

(1) 购买请求阶段。在购买请求阶段,用户与商家确定所用支付方式的细节。在购买请求交换开始之前,持卡人已经完成了浏览、选择和订购。当商家向客房发送了完整的订单时,就结束了初始阶段。

购买阶段包含了四条消息:初始请求、初始响应、购买请求和购买响应。

(2) 支付授权阶段。在支付授权阶段,商家会与银行核实,随着交易的进展,他们将得到付款。在处理来自持卡人的订购时,商家获得支付网关的交易授权,支付授权确保交易被发行者承认,授权也可保证商家能收到支付,这样商家可以为客户提供服务或货物。支付授权交换包含了两条消息:授权请求和授权响应。商家发送给支付网关的授权请求来保护从客户处获得的购买相关信息、商家生成的授权相关信息、证书等;从发行者处获得授权后,支付网关给商家返回一个授权响应,包括授权相关信息、捕获标记信息、证书等。

(3) 支付捕获阶段。商家向银行出示所有交易的细节,然后银行以适当方式转移贷款。

4．SET 协议的加密体制

SET 的每个阶段都涉及 RSA 对数据加密以及 RSA 数字签名。使用 SET 协议,在一次交易中,要完成多次加密与解密操作。

SET 协议采用了对称密钥和非对称密钥算法相结合的加密体制,从而充分利用对称密钥算法的速度和非对称密钥算法用于密钥交换的便利性,可以很好地保证网络信息的机密性。另外,SET 协议采用 X.509 数字证书、数字签名、报文摘要、数字信封和双重签名等技术,用来保证商家和消费者的身份以及商业行为的认证和不可抵赖性。如使用数字证书对交易各方身份的真实性和合法性进行验证;使用数字签名技术确保数据完整性和不可否认;使用支付信息,只能对用户的订单信息解密,而金融机构只能对支付和账户信息解密,充分保证消费者的账户和订货住处的安全性。SET 协议通过制定和采用各种技术手段,解决了一直困扰电子商务发展的安全性问题,包括购物与支付信息的保密性、交易支付完整性、身份认证和不可抵赖性,在电子交易五环节上提供了更大的信任度、更完整的交易信息、更高的安全性和更少的欺诈的可能性。

10.7　虚拟专用网

10.7.1　虚拟专用网的基本概念

虚拟专用网(Virtual Private Network,VPN)是一种在现存的物理网络上建立的一种专用的逻辑网络,其将不同物理设备上的专用的企业网等,通过因特网,利用隧道技术建立一条点到点的虚拟专线,即 VPN 连接,使得专用网中的两台主机实现快捷安全的通信。

1. VPN 的作用

目前,由于 IP 地址相当紧缺,一个机构内部有许多主机出于安全或其他原因,并不需要全部接入因特网,只需要与机构内部的其他主机相互通信就够了。倘若机构内部也运行 TCP/IP 协议,则这种主机无须申请全球地址,只需在本机构内部自行分配和使用自己的本地 IP 地址,或称专用地址,全球地址是全球唯一的 IP 地址,也叫公共地址。使用专用地址可以大大节约公共地址。

然而专用地址肯定会与公共地址重复,如有一个专用地址为 150.5.5.6,虽然在机构内部是唯一的,但在因特网上也有一个地址为 150.5.5.6 的主机,二者若需要通信则会出现二义性,无法彼此识别。为了解决这个问题,RFC1918 文件规定了一些专用地址(Private Address),即不作为全球地址的地址,使用专用地址的网络称为专用网,这些专用地址为:

(1) 10.0.0.0 ~10.255.255.255 :也就是一个 A 类地址,计为 10/8,由于 A 类地址已经用尽,目前没有意义了;

(2) 172.16.0.0~172.31.0.0:相当于 16 个 B 类地址,记为 172.16/12 ;

(3) 192.168.0.0~192.168.255.255:相当于 256 C 类地址,记为 192.168/16。

因特网上的路由器遇到这种地址就不做转发,这些地址虽然数量有限,但任何机构都可以重复使用,由于只是用于机构内部,也就不会造成与全球地址的矛盾。

如果过去一个公司要将总公司与各地分公司连接起来进行通信,就要租用昂贵的 DDN 或其他专线,现在则可以通过因特网提供的 VPN 技术,使家庭办公、移动用户或其他用户主机可以方便地访问企业服务器,这时的远程主机就是 VPN 用户,专门设置的服务器就是 VPN 服务器,VPN 连接就是二者经由因特网(或其他公网)所建立的虚拟专线,但用户之间感觉不到公网的存在,就像它们是通过专线连接一样,这种网络就是虚拟专用网。

VPN 最大的优点是无需租用电信部门的专用线路,而由本地 ISP 所提供的 VPN 服务所替代,由于本地 ISP 与本地企业之间的距离有限,所以成本低廉。

2. VPN 连接的原理

建立 VPN 连接需要在企业网中有一个 VPN 专用服务器,运行 Windows 2000 服务器平台或高级服务平台,至少要用奔腾 II 450MHz 的处理器,有 256M RAM,该服务器要安装两块网卡,一块连接因特网,另一块连接企业(内部)网,这样 VPN 服务器就更像是一台路由器,而不仅是一台服务器。

VPN 服务器的作用既要验证用户身份产生安全通道,又要像路由器那样,根据服务器内的路由信息来决定允许哪些用户访问它所连接的网络中的资源。

用另一块网卡连接因特网,就意味着不再使用当前使用的远程访问服务的专用电话线,而是通过因特网进行远程通信,这样,当然会增加企业网办公系统所要求的因特网带宽。VPN连接的作用是:

(1) 数据封装:通过 VPN 传输一般是将二层数据分组通过 IP 协议来传输,所以必须加上IP 数据包报头。

(2) 身份认证:其中包括三种认证,其一是用户身份认证,用来保证远程主机的客户是合法用户;其二是对 VPN 服务器进行身份认证,以阻止非法服务器,提供错误信息;其三是数据完整性检查,用来证实通过 VPN 链路的数据是否出自合法的源端,是否被窃收者篡改,这是通过双方共享的密钥、加密算法和校验来实现的。

(3) 数据加密:数据由发送方根据双方一致选定的密钥和加密算法进行加密,接收方进行验证,一般说来,密钥长度越长,破解越困难,对特长报文可以分段采用不同的密钥。传输不加密的数据不能算是 VPN 连接。

(4) IP 地址分配:对 VPN 服务器进行配置,创建一个虚接口,这个虚拟接口可以对应多个 VPN 连接,与 VPN 连接的主机也要创建一个虚拟接口,也就是由 VPN 服务器为它分配一个 IP 地址,VPN 服务器也为自己的端口分配一个 IP 地址,这两个虚拟接口的连接就是一条VPN 连接。

要进一步深入了解 VPN,应当指出隧道技术是 VPN 的关键技术,简单地说,隧道技术就是用一种协议来传输较低层网络协议的数据包。

10.7.2　虚拟专用网连接和路由

在建立了 VPN 连接之后,为了确保数据包是在安全的 VPN 连接上传输,而不是在公网上传输,就必须为远程访问主机和 VPN 服务器的虚拟端口分配适当的 IP 地址,还需要对路由器做修改或配置。VPN 连接可以分为远程访问 VPN 和路由器—路由器 VPN。

1. 远程访问 VPN 连接的寻址和路由

在建立远程访问 VPN 连接时,VPN 服务器为远程 VPN 主机分配一个 IP 地址,并修改远程 VPN 主机的默认路由,这样即可以保证数据流可以经过虚拟接口进行收发。

(1) 拨号上网的客户机:对以拨号上网的 VPN 主机来说,必须分配两个 IP 地址,一是创建 PPP 连接时,因特网协议的控制协议 IPCP 要和 ISP 的网络应用支撑(Network Application Support,NAS)软件协商,为远程 VPN 主机分配一个公共 IP 地址;二是 ICPC 与 VPN 服务器协商,为远程 VPN 主机分配一个因特网 IP 地址,这个地址根据企业网内部是利用公共地址还是专用地址而定,即企业内部分配的地址是公共地址时,该远程主机分配的第二个 IP 地址就是公共地址,反之亦然。

在 VPN 服务器中必须有一张路由表,路由表中必须包含企业网中的每台主机的路由表项(记录),包括上面为 VPN 主机分配的两个 IP 地址,而且在企业网路由器的路由表中,也必须包含 VPN 主机的路由表项(记录)。

由于 VPN 的数据首先是 VPN 远程主机发出,然后才通过 VPN 连接传输到 VPN 连接另一方的 VPN 服务器,所以就需要 IP 报头,IP 报头 1 是在因特网上路由器所处理的 IP 报头,所以源地址是由 ISP 分配的公共地址,目标地址是目标端 VPN 服务器的 IP 地址。IP 报头 2 是企业网内部的 IP 报头,源地址是由 VPN 服务器所分配的专用 IP 地址,目标地址是企业网分配的 IP 地址(公共或专用地址)。

当 VPN 数据分组传到远方企业网的 VPN 服务器后,剥去 VPN 报头,留下企业网报头,按企业网分配的 IP 地址进行传输。

(2) 默认路由和基于因特网的 VPN:如图 10.13 所示,当远程 VPN 主机拨打 ISP 时,利用 ISP 连接,添加了一条到达 ISP 的默认路由 1,通过 ISP 可以到达因特网上的任何目标,即可以从远程 VPN 主机到达因特网的任何 IP 地址,但不能达到企业网中的目标 IP 地址。

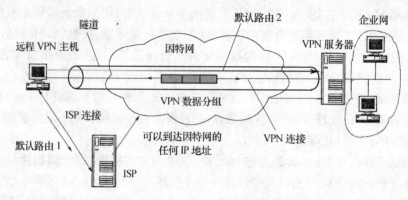

图 10.13　默认路由和基于因特网的 VPN

随后创建 VPN 连接时,就会添加一条由远程主机到隧道另一端 VPN 服务器的默认路由 2,这一路由仅能将数据传输到 VPN 服务器和企业网任何目标 IP 地址,但不能到达因特网的其他目标 IP 地址。这两个默认路由的存在使用上是并不矛盾,一般而言,某台 VPN 主机在利用默认路由 2 与企业网通信时,不会同时访问因特网。

2．网络地址转换

企业专用网已经分配了专用 IP 地址,其与因特网上的具有全球地址的主机通信采用的方法是网络地址转换(Network Address Translation,NAT),其实质是在连接因特网的路由器上安装 NAT 软件而成为 NAT 路由器,NAT 路由器至少须有一个全球 IP 地址,如 IP_X 用它对专用网中的主机地址进行转换,即可实现与因特网上的具有全球地址的主机通信。

如果 NAT 路由器具有多个 IP 地址,则可以同时实现与多个具有专用地址的主机的通信,应当注意的是,这种通信与通过 VPN 连接的通信的区别是,数据分组无需加密。

3．路由器—路由器 VPN 连接

这种 VPN 连接可以分为临时性连接和永久性连接两种。

临时路由器—路由器的 VPN 连接:这种 VPN 连接只是当有数据经过 VPN 连接进行数据传输时,才通过拨号接口建立起来,经过一定的空闲之后,就自动断开,这时源方路由器(VPN 客户机)和目标方路由器(VPN 服务器)均需设置空闲时间长度:源方路由器的拨号端口的时间没有限定,目标方路由的空闲时间为 20min。

永久性路由器 VPN 连接是不会断开的,路由器开始启动即可建立 VPN 连接,即使连接中断也会自动再次恢复连接。

244

10.7.3 虚拟专用网中的隧道技术

网络隧道是 VPN 的关键技术,简单地说,就是利用一种网络协议传输另一种网络协议的数据。该技术实际上涉及到三种网络协议,即网络隧道协议、隧道协议下面的承载协议和隧道协议所承载的被承载协议。

网络隧道协议有两种:一种是二层隧道协议,用于传输二层网络协议数据,用于构建远程访问虚拟专用网(Access VPN);另一种是三层隧道协议,用于传输三层网络协议,其作用是构建企业内部虚拟专用网(企业网 VPN)和扩展的企业内部 VPN(Extranet VPN)。

1. 二层隧道协议

有三种二层隧道协议:第一种是多数公司支持的 PPP 协议;第二种是二层转发协议(Layer 2 Forwarding,L_2F);第三种是由 IETF 起草的得到众多厂家支持的二层隧道协议(Layer 2 Tunneling Protocol,L_2TP),它结合了前两种协议的优点,是使用最广泛的二层隧道协议。

LAC 是 L_2TP 访问集中器(L_2TP Access Concentrator),是具有 PPP 端系统和 L_2TP 处理能力的设备,一般就是网络接入服务器(L_2TP Network Server),用于为用户通过 PSTN/ISDN 提供网络接入服务。

LNS 是 L_2TP 网络服务器(L_2TP Network Server)是 PPP 端系统上用来处理 L_2TP 服务器端的一部分软件。

每对 LAC 和 LNS 形成一个隧道连接,同时在此连接之上还复用着一个会话连接,用来表示在隧道连接中的每个 PPP 会话过程。

L_2TP 连接的维护和 PPP 数据的传输都是通过 L_2TP 消息交换来完成的,这些消息再通过 UDP 的 1701 端口承载于 TCP/IP 之上(也就是 L_2TP 消息通过 TCP/IP 协议来传输),L_2TP 消息中一部分为控制消息,用来建立和维护隧道连接和会话连接,另一部分则为 PPP 会话的数据分组。

控制消息中的属性值对 AVP(Attribute Value Pair)参数,使得协议具有良好的可扩展性,还利用了消息丢失重传和检测通道连通性的机制,保证了 L_2TP 层传输的可靠性。但数据部分的传输不采用重传机制,故不能保证可靠性。但是,由于上一层是采用 TCP 协议传输,这也就克服了数据不重传的弱点,同时在数据消息传输中还动态地采用了消息序列号,对于失序的消息采用了缓存重排序的方法来保证数据传输的有效性。

L_2TP 有如下重要特征:

(1) 灵活的身份验证和高度安全性。L_2TP 采用了多种身份验证机制(CHAP、PAP 等),还继承了 PPP 的安全特征,又能对隧道错误进行验证,使得 L_2TP 所传输的数据更难于攻击。尤其是数据加密,可以根据安全要求实行隧道加密,端对端加密和应用层加密等方案保证数据传输的高度安全性。

(2) 内部地址(专用地址不是全球公用地址)LNS 放置在企业网防火墙的后面,可以对远端地址进行动态的分配和管理,能够支持动态主机配置协议(DHCP)和私有地址等方案,即远端主机所分配的地址不是因特网 IP 地址,而是企业网的内部有效地址,这就便于管理,也在一定意义上增加安全性。

(3) 可靠性。当一个 LNS 不可达之后,接入服务器 LAS 可以重新备份 LNS 建立连接,增加了 VPN 服务的可靠性和容错性。

有通用路由封装(Generic Routing Encapsulation,GRE)协议和 IP 层加密标准 IPSec 协议,

二者都是三层隧道协议。

2. 三层隧道协议的 GRE 协议

GRE 是一种最基本的封装形式,它忽略了很多协议的细小差异。当 VPN 系统接收到一个需要传输的有效报文时,首先由加上 GRE 报头即封装成为 GRE 报文,然后再由 IP 传输,也就是加上 IP 报头就成为传输报文了。

GRE 的作用是:

(1) 使多协议的本地网能通过单一协议的主干网络传输;

(2) 将一些不能连续的子网连接起来,用于组建 VPN 连接;

(3) 扩大了网络工作范围,有些协议限定所经过的路由器数目,例如,IPX 所经过的跳数不能超过 16 个,但一个隧道连接,可能经过很多路由器,实际上却像只经一个路由器一样工作。

10.8 无线网络的安全

10.8.1 无线网络的安全隐患

目前,由于大多数的 WLAN 默认设置为 WEP 不起作用,攻击者可以通过扫描找到那些允许任何人连入的开放式 AP,来得到免费的互联网使用权限,并能以此发动其他攻击。

(1) MAC 地址嗅探(MAC Sniffing):检测 WLAN 非常容易,目前有一些工具可运行在 Windows 系统上或 GPS 接收器上来定位 WLAN,如 NetStumbler、Kismet 可识别 WLAN 的 SSID,并判断其是否使用了 WEP,还可以识别 AP 和 MAC 地址。

(2) 窃听:无线网络最大的安全隐患在于入侵者可以访问某机构的内部网络。无线网络允许在一定范围内的计算机之间进行通信的特性,使内部网络的信息很容易被窃听。

(3) AP 欺骗(Access Point Spoofing):无线网卡允许通过软件更换 MAC 地址,攻击者嗅探到 MAC 地址后,通过对网卡的编程将其伪装成有效的 MAC 地址,进入并享有网络。MAC 地址欺骗是很容易实现的。使用捕获包软件,攻击者能获得一个有效的 MAC 地址包。如果无线网卡防火墙允许改变 MAC 地址,并且攻击者拥有无线设备,在无线网络附近,攻击者就能进行欺骗攻击。欺骗攻击时,攻击者必须设置一个 AP,它处于目标无线网络附近或者在一个可被受攻击者信任的地点。如果假的 AP 信号强于真的 AP 信号,受攻击者的计算机将会连接到假的 AP 中。一旦受攻击者建立连接,攻击者就能偷窃他的口令,享有他的权限,设置后门等。

(4) 主动攻击:主动攻击比窃听更具危害性。入侵者将穿过某机构的网络安全边界,而大部分安全防范措施(防火墙、入侵检测系统等)都安排在安全边界之外,界线内部的安全性相对薄弱。入侵者除了窃取机密信息外,还可利用内部网络攻击其他计算机系统。

(5) WEP 攻击:WEP 最初的设计目的就是为了提供以太网所需要的安全保护,但其自身存在着一些致命的漏洞。在 WLAN 中,可以使用的数据结点比有线 LAN 要少好几个数量级,并且在现阶段,密码编制的出口限制使 WEP 单线程只能实现 40bit 的传输。利用这种 WEP 自身的随机性缺陷和密钥空间的不足,攻击者可以通过大量数据包的流量轻易地盗取基于 WEP 的密码。同时,因为 WEP 的数据包完整性检查很简单,使入侵者可以随意地插入或修改数据而不被发现,致使在无其他网络认证系统保护的情况下,用户不得不手动设置密码以保证安全。

10.8.2 无线网络的安全措施

WLAN 使人们可以在任何地点都能方便地接入,但 WLAN 通常比有线 LAN 更难保护。在现有安全机制的基础上,可采取一些措施来最大限度地堵住安全漏洞,以提升 WLAN 的安全性。

(1) 保证 AP 的安全。配置 AP 是安全的重要起点。AP 允许设置 WEP 密钥,并且要确保密钥不被轻易地猜出,还应增加破解难度。AP 应该被配置成能过滤 MAC 地址。MAC 地址过滤的方法是将那些允许连入 AP 的客户的无线网卡的 MAC 地址列成一张表。管理员还应时刻注意列表是否被更改,尽管可能会增加管理开销,但可有效地限制一些 AP 的检测范围。同时,应尽可能地限制 AP 广播 SSID。目前,大多数 AP 都具有某种管理接口,可以是 Web 接口或 SNMP 接口。可以使用 HTTPS 管理 AP,并使用强密码阻止入侵者的接入。尽管 MAC 地址能被欺骗,但若将 AP 放置的位置调整合适,可以尽可能地限制其辐射到外部的范围。

(2) 保证数据传输安全。WEP 为客户和 AP 之间的通信提供数据编码级的保护。开启 WEP 可防止一些偶然入侵者轻易进入 WLAN。但由于 WEP 自身存在漏洞,可能无法保护一些敏感数据,此时可以用其他加密系统来克服 WEP 的缺陷。

(3) 保证工作站点的安全。为加强 WLAN 的安全性,使用防火墙来阻止对其的非法访问是一种可靠的手段。从有线 LAN 访问 WLAN,无线客户端认证并与无线 AP 关联时,为了更好地保证安全,AP 应被配置成可过滤 MAC 地址。AP 发送一个请求给 DHCP 服务器,服务器为客户分配网络地址。一旦网络地址被分配,无线客户便可进入 WLAN。为了能够访问有线 LAN,可建立一条 IPSec、VPN 通道或使用 Secure Shell。在对网络的访问依靠 IPSec、Secure Shell 或 VPN 时,防火墙应配置为只允许指定的 IPSec 或 Secure Shell 通信。

(4) 无线网络安全设计建议。在实施 WLAN 安全措施之前,进行有效的设计、计划能够很好地降低 WLAN 可能存在的风险,例如,用 VPN 或访问控制表保护 WLAN,在 WEP 启用的情况下 AP 也不应该与内部的有线网络进行连接,AP 不应放置在防火墙之后,无线客户应该通过 Secure Shell、IPSec 或 VPN 建立与网络的连接。这些方式提供了用户授权、认证和编码等措施来增加 WLAN 的安全性。

习 题

一、名词解释

网络安全,防火墙,入侵检测,数字签名,VPN。

二、填空

1. 网络安全强度是指_____的可能性,其取决于网络中_____的安全强弱程度。

2. 网络中面临的安全问题分为_____、_____、_____、_____、_____五层。

3. _____是信息安全的核心技术。

4. 网络通信中常采用混合加密体制,大量明文的加解密采用_____体制,而密钥采用_____。

5. 公钥密码体制多容易用数学术语描述,其保密强度建立在一种特定_____的基础上。

6. RSA 算法的安全性一定程度上取决于_____的位数。

7. 对付被动攻击的主要措施是_____,而对付主动攻击中的篡改、伪造则需要_____。

8．防火墙对来自_____的攻击没有有效的方法。

9．入侵检测主要收集_____、_____、_____和_____四个方面的信息，并通过_____、_____、_____三种技术手段进行信息分析。

10．IPSec中最主要的两部分是_____和_____，前者提供源站鉴别和数据完整性，后者还提供_____。

11．比较常见的电子邮件安全系统有_____、_____、_____等。

三、论述

1．网络安全问题分哪几层？

2．网络安全策略主要包括哪几方面？

3．传统的对称密钥体制和公开密钥体制各有什么优、缺点？

4．举例说明 RSA 的加密过程。

5．数字签名必须具备哪些特性？

6．简述数字签名的原理及改进方法。

7．报文鉴别的意义是什么？

8．防火墙实施的原则是什么？

9．分别简述包过滤防火墙、应用级网关、状态检测防火墙的工作原理。

10．入侵检测系统有哪几部分组成？并说明各部分的功能。

11．IPSec 位于 IP 层，为什么却是面向连接的协议？

12．安全套接字层（SSL）主要有哪三个功能？

13．安全电子交易（SET）协议有哪些特点，其交易过程分哪几阶段？

14．解释说明 VPN 连接的原理。

15．VPN 采用了哪些隧道技术？

16．无线网络可能遇到哪些安全隐患？

四、画图

1．试述 PGP 的工作原理，并画出加密过程图。

2．画出报文摘要的工作过程图。

附录 常见计算机网络技术相关的标准化组织

1. 国际标准化组织

国际标准化组织(International Standards Organization, ISO),是一个全球性的非政府组织,是国际标准化领域中一个十分重要的组织。ISO 的任务是促进全球范围内的标准化及其有关活动,以利于国际间产品与服务的交流以及在知识、科学、技术和经济活动中发展国际间的相互合作。它制定了计算机网络通信的开放系统互连参考模型(OSI 参考模型),即七层协议,是全球公认的计算机网络标准。

2. 电气电子工程师协会

电气电子工程师协会(Institute of Electrical and Electronics Engineers, IEEE)是一个国际性的电子技术与信息科学工程师的协会,建会于 1963 年 1 月 1 日,总部在美国纽约市。专业上它有 35 个专业学会和 2 个联合会。IEEE 发表多种杂志、学报、书籍和每年组织 300 多次专业会议。IEEE 计算机委员会下设的 IEEE 802 委员会负责制定电子工程和计算机领域的标准,它制定了局域网络协议 IEEE802 系列标准,成为目前计算机网络中被广泛使用的协议标准。

3. 美国电子工业联合会

美国电子工业联合会(Electronic Institute Association, EIA)创建于 1924 年,是代表美国电子工业制造商的纯服务性的全国贸易组织,总部设在美国弗吉尼亚。EIA 广泛代表了设计生产电子元件、部件、通信系统和设备的制造商以及工业界、政府和用户的利益。EIA 下设工程委员会,为 EIA 成员提供技术标准。它定义了两种数字设备(计算机与调制解调器)之间的几种传输标准(包括著名的 RS-232、RS-449 等)成为网络物理层典型的协议标准。

4. 国际电信联盟

国际电信联盟(International Telecommunication Union, ITU)是电信界最权威的标准制订机构,成立于 1865 年 5 月,1947 年 10 月成为联合国的一个专门机构,总部设在瑞士日内瓦,其下属的电信标准部(ITU-T)承担着电信通信协议标准制定工作。它规定了通过电话线进行的数据通信的 V 系列(如 V.32、V.33、V.24 等)标准和通过数字网络进行传输的 X 系列(如 X.25、X.21、X.500 等)标准以及综合业务数据网(ISDN)标准。ITU-Td 的前身是国际电报电话咨询委员会(Committee of International Telegraph and Telephone, CCITT),1993 年改为现名。

5. 美国国家标准化协会

美国国家标准学会(American National Standards Institute, ANSI)成立于 1918 年,是非赢利性质的民间标准化团体。但它实际上已成为国家标准化中心,各界标准化活动都围绕着它进行。ANSI 在通信方面的标准一般都是委托 TIA 进行制定,美国通信工业协会(TIA)的标准制订部门由五个分会组成,分别是用户室内设备分会、网络设备分会、无线设备分会、光纤通信分会和卫星通信分会。

6．因特网体系结构委员会

因特网体系结构委员会(Internet Architecture Board,IAB)是国际性因特网协会 (Internet Society,ISOC)下面的一个技术组织。IAB 有两个工程部：

(1) 因特网工程任务部(Internet Engineering Task Force,IETF)：任务是分门别类地做较短期的协议开发和标准化工作。因特网的许多标准,都是以请求讨论 RFC xxxx (Request For Comment)的形式在网上发表的,xxxx 为数字编号。任何人都可以提出自己的关于标准的建议,通过众多厂商和专家的评议与认可,最终只有一部分成为正式的因特网协议。当然,这些标准仍然会不断改进。在 TCP/IP 协议中看到具体的实例。

(2) 因特网研究任务部(Internet Research Task Force,IRTF)：任务是从事理论方面的研究, 关心一些需要长期考虑的问题。

7．第三代合作伙伴计划

第三代合作伙伴计划(3G Partnership Project,3GPP)是在 1998 年 12 月成立的,由欧洲的 ETSI、日本的 ARIB 和 TTC、韩国的 TTA 和美国的 T1 五个标准化组织发起,主要是制定以 GSM 核心网为基础、以 UTRA(FDD 为 W－CDMA 技术,TDD 为 TD－CDMA 技术)为无线接口的第三代技术规范。

(第三代合作伙伴计划 2,3GPP2)组织是于 1999 年 1 月成立,由美国 TIA、日本的 ARIB 和 TTC、韩国的 TTA 四个标准化组织发起,主要是制订以 ANSI－41 核心网为基础,CDMA2000 为无线接口的第三代技术规范。

8．欧洲电信标准协会

欧洲电信标准协会(European Telecommunications Standards Institute,ETSI)是欧洲地区性标准化组织,创建于 1988 年。其宗旨是为贯彻欧洲邮电管理委员会(CEPT)和欧共体委员会(CEC)确定的电信政策,满足市场各方面及管制部门的标准化需求,实现开放、统一、竞争的欧洲电信市场而及时制定高质量的电信标准,以促进欧洲电信基础设施的融合,并为世界电信标准的制定做出贡献。

9．国际电工委员会

国际电工委员会(International Electrotechnical Committee,IEC)成立于 1906 年,是世界上最早的国际性电工标准化机构,总部设在日内瓦。IEC 负责有关电工、电子领域的国际标准化工作,IEC 的宗旨是促进电工、电子领域中标准化及有关方面问题的国际合作,增进相互了解。IEC 与通信有关的技术委员会(Technial Committee,TC)及其制定标准的领域主要有：TC1 名词术语, TC3 文件编制和图形号,TC12 无线电通信,TC46 通信和信号传输用电缆、电线、波导、RF 连接器和附件,CISPR 无线电干扰特别委员会,TC77 电器设备(包括网络)之间的电磁兼容性,TC102 用于移动业务和卫星通信系统设备,TC103 无线电通信的发射设备,JTC1/SC25 信息技术设备的互连,JTC1/SC6 系统之间的信息交换与通信。

参 考 文 献

[1] 梁亚声,等.计算机组网实用技术.北京:国防工业出版社,2006.

[2] 李腊元,等.计算机网络技术.第 2 版.北京:国防工业出版社,2004.

[3] 佟震亚,等.计算机网络与通信.北京:人民邮电出版社,2005.

[4] 谢希仁.计算机网络.第 4 版.北京:电子工业出版社,2003.

[5] 蔡皖东.计算机网络技术.西安:西安电子科技大学出版社,1999.

[6] 钟章队,等.无线局域网.北京:科学出版社,2004.

[7] 胡道元.计算机局域网.第 3 版.北京:清华大学出版社,2002.

[8] Kurose J F, Ross Keith W. Computer Networking——A Top – Down Approach Featuring the Internet, Pearson Education Company,2001.

[9] 张千里,等.网络安全新技术.北京:人民邮电出版社,2003.

[10] 叶丹.网络安全实用技术.北京:清华大学出版社,2002.

[11] 周舸.计算机网络技术基础.北京:人民邮电出版社,2004.

[12] 李名世.计算机网络实验教程.北京:机械工业出版社,2003.

[13] 教育部考试中心.全国计算机等级考试三级教程——网络技术(2004 版).北京:高等教育出版社,2004.

[14] 李晓明,等.搜索引擎——原理、技术与系统.北京:科学出版社,2005.

[15] 金纯,等.IPTV 及其解决方案.北京:国防工业出版社,2006.

[16] Tanenbaum A S. Computer Networks (forth Edition). Prentice Hall,2002.

[17] Stallings W. Data &Computer Communication (Sixth Edition). Prentice Hall,2000.

内 容 简 介

　　本书是编者根据多年的教学实践,按照新形势下教材改革的精神,结合多所院校使用第 1 版的情况和网络技术的最新发展编写而成的,本书重点突出,通俗易懂,内容完整,便于教学。

　　全书共分 10 章,按从基础到应用、从技术到协议、从局域网到广域网、从低层协议到高层协议等顺序系统介绍了网络基本概念、数据通信技术、计算机网络体系结构、局域网、无线局域网、网络互连技术、TCP/IP 协议、广域网、网络应用和网络安全技术等内容。

　　本书可作为高等院校电子类、通信类、信息类、计算机类相关本科专业计算机网络课程的教材,也可供从事计算机网络相关工作的工程和技术人员参考使用。